23

新世纪心理与心理健康教育文库
Xinshiji Xinli Yu Xinlijiankangjiaoyu Wenku

U0878210

品德心理学

Pinde Xinlixue

汪凤炎 郑红 陈浩彬◆著
Wang Fengyan Zheng Hong Chen Haobin

开明出版社

新世纪心理与心理健康教育文库

编　委　会

总 序

Sequence

早在上个世纪 70 年代就有专家预言：21 世纪是心理学的世纪。21 世纪人类所面临的最大挑战，不是其他，而是心理困惑和心理问题。

进入新世纪，我国社会主义物质文明、政治文明、精神文明建设不断加强，综合国力大幅度提高，人民生活显著改善。同时，我们也要看到，我国已进入改革发展的关键时期，经济体制深刻变革，社会结构深刻变动，利益格局深刻调整，思想观念深刻变化。这种空前的社会变革，给我国发展进步带来巨大活力，也必然带来这样那样的矛盾和问题。例如，城乡、区域经济社会发展很不平衡；就业、收入分配、社会保障、教育、医疗、住房等方面关系群众切身利益的问题比较突出；一些社会成员诚信缺失、道德失范；一些领域的腐败现象比较严重等。这些矛盾和问题让人们感到心理困惑，时刻冲击着人们的心理承受能力。

2006 年，中共中央《关于构建社会主义和谐社会若干重大问题的决定》明确指出：我们必须坚持以人为本。要注重促进人的心理和谐，加强人文关怀和心理疏导，引导人们正确对待自己、他人和社会，正确对待困难、挫折和荣誉。要加强心理健康教育和保健，塑造自尊自信、理性平和、积极向上的社会心态。心理和谐是构建和谐社会的心理基础和重要标志。胡锦涛同志指出："科学发展观，第一要义是发展，核心是以人为本。"以人为本就必须重视人、尊重人、关心人、爱护人，就必须重视人的心理发展。加强心理健康教育和心理保健，不断提高人们的心理素质，帮助人们形成积极心理品质，为和谐社会建设奠定和谐的心理基础已经成为举国上下的共识。

促进人的心理和谐需要有科学心理学指引，加强心理健康教育需要有合适的教材。近年来，国内虽然也陆续出版了一些心理学或心理健康教育方面的图书，但不够系统，缺乏总体规划。正因为如此，我们组织了一批心理学专家、学者，编写了这套反映我国心理学发展及心理健康教育理论成果的“新世纪心理与心理健康教育文库”。

“新世纪心理与心理健康教育文库”具有系统性。文库参照心理学学科体系和我国现实需要，分为基础理论、应用理论和技术与实践三个系列。

“新世纪心理与心理健康教育文库”具有权威性。文库是国家出版基金资助项目；文库撰稿人的选择面向全国，每一本图书都由该领域的专家学者撰稿；文库的统稿工作由国内权威心理学家和心理健康教育专家负责完成。

“新世纪心理与心理健康教育文库”具有前沿性。文库在全国范围选聘心理学和心理健康教育领域的专家学者撰稿，既可以吸收心理学与心理健康教育的权威理论和最新研究成果，也可以保证所选内容资料贴近时代、贴近生活、贴近实际。

“新世纪心理与心理健康教育文库”具有实用性。文库在强调系统性、理论性、科学性的同时，更加强调实用性。力求做到理论联系实际，给出的理论实用，给出的技术可行，给出的方法可操作。

“新世纪心理与心理健康教育文库”理论性、实用性、资料性、工具性兼备，是心理学与心理健康教育的“百科全书”。它可以作为从事心理与心理健康教育工作的管理者和研究者的参考书、工具书；可以作为心理健康教育教师继续学习、自我提高的自修图书；可以作为心理健康教育教师的培训用书；可以作为师范院校心理与心理健康教育专业的教材或参考书。

我们相信，“新世纪心理与心理健康教育文库”对于从事心理与心理健康教育工作的人士会有所帮助；对于我国的心理与心理健康教育工作会起到推动促进作用；对于促进人的心理和谐、促进社会心理和谐会发挥一定作用。

我们希望，这套文库能够得到广大心理与心理健康教育工作者的认可、接纳。

郑日昌

于京师园

前言

Preface

自接受“新世纪心理与心理健康教育文库”项目的约稿到撰写完成，《品德心理学》一书的创作共历时约八个月。鉴于目前国内教育和心理工作者对“品德心理学”的需求，本书在撰写过程中力图体现以下四个鲜明特色：

第一，融会中西，突出中国文化特色。为了在品德心理学的教学与研究中体现“中国化”取向的思路，本书在撰写过程中力求做到在充分吸取外国尤其是西方品德心理学思想精髓的基础上，又适度融进中国文化里所蕴含的品德心理学思想的精髓，以便突出中国文化的特色，使之朝着建立有中国特色的品德心理学体系的目标向前迈进一步，并使之能更好地满足当代中国品德心理学的学习与研究和道德教育的实际需要。

第二，追求新颖性。这主要体现在三个方面：一是体系上的新颖性，力图建构出一个与现有品德心理学教材体系不尽相同的体系结构；二是观点上的新颖性，在充分借鉴与吸收前人已有研究成果的基础上，力图“接着前人讲”（不是“重头开始讲”），以便做到见人所未见，言人所未言，显示观点上的新颖性；三是材料上的新颖性，尽量选用国内外最新的相关研究成果作为本书的材料来源。

第三，系统性、科学性、深刻性和可读性相结合。一方面，为使本书适合中小学教师阅读，在撰写过程中注重内容的系统性与深刻性，观点、术语与篇章结构等的科学性。另一方面，为了增强本教材的可读性，在撰写过程中追求文字的流畅性，尽量用浅显的语言将深刻的学理阐述出来；同时，适当插入一些图片与表格，以做到图文并茂，增强本教材的形象感。

第四，注重学以致用。本书在撰写过程中也注重将所写内容与当前中国教育尤其是学校道德教育里出现的一些实际问题结合起来，并力图结合笔者多年的思考而尝试提出一些解决问题的对策，以期让读者举一反三，做到学以致用。

本书由汪凤炎制定三级提纲，由汪凤炎、郑红、陈浩彬三人执笔，合作撰写完成。最后由汪凤炎负责统稿、修改、润色和定稿。

本书在写作过程中得到南京师范大学教育科学学院领导和同事的大力支持与帮助。在撰写过程中参考和引用了许多专家和学者的论文与论著，这在注释中都一一予以列出了，在此谨向他们表示衷心的感谢！也欢迎各位同行、专家学者和读者对本书提出宝贵意见！

汪凤炎

于南京日新斋

目 录

Contents

第一章　走进品德心理学

【本章提要】

本章围绕“品德与品德心理学的内涵”、“为什么要学习和研究品德心理学”与“怎样研究品德心理学”三个问题展开。第一节先探讨道德、品德的内涵及二者之间的联系与区别，后阐述品德心理学的内涵。第二节简要阐述学习和研究品德心理学的理由。第三节主要探讨品德心理学研究的基本过程、主要研究类型以及常用的研究方法。本章的亮点主要有二：一是对“道德”进行了合乎中国文化传统的崭新界定；二是对“如何研究品德心理学”作出了操作性极强的回答。

【学习重点】

1. 准确把握“道德”的内涵
2. 理解和掌握品德与道德之间的联系与区别
3. 掌握品德心理学的基本研究过程和常用研究方法

【重要术语】

道德　道德行为　不道德行为　品德　品德心理学　德育心理学

第一节　品德与品德心理学的内涵

一、道德与品德的界定

日常生活中人们常将道德与品德当做同一个概念使用，在科学研究中道德与品德却是两个既有密切联系又有所区别的概念。

（一）“道德”的内涵及判定标准

1. “道德”的内涵

在汉语里，先有“道”与“德”二字，然后才有“道德”一词[①]。“德”在甲骨文里已出现，并且，在殷代，“德”字一般写作“徝”，其内无“心”符，暗示“德”字在产生之初并没有善恶之类的道德意蕴[②]；从一定意义上说，具有

① 徐中舒. 汉语大字典（缩印本）[M]. 武汉：湖北辞书出版社，1992：353.

② 张持平，吴震. 殷周宗教观的逻辑进程[J]. 中国社会科学，1985（6）：78.

伦理道德意蕴的“德”字是西周人首创的字，体现在字形上，西周初期的金文德字已写作“”，加了“心”符。“道”与“德”紧接在一起使用，可追溯到老子所著的《道德经》第五十一章：“道生之，德畜之，物形之，势成之。是以万物莫不尊道而贵德。道之尊，德之贵，夫莫之命而常自然。”① 这句话中的“道”指自然运行与人世共通的真理，“德”指人世的德性、品行和王道。“道”与“德”的连用始于荀子的《劝学》：“故学至乎礼而止矣。夫是之谓道德之极。”②在西方，“道德”（morality）一词起源于拉丁语的“mores”，意为风俗与习惯。

从人类历史的角度进行考察就可发现这样一个事实：人类之所以将某种东西作为自己的德性，本是试图通过它们而使自己变得更加优秀，从而使自己更好地适应环境，更好地生存发展③。因此，在借鉴前人观点的基础上，本书将“道德”、“道德行为”与“不道德行为”界定如下：

在一切人为因素中，凡是有益于绝大多数人（包括自己与他人）、仁爱且正义的社会以及自然界健康生存与可持续性发展的东西，都是道德或道德的；反之，就是不道德或不道德的。

依此推论：

个体或团体在一定的道德意识的指引下，主动或被动地从有益于绝大多数人、仁爱且正义的社会以及自然界健康生存与可持续性发展的动机出发，并且从长远的眼光看，其行为结果的确有益于绝大多数人、仁爱且正义的社会以及自然界的健康生存与可持续性发展，那么，此种行为就属道德行为；反之，凡是动机或结果有损于绝大多数人、仁爱且正义的社会以及自然界健康生存与可持续性发展的行为，就是不道德行为。④

2. 判定标准

根据柯尔伯格（L. Kohlberg，1927—1987）的见解，“道德原则（moral principle）与规则（rule）二者之间截然不同。道德原则包含两方面的意义：一方面，它不是指‘你应该’或‘你不应该’做某种行为，而是指个体在两种规则相冲突时看待问题的方式，它是一种道德选择的方法；另一方面，它是规则背后的东西，是法律背后的精神，而不是规则本身，它是产生规则的态度或观念，它比规则更一般、更普遍。”⑤ 为了增加可操作性，可以将判定某种人为的东西是

---

① 陈鼓应. 老子注译及评介［M］. 北京：中华书局，1984：261.

② 王先谦. 荀子集解［M］. 沈啸寰，王星贤，点校. 北京：中华书局，1988：12.

③ 汪凤炎. 中国传统德育心理学思想及其现代意义（修订版）［M］. 上海：上海教育出版社，2007：89－90.

④ 汪凤炎，郑红. 荣耻心的心理学研究［M］. 北京：人民出版社，2010：52－54.

⑤ KOHLBERG L. The psychology of moral development［M］. San Francisco：Harper & Row，Publishers，1984：526.

否属于“道德”的标准具体化为如下三个道德原则，因为这三个道德原则都是有益于绝大多数人（包括自己与他人）、仁爱且正义的社会或自然界健康生存与可持续性发展的东西，因而都是道德或道德的。

（1）仁爱原则

虽然在中国传统文化里，“仁爱”是一种人与人之间相互亲爱的原则，孔子言“仁”，其含义极广，大致以“爱人”为核心，包括恭、宽、信、敏、惠、智、勇、忠、恕、孝、悌等内容；并以“己所不欲，勿施于人”和“己欲立而立人，己欲达而达人”为实行的方法①。不过，这里讲的“仁爱原则”（principle of benevolence）是妥善借鉴儒家“仁爱”思想、道家“慈爱”思想、墨家“兼爱”思想、佛教文化与西方文化中的“博爱”思想等的结果，其要义是：使人类获得最大的相互关爱和最小的相互仇恨的原则②。

（2）公正原则

这里所讲的“公正原则”主要是指康德的公正原则（Kant′s principle of justice），它是指一种尊重人的人格或尊严的原则，它把每个人视做自己的目的而不是自己的手段③。即“你的行动，要把你自己人身中的人性，和其他人身中的人性，在任何时候都同样看做是目的，永远不能只看做是手段。”④

（3）功利原则

这里讲的“功利原则”主要是指英国哲学家约翰·斯图亚特·密尔（John Stuart Mill，1806—1873）的功利原则（principle of utility），其要义是：使人类获得最大的幸福或福利和最小的痛苦的原则⑤。换言之，就是要为大众尤其是为全人类谋福祉⑥。因此，一个人若只将其聪明才智用于为自己个人或自己所属的小集团谋福祉，为此而不惜牺牲他人甚至绝大多数人的福祉，那么，此人就不但没有善心，而且也没有智慧。

从这个角度看，判断一种或一套规范是否合乎人类道德的道德规范，判断一颗心是否是真正意义上的良心，不能简单地、机械地看它是否合乎本国或本地区官方所认可的伦理道德规范，而要看它是否符合上述三个原则：完全符合这三个原则的规范或良心是上佳的合乎人类道德的道德规范或良心；符合其中两个原则的规范或良心是中等的合乎人类道德的道德规范或良心；符合其中一个原则的道

① 夏征农，陈至立. 辞海［M］. 第六版彩图本. 上海：上海辞书出版社，2009：1888.

② 汪凤炎，郑红. 荣耻心的心理学研究［M］. 北京：人民出版社，2010：60.

③⑤ KOHLBERG L. The psychology of moral development［M］. San Francisco：Harper & Row，Publishers，1984：526.

④ 康德. 道德形而上学原理［M］. 苗力田，译. 上海：上海人民出版社，1986：81.

⑥ STERNBERG R J. A balance theory of wisdom［J］. Review of general psychology，1998，2（4）：347－365.

德规范或良心是下等的合乎人类道德的道德规范或良心；完全不符合这三个原则的规范是“不道德的道德规范”。这也表明，道德虽有一定的文化相对性，也有一定的普世性①。

（二）什么是品德

品德是“道德品质”（moral character，moral trait，moral qualities）的简称，在中国又称德行或品行、操行，指个体依据一定社会的道德原则或规范行动时表现出来的稳定的心理特征和倾向②。正如黑格尔（Hegel，1770—1831）所说：“一个人做了这样或那样合乎伦理的事，还不能说他是有德的，只有当这种行为方式成为他性格中的固定因素时，他才可以说是有德的。”品德与性格既有联系又有区别，某些性格既是人表现在对现实的稳定态度和与之相适应的行为方式上的心理特征，也包含一个人有关道德和伦理方面的行为倾向。因此，性格与品德有重叠的部分，但品德与性格又有区别，品德只属于同道德伦理有关系的范围。当人们谈论有道德价值或处理是非、好坏、善恶的问题时，如说某人有说谎、欺诈和偷窃的行为，这时说的是品德，不是性格特征；当人们针对一个人待人做事的专断和顺从、内倾和外倾等一类品质评价其社会行为时，这时说的是性格。

从现代心理学对于品德的这一界定看，中国传统文化对“德”的界定至今仍有意义。何谓德（悳）？清人段玉裁在《说文解字注》里对“悳”的注是：“内得于己，身心所自得也；外得于人，谓惠泽使人得之也。俗字假德为之，德者升也。古字或假得为之。”这表明，在中国传统文化里，多数学者都认可从两个层面来界定品德。一是从内化的层面看，主张品德包含一种内化的过程。“内化”指个体将外在要求转变为内在素质的过程，也就是“内得于己，身心所自得也”，它强调的是一种个人的内心修养，认为一种道德规范只有被个体内化才能变成个体的品德，才能让个体真正有所“收获”，从而于内心中真正产生出一种幸福感（内在强化）。另一是从外化的层面看，主张品德也包含一种外化的过程。“外化”指将内化所形成的道德品质用行为展现出来的过程，也就是“外得于人，谓惠泽使人得之也”，它强调的是要处理好自己与他人的关系，主张已被个体内化的品德还需外推于人（德行）并使他人也“得到”，从而不但使自己的道德修养获得外在的“印证”，也使自己的做人方式真正得到他人的认同，这有利于自己产生真正的归属感（外在强化）。这一观点可概括为“德得论”。稍加比较可知，中国传统文化对德的此种定义相当于现代教育心理学中讲的品德一词的含义，并且其中有明显的德福一致的思想。同时，从中国传统文化对品德的这一界定中还可看出其中蕴含有既利己也利人的互惠互利思想，中国文化对“品

① 汪凤炎，郑红. 荣耻心的心理学研究［M］. 北京：人民出版社，2010：60－64.

② 林崇德，黄希庭，杨治良. 心理学大辞典［M］. 上海：上海教育出版社，2003：195.

德”的这一界定与今天强调“人本”德育的思想是相通的，从而容易为人们所亲近和认同。

（三）道德与品德的关系

品德与道德之间的联系主要表现在：第一，品德的内容来自道德，个人品德是社会道德的组成成分，是社会道德在个体身上的具体表现，离开社会道德也就谈不上个人品德，同时，个人品德的发生发展与社会道德一样都受到社会发展规律的制约。第二，品德的形成是在后天的社会条件中，主要是在社会道德舆论的熏陶和学校道德教育的影响下，在家庭成员潜移默化的道德感染下，通过自己的实践活动形成和发展起来的。用中国先人的话说，品德指个体心中所得到的“道”，即个体闻道（德）而心有所得谓之（品）德，将品德视为个体的内在品质。如《朱子语类》卷第三十四说：“道者，人之所共由，如臣之忠，子之孝，只是统举理而言。德者，己之所独得，如能忠，能孝，则是就做处言也。”“道，是日用常行合做底。德，是真个有得于己。”第三，个人品德虽然不可避免地要受到社会道德风气的影响，但是它对社会道德风气也能产生一定的反作用，事实上社会道德本身就是由许许多多的品德集合构成的。特别是一些优秀代表人物的品德，作为一种道德品质的典范，往往能超越个体的存在，外化为社会道德，常常对整个社会道德风气产生十分深远的影响。

品德与道德的主要区别在于：第一，道德是依赖于整个社会存在的一种社会现象，它依赖于整个社会的存在，却不以某一个体的存亡为转移；品德是依赖于某一个体存在而存在的一种个体现象。第二，道德的内容反映整个社会生活的要求，特别是一定经济基础的反映，它的内容全面而又完整；品德的内容往往只是道德规范的部分体现，是社会道德要求的局部反映。第三，道德是一定社会生活的产物，道德的发展完全受社会发展规律的支配，它随社会的发展而发展；品德是社会道德在个体头脑中的反映，品德的形成和发展不仅要受社会发展规律的支配，还要服从于个体生理、心理活动的规律。第四，道德是哲学、伦理学与社会学研究的对象；品德是教育学与心理学研究的对象。①

二、品德心理学的内涵

品德心理学（moral psychology），也叫道德心理学，是研究个体品德的心理结构、品德形成与发展过程及其变化的规律、品德发生作用的过程及规律，阐明进行道德教育的途径和教育措施的心理学依据的一门教育心理学分支学科②。

---

① 汪凤炎，燕良轼. 教育心理学新编［M］. 3版. 广州：暨南大学出版社，2011：388－390.

② 林崇德. 品德发展心理学［M］. 上海：上海教育出版社，1989：5.

与品德心理学类似的一个名称是“德育心理学”。按《心理学大词典》的解释，德育心理学（psychology of moral education）是研究德育过程中的心理现象及其规律的学科。它是教育心理学的一个组成部分，主要任务是探索学生思想、行为规范的学习特点及其过程与条件，揭示学生品德形成、发展的规律，为学校的思想品德教育提供心理科学依据①。依《中国大百科全书·心理学》的解释，德育心理学是研究学生品德的心理成分，揭示其形成过程和规律及其在学校道德教育中的应用的教育心理学分支②。按《心理学大辞典》的解释，德育心理学是研究德育过程中的心理学问题的教育心理学分支学科，主要任务是探索学生社会规范学习的特点及其过程与条件，揭示在社会环境和教育影响下学生品德形成、发展的规律，为学校的思想品德和道德品质教育提供心理科学依据③。这三种关于“德育心理学”的定义其实质上是一致的。

可见，品德心理学与德育心理学的联系是：二者都重视“阐明进行道德教育的途径和教育措施的心理学依据”。品德心理学与德育心理学的主要区别是：品德心理学主要侧重于研究个体品德的心理结构、品德形成与发展过程及其变化的规律、品德发生作用的过程及规律，为道德教育和道德学习提供心理学上的理论依据；德育心理学主要侧重于探讨道德教育过程中的心理学原理及依据。

第二节 为什么要学习和研究品德心理学

一、揭示品德现象中的诸种规律，为道德教育提供科学依据

作为一种重要的心理现象，个体品德的生成与发展有着自身的特点与规律，通过学习和研究品德心理学，能帮助人们高效地掌握品德现象中存在的诸种规律，为其开展道德教育或进行道德学习提供强有力的科学依据，避免在常识水平上谈论道德教育或者仅凭经验开展道德教育的陋习。例如，皮亚杰和柯尔伯格的道德发展阶段告诉人们，个体的品德发展是一个由低级到高级的持续不断的运动变化过程，这一过程呈现出一定的阶段性和顺序性。所谓品德发展的阶段性，是指人的品德发展过程可以划分为一定的阶段，不同阶段表现自己独特的特点，使之与其他阶段区别开来。前一阶段是后一阶段的准备，后一阶段是前一阶段的必然发展。前后阶段之间可有部分重叠。所谓品德发展的顺序性，是指人的品德是按照一定顺序由低级到高级、由简单到复杂的运动变化过程。人的品德发展的一

① 朱智贤．心理学大词典［M］．北京：北京师范大学出版社，1989：108．

② 中国大百科全书总编辑委员会．中国大百科全书·心理学［M］．北京：中国大百科全书出版社，1991：51．

③ 林崇德，黄希庭，杨治良．心理学大辞典［M］．上海：上海教育出版社，2003：204．

般顺序是不能逆转、不能跳跃的①。品德发展的顺序性、阶段性要求人们在进行道德教育时要做到：在确定德育内容时要遵循儿童品德发展的阶段性与顺序性，选择难度系数适当的内容进行教育，既不可人为拔高教育的难度，也不可人为降低教育的难度；同时，在确定教育方法时也要遵循儿童品德发展的阶段性与顺序性，选择吻合儿童心理发展特点的教育方法。

二、促进中国特色品德心理学的建设

未来的竞争说到底是人才的竞争，而人才培养的关键在于教育，因为教育是一项开发世界上最宝贵的人力资源和优化民族素质结构的宏伟工程，正如《中国教育改革和发展纲要》（1993）所说："谁掌握了面向21世纪的教育，谁就能在21世纪的国际竞争中处于战略主动地位。"德育在现代人的培养中是一个不可或缺的组成部分，用什么样的德育去培养社会主义建设所需要的人才，是当前德育工作者所面临的一个紧迫课题。德育的对象是人，德育必须做到以人为本，要想德育能取得理想的效果，又必须依据一定的心理规律办事，这就对品德心理学提出了较高的要求。同时，中国现正在实施的素质教育主张培养人才要做到既以德为本又全面发展，也向品德心理学提出了新课题。但中国现阶段的品德心理学无论在理论上还是在实践上都存在一些不尽人意的地方，为此，一些有识人士指出，创建中国特色品德心理学已刻不容缓。如何才能体现出中国特色？主要途径之一，是中国的心理学研究者要加大力度对中国传统品德心理学思想进行研究，然后将之有效地融入现代品德心理学之中，只有这样才能使我们的品德心理学具有中国文化特色。这样，结合中国文化尤其是中国传统道德文化与当代中国人的心理与行为规律来探讨品德心理学，建构既吻合中国人的心理与行为规律又与外国尤其是西方现代品德心理学能更好地接轨的新品德心理学理论体系，无疑将促进中国特色品德心理学的建设。

三、弥补西方品德心理学思想的不足，发展世界品德心理学思想

首先，西方品德心理学是从西方心理学中分化出来的，这样，西方心理学本身所固有的一些不足之处也同样在西方品德心理学中体现出来。如：在"美德即知识"思想的影响下，以柯尔伯格为代表的认知派道德发展理论主张认知发展与道德发展并行不悖，是同一发展过程的两个方面，而认知发展是道德发展的必要条件，于是着重于从人的道德认知来说明其道德的发展水平。在这里，柯尔伯格简直将"是什么"的科学判断与"应该怎样"的道德判断等同起来，难怪柯尔伯格本人也承认自己犯了"自然主义谬误"（英国哲学家摩尔认为，善是内在

---

① 邹群，马强．德育原理［M］．大连：辽宁师范大学出版社，2002：52－53.

的，不能下定义的，不能用其他特性去说明的；如果有人从“是什么”延伸出“应该怎样做”，或者将二者等同起来，这就是说，用善以外的其他特性去说明善，他就犯了“自然主义谬误”①），这样，柯尔伯格并没有彻底解决道德发展中的知行关系问题。一个人的全部道德面貌应包括获得部分（认识或能力）和操作部分（行为或表现）。假若仅有获得部分而没有操作部分，那就没有实际意义。因为道德认识和道德行为是统一的。任何一种德育理论最终都要落实到人的道德行为上，德育的效果最后体现在道德行为效果上②。在精神分析学派的道德发展理论中，弗洛伊德（Sigmund Freud，1856—1939）过于强调潜意识中非理性因素对人的心理与行为的影响；埃里克森（E. H. Erikson，1902—1994）试图改变弗洛伊德的这一传统做法，改由生物、心理和社会环境三个方面来考察道德发展问题，不过，埃里克森的理论思辨性多于科学性，体系也不够严密。作为一种新的新行为主义流派的代表，班杜拉（Albert Bandura，1925—）的社会学习理论颇为注重社会因素对人的心理与行为的影响，改变了以往行为主义者重个体轻社会的思想倾向，但班杜拉的理论实际上仍是以研究行为为重心与目的，对人的内在动机和内心冲突等的重视也稍嫌不够。而上述三个流派在现代西方品德心理学中占据重要位置，由此可见，现代西方品德心理学存在一些不足之处。但在中国传统文化背景（主张天人合一、知行合一、真善合一等）里产生的中国传统品德心理学思想，对于道德发展中的知行问题、遗传与环境及教育问题等都提出了一些很有见地的见解，恰能弥补西方品德心理学思想在这些问题上的不足之处。

其次，在西方文化背景下产生和发展起来的心理学（含品德心理学）要想成为一种“普遍有效”的科学，必须融入具有中国文化特色的心理学思想（含品德心理学思想）。正如美国著名跨文化心理学家推蒂斯（H. C. Triandis）所说：“在得到中国的资料之前，心理学不可能成为一门普遍有效的科学，因为中国人口占了人类很大的比例，对于跨文化心理学来说，中国能够从新的背景上重新审查心理学的成果。在这样做时，中国的心理学家应该告诉西方的同行，哪些概念、量度、文化历史因素可以修正以前的心理学成果。”③

可见，世界心理学（含品德心理学）的发展需要中国心理学的“帮助”，但这种“帮助”得以实现的一个前提是，中国的心理学（含品德心理学）必须向世人展现一些独具自己文化特色的研究成果。这就要求中国的心理学研究要走自

---

① 傅统先，张文郁. 教育哲学［M］. 济南：山东教育出版社，1986：152－154.

② 郭本禹. 道德认知发展与道德教育——柯尔伯格的理论与实践［M］. 福州：福建教育出版社，1999：229－230.

③ 万明钢. 文化视野中的人类行为——跨文化心理学导论［M］. 兰州：甘肃文化出版社，1996：7.

己的道路①。就品德心理学研究而言，必须加强中国传统品德心理学思想的研究。

再次，西方的现代化虽取得了巨大的成绩，但同时也暴露出诸多问题：过度发展的个人主义、道德沦丧、物欲横流、能源枯竭、环境污染和生态失衡等等，已引起了很多西方有识之士的反思。他们发现，尽管西方的科技和管理知识等是东方所需的，但东方的人文教育和道德理性等恰是西方所要的，若想解决现代西方现实的诸多弊病，要到东方的传统文化中去寻求灵感与智慧。如 1989 年包括 75 位诺贝尔奖获得者在内的一批西方学者曾郑重宣告：如果人类要在 21 世纪继续生存下去，避免世界性的混乱，就必须回首 2 500 多年前孔子的道德智慧②。英国著名学者汤因比（A. J. Toynbee，1889—1975）也说："自从人类在大自然中的地位处于优势以来，没有比今天再危险的时代了。"他发现中国的传统文化，尤其是儒家的仁爱学说和墨家的兼爱思想，是医治现代社会文明的良药，认为儒家的仁爱"是今天社会所必需的"，"墨家主张的兼爱，过去只是指中国，而现在应作为世界性的理论去理解。"③ 这就意味着，在西方文化背景中产生出来的西方品德心理学思想由于其自身存在的某些弊病，使得其不能很好地解决西方道德问题上存在的诸多悖论，目前解决这些悖论的最有效途径之一就是从东方的道德文化中吸取营养。

简言之，研究中国人的品德心理学思想，对于弥补西方品德心理学思想的不足，促进世界品德心理学思想的发展，必将起到积极的推动作用④。

第三节　怎样研究品德心理学

一、品德心理学的基本研究过程

心理学的研究过程一般分为两个主要阶段，它们通常是依次发生的：发现问题并形成假说或假设（发现），然后去检验它（验证）⑤。换言之，"提出假设"

---

① 汪凤炎，郑红．心理学研究的中国化：目的、涵义与做法［J］．心理科学，2001（2）：244.

② 郭齐家．廿一世纪——人文教育与科技教育统合的世纪［M］//王殿卿．东方道德研究（第三辑）．北京：中华工商联合出版社，1999：171.

③ 汤因比，池田大作．展望二十一世纪——汤因比与池田大作对话录［M］．荀春生，朱继征，陈国栋，译．北京：国际文化出版公司，1985：425－426.

④ 汪凤炎．中国传统德育心理学思想及其现代意义（修订版）［M］．上海：上海教育出版社，2007：7－10.

⑤ 格里格，津巴多．心理学与生活［M］．王垒，王甦，译．16 版．北京：人民邮电出版社，2003：18.

和“验证假设”是科学研究尤其是实验研究的两个基本步骤①。品德心理学的研究亦然。

（一）发现问题，形成并提出假设或假说

在做学术研究时，“对象”与“方法”的问题是一个必须认真考虑的问题：对象与方法，何者为先？何者为重？对于这个问题的回答，要点有二：一是论先后，宜以对象为先。也就是说，宜优先考虑研究对象；二是论轻重，宜以方法为重。研究对象确定好以后，宜综合考虑对象的自身特点与自己的知识背景等因素，选择最佳方法对其进行研究。因为方法的恰当与否，常常是影响研究能否获得实质性进展乃至质的突破的重要因素之一。这一小节主要探讨研究对象的选择，研究方法则留待下一小节探讨。

1. 发现问题

（1）怎样发现问题

科学研究开始于人们对未知现象及其间的关系发生了疑问。尽管产生研究问题的来源颇多，一般而言，可以将之概括为三种情况②：

第一，原有知识的缺乏与困惑。产生与发现问题最明显的情况是缺乏知识。只要个体对某个事情或现象缺乏了解，不论是来自日常生活的直接观察（即对环境中的事件、人物和动物的直接观察）或个人经验，还是研讨过去的研究文献或现有理论学说（一些问题被看做是从早期学者中传下来的“伟大的，但没有答案的问题”），都会对该事物或现象产生疑问，促使个体去寻求信息，探讨并寻找问题的答案。换言之，当人们面对一个事实或一个新现象，无法用现有知识予以解释或说明时，就产生了一个或多个新问题。

第二，不同研究结果之间相互矛盾或不一致。假若几个探讨同样问题的研究结果发生矛盾，或得出不一致的结论，那么，新的问题就产生了。

第三，有的问题来源于研究者的奇思妙想，对日常生活经验的推想，或者是对文本（包括书籍、论文等）里记载的某项研究或某一理论的推论。

（2）怎样发现一个适合自己研究的“好问题”

对于具体的研究者而言，通过上述三种途径发现的问题，并不是每一个都适合自己。如何才能确定一个适合自己研究的“好问题”呢？这就要综合考虑以下三个方面的因素。假若全盘考虑后，发现某一主题适合自己去研究，那它对自己而言就是一个“好问题”，反之亦然。

①问题的价值或意义

---

① 黄一宁. 实验心理学：原理、设计与数据处理［M］. 西安：陕西人民教育出版社，1998：42.

② 黄一宁. 实验心理学：原理、设计与数据处理［M］. 西安：陕西人民教育出版社，1998：40－41.

任何一个问题若有学术价值，一般主要体现在以下三个方面，当然，这三个方面的不同排列组合（包含不同的质或量），则是千差万别。正所谓“正奇相生，其变无穷”。

一是理论上的价值。假若一项学术研究所取得的研究成果能够在理论上增进人们对某一主题的理解或认识，那么，此项学术研究就具有一定的理论价值。例如，皮亚杰（Jean Piaget，1896—1980）提出的道德发展阶段理论，增进了人们在理论上对个体道德发展的理解，因此，皮亚杰的这项研究就具有理论上的价值。

二是应用上的价值。如果一项学术研究所取得的研究成果能够在应用水平上增进人们对某一主题的认知及操作能力，那么，此项学术研究就具有一定的应用价值。例如，维果茨基（Vygotsky，1896—1934）提出的“最近发展区”的概念，有助于人们更好地开展教育，所以，维果茨基的这项研究就具有应用上的价值。

三是学科建设上的价值。如果一项学术研究所取得的研究成果能够促进某一学科的建设，那么，此项学术研究就具有一定的学科建设价值。例如，柯尔伯格提出道德认知发展理论对于德育心理学的发展具有重要意义，相应地，对于德育心理学或教育心理学而言，柯尔伯格的这项研究就具有学科建设上的价值。

②影响研究的个体与环境因素

一项研究具有学术价值，是否就一定适合自己呢？答案显然是否定的。事实上，无论在哪一个学术领域，都存在大量有学术价值的研究主题，不过，由于某些因素的制约，其中有许多主题是不适合某些研究者做的。那么，应该怎样去判断呢？这就要进一步综合考虑两方面的因素。

一是来自研究者自身的因素。它包括研究者的科研兴趣、学术背景、思维方式，等等。俗话说：“兴趣是最好的老师。”如果研究者对某一有学术价值的问题有浓厚的兴趣，那么就可以尝试去研究它。自己的学术背景或已有知识经验也是选择研究主题时宜考虑的一个重要因素。例如，如果研究者不具备扎实的理科学术背景，一般就不宜选择“认知神经科学”作为自己的主攻科研方向；假若研究者没有扎实的国学功底，研究中国古代教育心理学思想时就会非常吃力。研究者的思维方式同样是选择研究主题时宜考虑的一个重要因素。例如，一个习惯动作思维的人可以选择应用领域的研究主题，一个理论思维较强的人可以从事基础领域的研究工作。

二是外部环境因素。它包括已有研究基础是否扎实、自己能够有效使用的研究工具是否齐全、自己能够有效支配的科研经费的数量、是否需要以及能否组建有效科研团队、适合条件的被试是否充足、相关研究文献是否能够有效地收集与整理、单位工作量大小、家务量大小，等等。

③能否推陈出新

某一研究主题即便很有学术价值，即便研究者已拥有了研究它的足够学术资源，也未必就适合去研究。此时，还必须看最后一个影响因素，即研究者能否在此主题的研究上做到“推陈出新”。假若答案是肯定的，那就可以去做；如果答案是否定的，那就不能去做。因为学术研究贵在一个“新”字，所谓“一新遮百丑”。当然，“新”有多种，它主要包括“论点新”（作者提出前人未见的新观点）、“方法新”（作者使用与前人不一样的研究方法）、“论据新”（作者找到前人未发现或未发明的新证据）和“结构新”（作者用一个前人未用的结构来组织材料）等四大类，一项研究成果至少要具备这四“新”中的一种，否则，就不值得研究者去研究。

2. 形成并提出假设或假说

在科学研究中，了解到问题之后，研究者便会根据已知的科学事实和原理对它作出尝试性的或假设性的推测，从而形成科学假说。所谓科学假说，也叫“科学假设”，简称“假说”或“假设”（hypothesis），是指依据原理和科学事实，对所研究的问题作出的猜测性说明或尝试性解答。其基本特征是：科学性、猜测性（或叫“非确定性”）、可检验性。建立科学假说的原则是：解释性、对应性、合理性、可检验性。

一般而言，“假设”总是被描述为“如果……那么……”的形式，主要指特定结果是从特定条件中得来的。例如，提出如下假设：可以预期，如果儿童在电视中看了大量的暴力场面，那么他们将对同伴表现出更多的攻击行为。接下来的研究就是用来验证这个假设里的“如果”和“那么”之间的联系。

建立明确的科学假设的意义主要有三：第一，有助于将经验事实与科学理论联系起来。第二，能够帮助研究者理清自己的研究思路，因为假设一旦提出来了，往往是研究者思路清晰的表现。第三，使科学研究带有自觉的性质。即研究者能够根据自己的假设，自觉地确定自己的研究方向，自觉地、有计划地进行新的观察、新的实验，发现新的事实。

至于提出假设的方法，根据推理所表现的思维进程的方向性，可以分为演绎推理法、归纳推理法与类比推理法三种。演绎推理（deductive reasoning），有时也称“演绎法”，与“归纳推理”相对。传统逻辑中，演绎推理指由一般性知识前提推导出个别性或特殊性知识的结论的推理，主要有三段论、关系推理、假言推理、选言推理等，但最主要的还是三段论。演绎推理的前提和结论间具有蕴涵关系，因而演绎推理是必然性推理。归纳推理（inductive reasoning），有时亦称“归纳法”，与演绎推理相对，指从个别性知识的前提推出一般性知识的结论的推理。归纳推理的结论一般超出了前提陈述的范围，故当前提为真时，结论并不必然真。归纳推理分为完全归纳推理和不完全归纳推理两类，不完全归纳推理又分简单枚举归纳推理和科学归纳推理。类比推理（analogical reasoning），也叫“类比法”，是指根据两个或两类对象某些属性的相同，推出它们的其他属性也可能相同的推理。类比推理是依照下述方式进行的：

A 对象具有属性 a、b、c、d

B 对象具有属性 a、b、c

所以，B 对象也具有属性 d

上式中，A 和 B 可指两个类，也可以指两个个体，还可以其中一个指类，另一个指个体；换言之，类比推理可以在类与个体之间应用。

有思想的研究者往往以一种独特的手段来组合已有的思想，以提出创新的观点。真正有创造力的思想者的标志是发现一个新的真理，它可以朝着更好的方向推进科学和社会的发展。

（二）设计研究方案，进行验证，做出结论

假设的真伪需要验证。建立假设之后，下一步便要提出具体可行的研究设计：如何确定适当的被试和研究工具；如何界定研究变量，并对假设中的概念下操作性定义。为了有效地验证假设，研究者还必须根据假设选择合适的研究方法，使被探讨的问题得到有效的观测。研究设计是根据假设作出的，研究者搜集的资料应当尽量直接与假设有关。但是，研究者的思想却不能受固定的思想所束缚，不能以先入之见，只搜集预期的资料而忽略其他意外的资料。

在大多数情况下，研究者进行的工作是从提出假设到检验假设。验证的背景（context of justification）是把证据拿来验证假设的研究阶段。当试图得到可以产生有效结论、令人信服的证据时，教育心理学家面临严峻的挑战。他们依赖一个同盟者——科学的方法（scientific method），科学的方法是通过将错误降低到最小，提出可靠的归纳等方法来收集和解释证据的一般的程序集合。心理学被认为是一门在某种程度上遵循科学方法所建立的规则的科学。

因为在科学研究的数据收集和分析阶段，主观性必须被降低到最小，人们用程序的保障措施来增加客观性。其中一种保障措施不言自明：那就是研究者必须以一种别的研究者可以理解和评估的形式来保存观察时和数据分析时的完整记录。

科学研究的下一步是采用适当的方法将搜集到的原始资料加以整理、分类，使之系统化和简约化。在心理学研究中，对于资料的分析通常是使用各种统计方法。统计分析的主要作用，一是简化原始资料，以便把握资料分布的情况；二是检验各类资料的关系以及关系的程度。所以，在分析资料时必须借助于统计方法和理论思维。就某一项心理学研究来说，其最后的阶段是做出结论。在做结论时必须根据事实资料，而不能凭空臆测。通过研究设计、统计分析、作出结论，就可以对研究初期提出的假设进行检验。如果假设得到了验证，这个假设的可信度便提高了。

应当注意，在心理学研究中，由于种种原因（如研究现象的复杂性和指导思想上的问题）往往会出现虚假的实验验证。心理学假设的验证不是一次性的，而是要不断地加以验证的。能重复验证的假设便具有科学价值，有可能发展成为某种心理学的理论。如果假设得不到验证，则这个假设就被否定了。

二、品德心理学的两种基本研究类型

决定论（determinism）是所有学科研究的出发点，进行任何科学研究之前都必须首先假设"万事万物之间都有一定的规律或法则可循"。犹如一个人去某河塘钓鱼，事先要假定此河塘有鱼，否则必不会去此河塘钓鱼。科学研究也是如此。科学家必须假定事物之间有一定的法则或规律，才值得去探索或研究，否则科学研究就无所适从了。概要而言，事物间的主要关系可以分为两大类：相关关系和因果关系，相应地，教育心理学研究主要有两种基本类型：相关研究和因果研究①。

（一）相关关系与相关研究

相关关系（correlation relationship）是事物与事物之间的一种重要关系。如果两个事物之间存在共变关系（covariation relationship），便存在相关关系。所谓"共变"，是指一个事物发生变化时，另一个事物也发生相应的变化。例如，身高与体重之间有相关关系。身高者，通常体重也重；身矮者，体重也较轻。身高与体重之间存在共变的现象，表示二者之间有相关关系。假若一个事物（如身高）发生了变化，另一个事物（如智慧）保持不变，那么这二者之间就没有共变的相关关系。

品德心理学中有一些研究就是力图要揭示出心理现象的相关关系，这类研究一般叫相关研究。当力图确定两个变量、特质或者属性关联到什么程度时，品德心理学家使用相关的方法（correlational methods）进行研究。为了确定存在于两个变量之间相关的精确程度，教育心理学家需要计算一个名为相关系数（correlation coefficient）的统计量，用 r 表示。这个值在 1.0 到 -1.0 之间变化，其中 1.0 表示完全的正相关，-1.0 表示完全的负相关，而 0 表示根本没有相关。正相关意味着当一个变量增加时，另一个变量也增加，或者当一个变量减小时，另一个变量也减小；负相关正好相反，当一个变量增加时，另一个变量减小，或者当一个变量减小时，另一个变量增加。一个非常接近于零的相关意味着两个变量之间存在很弱的联系，或是根本不存在联系；当相关系数越来越大，至接近于最大值 1.0 的时候，根据一个变量的信息来预测另一个变量将变得越来越精确。

---

① 黄一宁. 实验心理学：原理、设计与数据处理［M］. 西安：陕西人民教育出版社，1998：26.

高的相关只是表明两列数据以一种系统的方式建立了联系，相关并不意味着一个事件必然导致另一个事件的发生，相关并不意味着因果关系。相关可能反映一部分因果关系，也可能根本就不反映因果关系。例如，假若学习压力和学习效率之间存在负相关，那么，这种负相关可能意味着：1. 学习压力从根本上是人们学习效率低下的原因；2. 不佳的学习效率使人们经受了更大的学习压力；3. 存在一种特定的人格类型，他们更可能经受学习压力，同时也在学习中表现不佳。注意其中最后一种情况，第三方变量影响到其他两个的变化。请想象最后一种情境，假设教室周边存在很多的噪音，很多噪音导致了更大的学习压力（因为学生预计到高噪音将降低自己的学习成绩，由此可能导致家长或老师的批评），也导致了学习效率的下降（因为学生无法有效集中精力来学习）。此时，相关依然存在——高的学习压力和低的学习效率同时发生——但这根本就不是因果关系。

相关也可能是伪造的，因为研究者不能通过恰当的控制来进行比较。例如，1965 年纽约市的能源管制和 9 个月后报告的出生率剧增就存在虚假的联系。“纽约人非常浪漫，那是因为烛光。”一位父亲这样说。一位有关的官员解释道：“因为管制，所有性的替代物——开会、听课、卡片聚会、戏剧、沙龙——在那个晚上都没有了。你还能做什么呢?”（《纽约时报》，1966 年 8 月 11 日）。在世界的很多地方，类似的报道在大雪暴或是其他灾难发生之后经常出现。然而，当人们花一些时间将这些明显急剧上升的出生率和一般的季节变量做比较时就会发现，相关只是一种伪装成因果的巧合，也就是说，季节和出生率确实存在相关——它和偶然出现的“灾难”的相关形成控制的对比。很明显，当我们应用从实验方法中得出的研究结果时，我们必须对这样的相关结果保持高度警惕。

（二）因果关系与因果研究

因果关系（cause-effect relationship）是事物与事物之间的另一种重要关系。通过研究，如果可以清楚地指出一种事物是因，另一种事物是果，那么，这两种事物之间就存在因果关系。凡构成因果关系，总是因在前，果在后，这种顺序是不会改变的。

品德心理学中有许多研究就是力图要揭示出心理现象的因果关系。在进行因果研究时，研究者一般要做到：一是要创设某种实验情景，使之能引起某种心理现象，同时要控制可能影响这种心理现象的其他因素，正因为如此，因果研究一般都是实验研究；一是当一种情景引起了某种心理现象时，只能说在这种实验情景下，前者是因，后者是果，脱离一定条件来讲因果关系是没有什么意义的①。

① 彭聃龄. 普通心理学［M］. 北京：北京师范大学出版社，2004：9－10.

（三）相关关系与因果关系的联系与区别

相关关系与因果关系的联系是：两个事物之间如果具有因果关系，就必定具有相关关系；但是，两个事物之间有相关关系，并不表示它们之间就必定具有因果关系。在这个角度上说，因果关系只是一种特殊的相关关系。

相关关系与因果关系的区别是：事物出现的先后顺序是否重要。具有因果关系的事物，是因的事物必须出现在果的事物之前，果必在因之后。这种因果先后顺序是因果关系的显著特点。不过，对于相关关系的事物而言，不必考虑先后顺序的问题①。

（四）相关研究与因果研究的差别

任何两个事物之间要么是相关关系，要么是没有关系，通过相关研究，一旦肯定其有相关关系，就可以肯定它们之间彼此影响，但却不能确定这种影响是由谁引起的，即不能确定谁为自变量谁为因变量。若要达到后一个目的，只有通过实验研究，求其因果关系。这样，因果研究与相关研究之间的主要区别在于：前者目的在于寻求或确定变项之间是否存在因果关系，因果关系一旦确定，就能指出何者为自变量，何者为因变量；后者目的在于寻求或确定变项之间是否存在相关关系，相关关系一旦确定，就可以肯定存在相关关系的两个或两个以上变量之间有关系（而不是没有关系），不过，不能确定有关系的变量之间何者为自变量何者为因变量。

三、品德心理学的两类研究

（一）量的研究

“量的研究”（quantitative research），指一种对事物可以量化的部分进行测量与分析，用以检验研究者提出的有关理论假设的研究方法。量的研究有一套相对较成熟的操作技术，包括抽样方法（如随机抽样、分层抽样、系统抽样、整群抽样等）、资料收集方法（如实验法、测量法和问卷法等）、数字统计方法（如描述性统计与推断性统计等），正是通过这种测量、统计与分析，以求达到对研究对象的“本质性规律”的认识。主流心理学都崇尚实证主义，强调研究的客观性和验证性，其结果都喜欢用数字表示，因而都可称做量的研究或实证研究，这是心理科学研究的传统方法。

（二）质的研究

“质的研究”（qualitative research），指研究者通过与被研究者之间的互动，对研究对象进行长期深入细致的体验，然后对研究对象的“质”作出一个较整

① 黄一宁．实验心理学：原理、设计与数据处理［M］．西安：陕西人民教育出版社，1998：27.

体性的、解释性的理解与阐述的研究方法。“质”实际上指的是该事物的“性质”、“属性”和“特质”，是该事物以区别于其他事物的特征和组成部分，包括该事物中可以“量”化的特征和组成部分。质的研究由于受到现象学的影响，认为现象本身就是本质，现象学强调对事物本质的直观，在变动不居的意识流中去把握事物稳定的、常住不变的状态。这样，质的研究不认为现象与本质、形式和内容之间是可以分离的。事物（或意义）就像是一个洋葱，其本质和现象实为一体，如果对其进行分解，一瓣一瓣地剥到最后便什么也不存在了。在质的研究中，重要的不是“透过现象看本质”，而是针对现象本身再现现象本身的“质”①。质的研究常用以下四种方法：一是个案研究（case study）；二是参与观察（participant observation）；三是深入访谈（depth interview）；四是文本分析（document analysis）。

（三）量的研究与质的研究的比较

从表面上看，在研究目的上，量的研究与质的研究有很大的相通之处：二者都是试图从问题现象入手，找出变量之间的相关关系或因果关系。这样，在基本方式上，质的研究其实也包括实验研究和相关研究。若进一步分析，这两种研究方式又有很大的不同，可以用表 1－1 简要进行概括。

表 1－1　量的研究与质的研究的主要差别②

维度	量的研究	质的研究
对现象与本质之间关系的看法	将世界看做像一个“核桃”，其寓意是：现象是“壳”，本质是“核”，研究的实质是“透过现象看本质”。因此，如果事物的某个规律可以离开获得它的样本而在同质的其他样本上存在，此类问题就适合进行量的研究。	将世界看做像一个“洋葱”，其寓意是：现象与本质之间是“你中有我，我中有你”的关系，研究的实质是针对现象本身再现现象本身的“质”。所以，假若事物的某个规律无法离开获得它的样本而在同质的其他样本上存在，此类问题就适合进行质的研究。
对问题的看法	在了解人性问题时一般采用逻辑实证主义（logical positivism）的看法，认为自然和社会现象的本质都是一种单一的客观实在（single objective reality），不因个人的情感或信念而有所不同。	基本上赞同自然现象主义（naturalistic phenomenalism）的观点，认为自然和社会现象的本质都是多元实在（multiple realities），而多元实在又与个体的不同特征和其生存环境的差异关系密切。
研究目的	旨在寻求影响被试行为与有关变项之间必然性的因果关系或固定性的相关关系。	旨在了解被试行为与其生存环境之间存在着的多变性的交互关系。
研究取向	一般采用假设演绎取向或科学归纳取向。	一般采用经验归纳取向。

① 陈向明. 教师如何作质的研究［M］. 北京：教育科学出版社，2001：15.
② 张春兴. 教育心理学［M］. 杭州：浙江教育出版社，1998：31－36.

（续表）

维度	量的研究	质的研究
研究者的角色	研究者的角色要保持客观中立，主要靠观察、实验与测量工具（仪器和量表等）搜集资料。	研究者的角色是参与性的，这要求研究者要有较高的研究技巧和能力，否则难以作出合理的主观判断和解释。
研究假设提出的时间	强调在研究开始时有明确的研究假设。	主张在研究过程中逐渐生成研究假设。
概念定义	强调在研究开始时明确陈述定义。	主张在研究过程中，在特定的环境中进行定义。
样本	喜欢运用随机取样技术来获得有代表性的样本。	习惯使用熟练报告者（或目的）样本。
信度	注重评价与提高使用工具所得分数的信度（通常运用某些统计技术衡量信度的好坏）。	一般假设所作的推论都具有足够的信度。
效度	注重评价与提高使用工具所得分数的效度（通常运用某些统计技术衡量效度的好坏）。	通过不同信息来源的检验来评价效度（三角互证）。
无关变量	主张通过实验设计或统计技术来控制无关变量。	主张使用逻辑分析来控制或解释无关变量。
研究过程	习惯于先将复杂心理现象进行“还原式”处理，分成多个具体部分，然后逐一进行分析。	习惯于对复杂心理现象进行整体的描述。
描述方式	主张对研究过程进行明确的描述，为此，在描述时注重将数据简化为数量化的分数。	倾向于对研究过程进行叙述性、文学性描述。
过程偏差的控制方式	强调用特殊设计控制过程偏差。	主要依靠研究者处理过程偏差。
研究结果的处理方式	一般将研究结果进行统计处理。	一般将研究结果作叙述性概括。
研究结论的推论	量的研究所得结论，试图对同类情境问题作广泛推论，不考虑研究结果所代表的被试心理反应是否受其生活情境因素的影响。此种推论方式叫免情境限制普遍推论（universal context-free generalization）。	因重视情境因素，故对所得结论不企图广泛推论。除了经由研究而解决面对的个别问题之外，不考虑用以普遍解释所有的同类问题，这种推论方式叫情境限制推论（context-bound generalization）。

四、品德心理学的常用研究方法

冯特（Wilhelm Wundt，1832—1920）曾说："科学的进展是同研究方法上的进展密切相关联的。近年来，整个自然科学的起源都来自方法学上的革命。"①此观点同样适用于品德心理学的研究。同时，心理学家清楚地认识到，即便出自最"权威"之口的观点也可能是错误的，这样，心理学特别看重证据（empirical evidence），即那些通过直接观察和测量得到的信息。只要有可能收集到数据（data），心理学家就会用那些观察事实来解决学术上的争论，因为数据可以使人们能够比较观察到的事实，得到精确的结论。

（一）观察法

1. 什么是观察法

人们在自然条件下对表现心理现象的外部活动进行有目的、有计划、有系统的观察，作出详细记录，然后进行分析处理，从中发现被试心理与行为的规律，这种方法叫观察法（observation method）或自然观察法②。在一项研究的初期自然观察法特别有用，它有助于研究者发现某一现象的范围，或发现一些重要变量以及变量间的关系。通过自然观察得到的数据可以为研究者提供线索，这有助于明确表达假设或研究计划。观察法可用于研究行为的过程或者行为的结果。例如，在学习实验中，研究者可以观察被试复述一列单词多少次（过程），然后观察被试在最终测验中记住多少单词（结果）。对于直接的观察，研究的行为是清晰可见的、外显的、可记录的。例如，在情绪的实验室实验中，研究者能观察到当看能引起情绪的刺激时被试的面部表情。观察法就其种类而言，以不同的标准划分，可以分为不同的类型。

（1）参与性观察与非参与性观察

参与性观察指研究者以一位参与者身份进行的观察。在参与性观察中，研究者全程参与，往往能够对被观察者的心理与行为有切身的体验，从而易观察到被观察者的真实心理与行为；不过，参与性观察也易犯"不识庐山真面目，只缘身在此山中"的错误。非参与性观察也叫局外观察，指研究者是以旁观者身份进行的观察。在非参与性观察时，研究者往往只是一个旁观者，这样易对观察对象进行客观的观察；不过，也因研究者未深入或不易深入到被观察者的真实生活情境中，有时易得出失真的结论。

（2）公开观察与隐蔽观察

公开观察指研究者在征得被观察者同意之后，以公开身份进行的观察。公开

---

① 张述祖，陈泽川，沈德灿，等. 西方心理学家文选［M］. 北京：人民教育出版社，1983：1－2.

② 董奇，申继亮. 心理与教育研究法［M］. 杭州：浙江教育出版社，2005：355.

观察因研究者事先已得到被观察者的授权，一般不易发生可能因有违伦理道德而引起的纠纷；不过，因观察对象知道自己的言行已在被人观察，由于“紧张”、“投观察者所好”或“不愿暴露自己的隐私”等原因的干扰，易导致观察对象展现失真的言行，从而致使观察者收集失真的资料。隐蔽观察指研究者在观察对象不知情的情况下对观察对象进行的观察。隐蔽观察因观察对象不知道自己的言行已在被人观察，其所展现的言行往往颇为真实，从而可让观察者收集到客观、准确的资料；不过，隐蔽观察因研究者未得到被观察者的同意或授权，一般易发生可能因有违伦理道德而引起的纠纷。

（3）实验室观察与自然观察

实验室观察主要是在有各种观察设施的实验室或是经过一定布置的活动室等场所内，研究者按照预先设计的观察目的与要求对研究对象进行的观察。它常常用于了解个体某些具体、细微的行为特征，观察所得到的数据常可以进行定量分析。实验室观察的优点是能高效收集到相关研究资料，缺点是可能会因实验情境而导致观察对象产生失真行为。自然观察主要是研究者根据研究的需要，采取参与、半参与或非参与的方式，在自然环境中或在现实的生活场景中，对观察对象进行实地的观察。

2. 观察法的适用条件

观察法一般在下列情况下采用：（1）对所研究的对象无法加以控制；（2）在控制条件下可能影响某种行为的出现；（3）由于社会道德的要求，不能对某种现象进行控制；（4）当被试的言语表达能力不佳（如婴幼儿）或有言语障碍（如哑巴）时。同时，一般而言，观察法不适合如下情况：（1）在面上对研究对象进行大规模的宏观调查；（2）对过去的事情、外域社会现象以及隐秘的私人生活进行调查；（3）了解被研究者的思想观念、语词概念和意义解释；（4）对心理现象进行因果分析。

3. 观察法的优缺点

观察法的主要长处有三：（1）对被观察者的行为进行直接地了解，所以能收集到第一手资料；并且，不仅可以记录到被观察者的言语行为，也可以清晰地观察到被观察者的非言语行为。（2）自然观察法因是在自然条件下进行的，被观察者的心理与行为较少或没有受到“环境的干扰”，这样，有可能了解到被观察者的真实心理与行为状况。例如，通过单向玻璃，研究者能观察儿童游戏，而儿童并没有觉知到被观察。人类的一些行为只有通过自然观察才能进行研究，因为在非自然条件下研究是不道德的或不切实际的。例如，研究生命早期的严重剥夺对儿童后期发展影响的实验就是不道德的。（3）在塑造复杂的行为模式中物种的自然栖息地所具有的长时效应，在实验室的人为环境中是观察不到的。

观察法的主要缺陷有四：（1）在自然条件下，事件较难按严格相同的方式重复出现，这样，难以对某种现象进行重复观察，观察的结果也较难进行检验与证实，其研究结论的信度受到一定的限制。（2）在自然条件下，影响某种心理活动的因素是多方面的，用观察法得到的结果往往难以进行精确的分析。（3）由于对条件未加以控制，这就使得观察者不能主动地控制或改变环境变量以引发所要研究的行为和结果，观察者经常只能处于消极等待的被动地位，导致观察时可能出现不需要研究的现象，而要研究的现象又可能没有出现，例如，若要研究儿童的攻击行为时，可能等好几天也看不到真正的儿童打架事件。（4）观察容易"各取所需"，观察的结果容易受到观察者本人的兴趣、愿望、知识经验和观察技能的影响。

（二）实验法

1. 什么是实验法

实验法（experimental methods），也叫"试验法"或"科学实验法"，指根据一定目的，运用必要的手段（如运用一定的仪器、设备等物质手段），在人工控制的条件下，观察、研究自然现象及其规律性的社会实践形式。在实验中，假若要确定因果关系，将涉及三类变量：一是"自变量"（independent variable），也叫实验变量，指由实验者操纵的变量。自变量的大小、范围或取值一般通过文献综述、理论建构或预实验等方法来确定，由实验者操作。自变量被认为是引起行为差异的可能原因。二是"因变量"（dependent variable）。由实验变量引起的某种特定的反应称为因变量（也叫反应变量）。这类变量的实验结果揭示自变量对行为的作用，而这种作用往往是通过诸如测验分数之类的操作成绩来表现的。三是"无关变量"（extraneous variable）。除实验变量之外，一切能够影响因变量的条件和因素叫无关变量（也称控制变量）。无关变量也常常引起因变量的变化，但在这次研究中是实验者希望排除的一些条件，以使实验结果不受其影响。在心理实验中，出于经济性原则，研究者一般都会操作一个或一个以上自变量来观察其在因变量上产生的效果，这意味着研究者可以积极干预被试的活动，创设某种条件使某种心理现象得以产生并重复出现。这是它与观察法的不同之处。实验法的目的在于明确一种强烈的因果关系，即一个变量对另一个变量的影响。在实验中，实验组（experimental group）被试接受自变量条件；控制组（control group）被试接受除自变量条件以外的所有其他条件，然后比较这两个组的反应以确定自变量的效果。

2. 实验法的研究程序

（1）实验课题的确定

选择课题是科学研究的第一步，研究课题的来源通常有四：①实际需要。从实际的工作中发现需要用实验研究来解决的问题。②理论需要。从理论或学说中推演出某个假设是否符合实际。③个人经验。针对在个人学习、工作和日常生活中的实际问题设计出种种实验。④前人的研究与文献资料。阅读文献可以发现什么问题已经解决、什么问题尚待研究。

在课题确定后还应以假设的形式将问题提出来。假设是关于条件和行为之间的关系的陈述，一般来说，假设应包括这样的内容：回答该实验的实际问题，对已知事实作出解释，并且预言一些能被证实的观察。如果把对条件的叙述记为a，把对行为的叙述记为b，一般取“如果a，那么b”这样的形式。

（2）实验设计的制定

实验设计是影响实验研究结果与结论的重要条件。它包括怎样选择合理的样本及合适的样本量大小；怎样操纵自变量以获得可观察的因变量；怎样控制无关变量且减少测量误差，从而以最为合理、最为有效的方式达到预定的研究目标。等等。目前，随着现代应用数学的发展，某些数学方法应用于心理实验设计已显示出普遍的实用价值。如完全随机化设计、随机化区组设计、多因素实验设计等已成为心理实验设计的重要依据。此外，实验设计还有许多具体的工艺和技术问题，巧妙的工艺和技术设计不仅能把心理学原理化于其中，而且可以在最有利的条件下准确地获取心理事实。

3. 实验法的优点与局限

在实验法中，研究者处于主动地位，可以有计划地引起或改变某种急需研究的心理现象，不必消极等待它们的自然发生；实验者可以控制一些偶然发生的因素，排除一些与研究对象无关的因素，进行精细的观察，获得定量的结果；研究者还可以变化各种条件，多次重复进行实验，认真仔细地进行核验，揭示条件与现象的函数关系，掌握某种心理现象产生的规律。

实验法的主要不足是，实验研究中对变量的操纵难免受到人为因素的影响，且无法排除所有的无关变量，并且，由于实验法对心理过程的操作性和量化要求过高，大大限制了实验法的应用。此外，由于实验本身人为性较强，严格的实验室实验，在抽样、变量数量与水平、实验处理、实验环境、实验方法等诸多方面都难以保证一定的外部效度。目前，单一的、严格的、人为的实验研究受到众多的批评，而更生活化、生态化、强调实际应用的现场实验与多因素实验则受到广泛的重视①。

（三）测验法

1. 什么是测验法

测验法（measurement method），也叫测量法，指用一套预先经过标准化的测验工具（量表）来测量个体的某种心理品质的方法②。

---

① 董奇，申继亮. 心理与教育研究法［M］. 杭州：浙江教育出版社，2005：226.

② 董奇，申继亮. 心理与教育研究法［M］. 杭州：浙江教育出版社，2005：424.

在心理学研究中，利用科学的心理测验可以预测人们从事各种活动的适宜性，提高人才选拔和职业培训的效率。并且，测验法还可以运用于心理诊断和治疗，对学生的问题与行为进行甄别，从而为加强对学生的因材施教和个别指导提供依据。

选择测验法必须注意两个方面，一是所选的测验工具必须适合测验目的；二是所选测验必须符合心理测量学的要求，如该测验是否经过了标准化，它的信度、效度如何，常模样本是否符合测验对象，常模资料是否因时间太久而失效等等。

对于标准化测验，主试必须按照规定的程序施测，才能得到可靠的结果。在实施测验时，必须使用统一的指导语，指导语应力求清晰，简明扼要且有礼貌。主试还应告知被试该测验具体的时间限制。另外，在施测过程中，对于被试的反应，主试不应有点头、皱眉、摇头等暗示性反应，应时刻保持和蔼、微笑的态度①。

对测验所获得的结果按照测验工具的不同可从质和量两方面进行。一般而言，测验法有设定好的常模，可以把测验结果与之直接对比研究②。

2. 测验法的优点与局限

（1）测验法的优点

心理测验工具的编制一般颇为严谨，并且经过标准化和鉴定，这些测验工具无论其结构还是内容都颇合理、详实，其信度和效度都比较高，因此，心理测验法所得到的结果与结论一般也颇为准确可靠。相对于观察法与访谈法等其他方法，心理测验法的定量化水平很高，问题和答案都是以封闭式方式给出的，在施测过程中，主试很容易控制整个施测过程，把被试在回答过程中的主观因素降低到最小，得到的资料也比较客观。并且，心理测验法可以在同一时间内对大样本被试进行施测，能在短时间内收集到大量的数据。

（2）测验法的局限

由于不同心理测验所依据的理论基础不尽相同，所测特质的定义、观点及概念系统也不同，因此同样性质的测验获得的可能是不完全相同的心理特质。并且，心理测验是对人的心理特质的间接测量与取样推论，其结论不可能完全准确，因为在测验过程中的一些无关因素的干扰很难完全排除，会影响到测验结果的稳定性与准确性，如一些涉及到个体隐私方面的问题，很难保证个体如实进行回答③。

（四）问卷法

1. 什么是问卷法

---

①② 董奇，申继亮．心理与教育研究法［M］．杭州：浙江教育出版社，2005：440－441.

③ 董奇，申继亮．心理与教育研究法［M］．杭州：浙江教育出版社，2005：442－443.

问卷法，指研究者采用预先拟定好的问题表，由被试自行填写答案来搜集资料，以此来分析、推测群体心理或行为规律的一种研究方法。①

2. 问卷法的研究程序

问卷法使用成败的第一个关键是事先找到一份质量上佳的问卷。因此，在运用问卷法研究某一主题时，若有已经被证明具有良好信度和效度的问卷，一般在征得问卷编制者同意并有书面授权的前提下，可以直接拿来使用；如果某份问卷的全套题目及相应的评分标准已公开发表或出版，此时一般无须征得问卷编制者同意，就可直接拿来使用，只要在使用过程中注明出处即可。

在问卷研究中，若无现成的问卷可用，那么，编制出一份高质量的问卷，往往是影响问卷研究结果质量高低的重要前提之一。问卷编制必须遵循的规则主要有六点：一是科学性原则。问卷题项的区分度、信度和效度都要合乎一定的要求；同时，问卷编制应有逻辑性；问卷题项的措辞力求准确，忌模棱两可。二是适用性原则。编写问卷题项时，为了做到简洁、通俗易懂，尽量不要用专业术语；同时，问卷的题量不宜过多。三是针对性原则。问卷的题项要围绕主题。四是行为性原则。问卷尽量不要提出“直截了当”的问题让被试回答，题项的行为性既可以达到迂回投射的作用，又可以使内容表述具体化，被试容易回答，也愿意回答。五是艺术性原则。问卷题项或内容应活泼有情趣。六是伦理道德性原则。问卷的题项不能违背伦理道德规范，问卷的整个施测过程要合乎伦理道德规范。②

问卷法的一般研究流程或过程如图 1－1 所示。

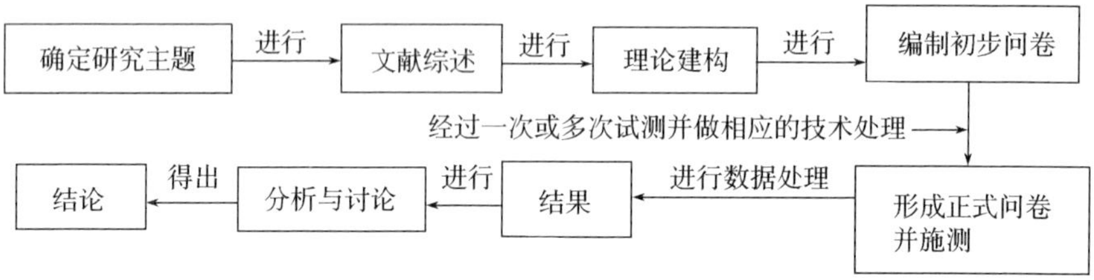

图 1－1　问卷法的一般研究流程示意图

根据图 1－1 所示，问卷法的一般研究流程或过程大致可以概括为如下几步：

（1）确定一个有价值的研究主题。

（2）对所选定的研究主题进行文献综述，并看看有无合适的问卷可用，若没有，则须自编问卷。

（3）对该研究主题进行理论探讨，然后提出假设与编制问卷的理论架构。例如，为了调查当代中国大学生的羞耻心类型，就须先进行理论建构，并且，如

---

① 夏征农，陈至立. 辞海［M］. 第六版彩图本. 上海：上海辞书出版社，2009：2388.

② 海崎，张峰，陈雪枫. 心理教育测量［M］. 广州：暨南大学出版社，2004：172－173.

果综合考虑“道德型与非道德型”、“他律与自律”和“正确与错误”等三个维度，就可以将人的羞耻心态分为以下八种类型。①

① 正确、自律、道德型的羞耻心。

② 正确、自律、非道德型的羞耻心。

③ 正确、他律、道德型的羞耻心。

④ 正确、他律、非道德型的羞耻心。

⑤ 错误、自律、道德型的羞耻心。

⑥ 错误、自律、非道德型的羞耻心。

⑦ 错误、他律、道德型的羞耻心。

⑧ 错误、他律、非道德型的羞耻心。

（4）若有合适的问卷可用，此步可省略，直接进入下一步；若没有合适问卷可用，就须自编问卷。在自编问卷时，整个问卷要体现先前提出的理论架构；在撰写问卷的题项时，既可以先通过文献综述获得一些编写题项的资料与灵感，也可以通过与少数人（如本领域的专家或潜在的被试）进行深入访谈或进行小规模的开放式问卷收集编写题项的资料与灵感，还可以根据自己的知识经验编写题项。

（5）运用正式问卷进行科学施测。在施测过程中要注意两项事情：①被试的选择。要把握好被试选择环节，具体要注意三方面的问题：第一，确定被试来源的群体。第二，考虑被试的代表性。在一般情况下，要么分层随机抽样，要么简单随机抽样。第三，样本要足够大，以防回收率过低而影响到研究结果的可靠性。根据问卷实施的目的、对象不同，决定选择不同的实施方法。如针对某一个人的调查，可以采用个别问卷调查或电话调查的方法；针对一个群体的调查，可以采用团体问卷调查的方法。②注意指导语和施测时间。问卷的开头一般都有指导语，包括说明研究目的与重要性，不泄漏隐私，如何勾选等内容，这类问题是控制被测者反应的一个重要环节。要确保被试者了解指导语。问卷的施测时间一般应控制在30—40分钟左右。②

（6）回收已作答的正式问卷，剔除无效作答问卷后，将所有有效作答的问卷进行排序。为提高回收率，最好是取得一定组织机构的协助，如在学校进行施测，就要征得校长、班主任的同意，通过他们帮助组织实施调查。要注意对问卷的审核，以确保所得数据资料的质量。同时，若条件允许的话，辅以其他的方法，如对个别接受问卷调查的对象进行访谈，了解更具体的情况。

（7）将已排序的有效作答问卷的相关信息逐一准确录入 SPSS 软件中作数据

---

① 汪凤炎，郑红. 荣耻心的心理学研究［M］. 北京：人民出版社，2010：293.

② 董奇，申继亮. 心理与教育研究法［M］. 杭州：浙江教育出版社，2005：454.

统计处理并获得相应的结果。

(8) 对所获结果进行分析与讨论。在进行分析与讨论时，必须与同类或相关研究成果进行比较，无论比较结果是同还是异，都必须进一步分析其原因。

(9) 根据分析与讨论，最终证实或证伪假设，并形成结论。一般而言，在一项问卷研究中，有几个假设就可得出几个结论，结论的数量不宜过多，但必须是可靠、可信的。同时，为了提高研究的科学性与深度，在一项问卷研究中，假设的数量不宜过多，一般有1—3个假设即足够了。

3. 问卷法的优点与局限

问卷法的优点是能发现人们对现实情景的反应，特别是能较快地收集现时现场大样本人群的心理状态与行为方面的信息；也有利于主试对取样者进行较好地处理。随着计算机技术的迅速发展，人们处理通过问卷法获得数据的能力也有了迅速提高。

问卷法的主要缺陷有：(1) 一般不能准确掌握现时现场人们的过去心理状态，因为人们往往记不准他过去的所作所为。(2) 有时被试为了适合调查需要，或受主试的主观因素影响，提供不准确信息的情况也是存在的，因此，问卷的信、效度常受人们的质疑。(3) 一般的研究者往往难以设计出一个好问卷，因为问卷编制需要遵循许多规则，虽然有些著作专门讨论问卷编制应遵循的规则，但初学者往往难以真正掌握它。(4) 问卷设计完之后，所调查的内容就已确定，然而，当题目不适合被调查者时，被试只能是猜测、放弃或随机应答。同时，由于主试无法直接观察每个被调查者，这就失去了记录被试回答问题时的反应机会①。(5) 依乐国安教授的见解，问卷法在使用过程中还要尽量避免方法上的机械主义、手段上的经验主义、取向上的个体主义和结论上的普遍主义等四个缺陷。

4. 问卷法与测验法的比较

问卷法与测验法一般都需要预先拟定好一个问题表或量表，二者在研究程序（包括研究对象的确定、施测过程、数据处理、分析与讨论、获得结论等）方面也有相似之处，以至于一些人常将问卷法与测验法相等同。其实，问卷法与测验法是两种不同的研究方法，二者之间的明显区别至少有三：(1) 有关常模的差异。一般而言，问卷法无常模，而测验法有常模。(2) 对信度与效度的要求不同。相对而言，在编制用于心理测验的量表时，对信度与效度的要求都很高；在编制用于调查的问卷时，除非常严谨的问卷对信度与效度有较高要求外，一般的问卷可以不计算信度与效度。(3) 适用范围不同。问卷法一般只适用于研究群体的心理与行为，却不用于研究个体的心理与行为，与此不同，测验法既可用于研究群体的心理与行为，也可用于研究个体的心理与行为。

① 董奇，申继亮. 心理与教育研究法［M］. 杭州：浙江教育出版社，2005：445.

（五）访谈法

1. 什么是访谈法

访谈法，也叫“访问法”，指调查者通过与受访者交谈，进行调查和收集资料，并分析和推测受访者心理与行为规律的一种研究方法。分为结构性访谈和非结构性访谈。前者用高度结构化或标准化的调查提纲进行访谈；后者不使用或用简单的调查提纲，只提出一些笼统的、开放性的问题。调查者在引导、发问、追询、记录及使用访谈工具时，都要尊重对方，且忠实于所研究的问题，才能获得准确完整的资料①。访谈法采取“主试问，被试说，然后主试记录被试的反应”，经过深入面谈，可以获悉受访者在某一方面或多个方面的详细信息，如受访者的需要、价值观与人格特点等；并且，访谈者不仅可以听其言，还可观其举止表情。访谈法不像问卷那么标准化，并且，访谈是交互式的，访谈者可以根据受访者说的内容变化问题。

访谈法具有如下特点：第一，目的性与规范性。访谈法作为一种研究方法，与其他科学研究方法一样，具有目的性和一系列的操作规范。科学研究中的访谈法不是漫无目的的“聊天”，它是为回答某些问题或检验研究假设而谈的，对访谈的人数、谈话的内容、谈话的程序等都有明确规定。第二，交互性。访谈法的显著特点是访谈者与受访者的直接交互作用，访谈过程是以访谈者与受访者之间问与答的形式进行的，谈话双方的心理特征、态度、期望、动机、知觉和行为等相互作用、相互影响。第三，灵活性。访谈者可以根据访谈目的，对一些感兴趣的行为表现、活动结果“刨根问底”②。

一般人认为访谈方法简单，其实不然。从某种程度上说，它是“最难”的方法。因为这里存在着主试与被试之间的相互作用问题。这种交互作用本身就是某种人际关系现象，需要对此进行特殊的研究。因此，在交谈的互相作用、沟通的每一个过程中都可能带有主观性，从而影响信息的可靠程度。所以，用谈话法来研究的主试，要经过严格的培训，以免对调查结果产生不良影响。好的访谈者除了对社交中发现的信息敏感，对社交过程也是十分敏感的。训练访谈者与受访者建立和善的、积极的社交关系，鼓励受访者信任访谈者，并与访谈者分享个人信息。可见，访谈法中所获得的材料的丰富性和客观性，在很大程度上依赖于研究者的机智和谈话技巧。

2. 访谈法的研究程序

（1）明确访谈目的

明确访谈目的要考虑以下问题：一是将访谈目的转化为具体的研究问题和研

---

① 夏征农，陈至立. 辞海［M］. 第六版彩图本. 上海：上海辞书出版社，2009：583.

② 董奇，申继亮. 心理与教育研究法［M］. 杭州：浙江教育出版社，2005：388.

究变量。访谈目的往往比较笼统、概括，需要将其转化为比较具体的、限定的研究问题，然后根据具体研究问题，列出涉及的变量的名称和类别，这样才能为组织和细化访谈维度作好准备。二是选择访谈类型。访谈类型常因研究目的而异。例如，依据在访谈过程中"问"与"答"的限定情况，可以把访谈法分为结构访谈、非结构访谈和半结构访谈。依据每次接受访谈人数的多少，可以分为个别访谈、团体访谈。依据访谈沟通方式中是否借助中介物，可以分为直接访谈和间接访谈。三是注意调控访谈过程。口语交流相对于书面用语有较大的随意性，访谈对象在进行陈述时，容易"触景生情"引发联想，而使回答偏离主题，访谈者可根据访谈的目的，及时控制访谈进程，使之按预定目的进行①。

（2）编制访谈表

访谈表是实施访谈的依据，访谈表不仅包括发问的问题，而且对访谈对象的回答也有所规定。编制访谈表主要包括如下工作：一是设计问题形式。依据确定的访谈目的，编写具体的问题，问题可以以不同形式呈现。如依据问题的结构可把问题分为开放式问题和封闭式问题。开放式问题不限定答案范围，访谈对象可根据自己的想法来作答，如"你认为这会给小学道德教育带来什么影响?"封闭式问题要求访谈对象在事先确定的几个答案中进行选择，选出自己认为最合适的答案。如判断式、核查式、评定式、排序式等。二是依据所选择的问题形式编写访谈问题。一般而言，访谈问题要尽量做到口语化、清晰化、简洁化、通俗化、情感态度中立、避免触犯对象隐私与禁忌等。②

（3）实施访谈

访谈的实施主要包括以下几个环节：一是初步接触。在接触访谈对象的过程中，要注意形成好的第一印象，取得访谈对象的信任，采取策略，因应拒绝。二是进行提问。对访谈对象进行提问时要尽量按照访谈表上的问题与顺序进行；发问的语气与方式要保持中立，对对象的回答不要流露出批评、惊讶、赞成或不赞成的语气与态度；注意营造轻松、愉快、友好的访谈气氛，使对象畅所欲言，不轻易突然打断或中止访谈对象的话；当访谈对象回答不完整、不清晰、不具体或答非所问时可对其采取重复问题、复述回答、表示理解与兴趣、停顿、提出中性评论等方式进行探究。三是在访谈的全过程中，访谈者要始终全神贯注地倾听访谈对象讲话，并及时作好记录。四是在结束访谈时要注意向访谈对象表示感谢，或为今后的研究抽样作铺垫；若访谈不能正常结束时，访谈者应具体问题具体分析，灵活处置③。

---

① 董奇，申继亮. 心理与教育研究法［M］. 杭州：浙江教育出版社，2005：399.

② 董奇，申继亮. 心理与教育研究法［M］. 杭州：浙江教育出版社，2005：401－403.

③ 董奇，申继亮. 心理与教育研究法［M］. 杭州：浙江教育出版社，2005：407－412.

（4）访谈结果的整理与分析

对于结构性访谈，其结果可进行量化分析，而对于非结构访谈，一般情况下，为了对结果作深入分析，非常重要的一步工作就是制订编码（或评分）系统，用编码系统来量化访谈结果①。

3. 访谈法的优点与局限

访谈法的优点主要有：可以控制问题的呈现过程及访谈进程，访谈对象可重复表达自己的思想和感情，可获得较为全面、深入、具体的资料。访谈法也有一定的局限性。首先，它比一般的研究方法对研究者提出了更高的要求。如果不经过严格的训练是很难真正掌握并灵活运用这一方法的。其次，访谈法在具有灵活性这一优点的同时，也不可避免地增加了实验研究的不确定性，对资料分析的误差较易发生。第三，访谈法是通过语言来实施的，访谈者的口头表述和受访者的口头报告都对言语能力提出了较高的要求。尤其是对幼儿而言，由于他们言语能力的限制，往往难以准确表达自己的想法，而这种不准确的表达又容易导致主试的误解，从而影响研究工作的可靠性。因此，较为理想的研究方法应该是综合观察、谈话、实验、测验等方面的长处，通过多种途径对被试展开研究，方能保证实验的客观性和科学性②。

（六）个案法

1. 什么是个案法

个案法（case method），指对某个人或某件典型事件进行深入而详尽的观察与研究，以便发现某种心理或行为规律的一种研究方法。它是由医疗实践中的问诊法发展而来的。个案法的明显优点是：由于一个个个案往往都是鲜活的、具体的，这样，研究者往往能够对这些具体个案进行深入、细致和全面的研究，并能详细回答诸如“是什么”（描述个案）、“为什么”（解释个案）和“怎么样”（跟踪个案）等问题，从而发现适合这些个案的某些特殊规律。但是，由于个案法限于少数案例，研究结果可能只适合于个别情况，这样，在推广运用这些结果或做出更概括的结论时，必须持谨慎的态度③。

2. 个案法的研究程序

（1）研究问题的界定

首先要确定研究的问题，问题一旦确定，便能有效指导资料的收集、分析与解释。研究者通常先提出一系列较为灵活的问题或假设，在研究过程中通过深入思考、探索和修正，使之尽快确定下来，以便指导以后的工作。

① 董奇，申继亮．心理与教育研究法［M］．杭州：浙江教育出版社，2005：413－414.

② 王振宇．儿童心理发展理论［M］．上海：华东师范大学出版社，2000：223.

③ 彭聃龄．普通心理学（修订版）［M］．北京：北京师范大学出版社，2004：20.

（2）对个案的界定

研究者选择个案时，通常有两种情况，其一是对个案本身感兴趣，想要深入地了解与之有关的问题，这类研究被称为内在性个案研究；其二是通过对该个案的研究，探索某种一般性的问题或将结论推广至其他的个案，这类研究被称为工具性个案研究。无论出于哪种情况，研究者都应该在研究设计时对个案的概念作出清晰界定，并指出选择它的原因。

（3）研究方案的设计

个案研究设计的核心内容就是在不同条件之间进行比较，因此在实施过程中还要考虑具体的设计方法。这里的设计条件主要有两种：基线条件和干预条件。基线条件指未实施特定实验干预时的基本状态，通常用条件 A 表示；干预条件指引起研究对象行为变化或修正研究对象原有行为的各种干预状态，通常用条件 B 表示。个案研究通常根据基线条件和干预条件的呈现顺序，来选择具体的设计类型。具体设计方法主要有：A－B 设计，研究者主要通过 A 和 B 两个条件的比较来确定实验处理的效果；A－B－A 设计，即先在一段时间的自然状态下，连续搜集最初的资料，确定研究对象的行为基线或反应方式，然后在随后的一段时间内引入干预处理，并观察研究对象的行为变化，继续搜集和记录有关资料，最后撤销干预计划，把实验条件反转到原来的基线状态，并在之后的一段时间里继续观测和记录研究对象的变化情况，再次搜集自然状态下的基线资料；A－B－A－B 设计，即在第二基线条件之后，再一次呈现干预条件；多基线设计，指实验设计时先测完数种基线的方法，主要包括跨行为多基线设计、跨情境多基线设计、跨个体多基线设计。

（4）结果呈现的方式

结果呈现的方式，包括：预期得到的结果，其代表性、概括性如何，向什么人呈现结果，其能力水平、背景如何，以何种方式呈现结果，等等。

3. 个案法的优点与局限

个案法是对个体或某一群体进行的深入研究，通过个案法，可以获得个体或群体的心理特征、发展状况的全貌，并能分析有关个体或群体心理现象产生的原因、背景及过程，是揭示个别差异的有效研究方法。在研究设计、数据收集和统计分析等方面，个案法既注重初试或现象的质的方面，又注重其量的方面，既注重全面收集数据，又注重深入了解对个体具有重要含义的资料，为建立合理的变量关系的假设和因果关系的推论奠定了基础。个案法依据对个体的深入分析，还可以准确把握个体的心理状态、发展水平，并能正确找出其成因与影响因素，作出正确的诊断，从而在有关个体的临床矫治实践与发展指导研究中具有十分重要的价值①。

① 董奇，申继亮. 心理与教育研究法［M］. 杭州：浙江教育出版社，2005：313.

个案法的局限在于，研究的被试量较小，选出的样本在多大程度上能代表其抽样的总体，其获得的研究结论在多大程度上可以推论到总体的状况，则需要着重考虑。在个案法实施中，由某些渠道获取的资料可能会与真实的情况有所偏离或歪曲，当某些问题涉及个人隐私时，被试可能出于自我价值保护的考虑，使研究者不易取得真实的客观资料。而且在收集个人生活史资料时，由于个人生活的漫长、复杂等原因，可能使资料收集花费许多时间。此外，目前心理科学研究中使用的统计分析方法大多是在总体与抽样、正态分布等假设基础上发展起来的，这些方法对于个案法的数据统计并不尽能适用①。

【建议参考资料】

1. 汪凤炎，郑红．良心新论——建构一种适合解释道德学习迁移现象的理论［M］．济南：山东教育出版社，2011.

2. 汪凤炎．中国传统德育心理学思想及其现代意义（修订版）［M］．上海：上海教育出版社，2007.

3. 董奇，申继亮．心理与教育研究法［M］．杭州：浙江教育出版社，2005.

【问题与思考】

1. 如何准确理解“道德”的内涵？
2. 如何埋解品德与道德之间的联系与区别？
3. 什么是品德心理学？
4. 什么是实验法？其研究设计的基本程序是怎样的？
5. 如何进行问卷研究？

① 董奇，申继亮．心理与教育研究法［M］．杭州：浙江教育出版社，2005：314.

第二章　品德的结构

【本章提要】

本章旨在探讨品德的结构。第一节主要回顾了中西学者关于品德结构的诸种见解：先阐述了三因素说与四因素说这两个主流观点，然后简要概述了几个非主流的假说。第二节主张在探讨品德的结构时要妥善处理好内部与外部、个别与一般、静态与动态、形式与内容、持久与短暂、整体与部分等六对关系，在此基础上提出了融会中西的五因素说：主张品德的结构包括道德认知、道德情感、道德意志、道德行为与道德自我（良心）五种成分，并认为道德自我（良心）对知、情、意、行四种心理成分具有调节与统摄作用。

【学习重点】

1. 掌握品德结构的内涵
2. 掌握目前品德结构研究中的主流观点
3. 理解品德结构中的六对关系
4. 理解与掌握品德结构五因素说的主要内涵

【重要术语】

结构　品德的结构　三因素说　四因素说　五因素说　道德认知　道德情感　道德意志　道德行为　道德自我

“结构”是指系统内各组成要素之间的相互联系、相互作用的方式，是系统组织化、有序化的重要标志。系统的结构可分为空间结构和时间结构。任何具体事物的系统结构都是空间结构和时间结构的统一①。“品德”是一个知行合一的概念，品德的结构自然既包括其心理结构，还包括外显的道德行为。因此，本书用“品德的结构”或“品德结构”一语，是指各种品德心理成分与相应的道德行为按照一定的联系和关系所组成的一个整体结构②。那么，品德结构到底是由哪几种因素构成的呢？这是一个必须深究的问题，它不仅直接影响品德结构的学术研究，而且涉及德育工作的有效开展。要解决这一难题，科学路径之一是，先

① 夏征农，陈至立．辞海［M］．第六版缩印本．上海：上海辞书出版社，2010：599.

② 林崇德，杨治良，黄希庭．心理学大辞典［M］．上海：上海教育出版社，2003：900.

系统梳理中外思想史上关于“品德结构”的已有观点，然后在此基础上再“接着说”。正是本着这一思路，本章先对中西方文化里已有的品德结构进行简要述评，在此基础上，提出自己的品德结构观。

第一节　品德的结构：已有见解

一、因素说

品德的因素构成说是目前得到国内外学者广泛认同的观点。该观点认为，个体的品德结构是由一些内在的基本心理要素与外显的道德行为组成的。相应地，对于品德结构的研究要做到：先了解这些基本的心理要素，然后了解它们之间的相互关联。

（一）三因素说：西方学人的品德结构观

三因素说主张将品德看成是道德认知、道德情感和道德行为的统一体，其中，道德认知是个体产生道德情感的前提与基础，道德情感是个体产生道德行为的重要内因。没有为别人着想的关怀，不具有体谅、理解他人的情感，就不可能产生道德判断和道德行动。道德行动是德育的目的，为了达到这个目的，关键是要把发展道德情感与发展道德判断力以及引导做出道德行为这三者统一起来。目前国际流行的心理学文献大都采用三要素论。同时，西方尤其是美国的一些心理学家对道德认知、道德情感和道德行为展开了许多具体而深入的研究。如关于道德认知的研究（详见第三章）、羞耻心和内疚的研究（详见本章第二节）、关于道德行为构成的研究等。仅就道德行为的构成看，道德行为是极其复杂的心理过程，它既涵盖外显的行为，也包括引起外显行为的内部过程，美国心理学家莱斯特（James Rest）详细地分析了特定的道德行为产生过程的构成要素，在此基础上把人的道德行为过程概括为四种成分（请参考本书第四章第五节“品德发生作用的整合观”）。美国心理学家索里和特乐福德从行为的道德控制程度将道德行为分为三种水平五个等级：1. 生物水平：第一步是进行物质赏罚，这是儿童道德控制发展的开始。第二步是对物质赏罚的预测，如果某种行为使儿童得到物质的奖赏，那么这一行为就被强化而保持下来，否则就被逐步排除。2. 社会水平：第三步是借助行为的理想实现的，是采取社会的赏罚。社会的赏罚是别人用语言、手势、面部表情和姿势等表达的对行为的赞赏或谴责。第四步是按社会赏罚的预测而采取行动。3. 观念水平：第五步是最高的控制，是按照已被内化并结合成为自我的抽象的行为观念而行动。美国的佩克和哈维格斯特从行为的社会意义出发，把青少年的道德行为概括为五种类型，即非道德性行为、自我中心行为、依从传统惯例行为、良心主义行为和理性的利他主义行为①。

① 林崇德，黄希庭，杨治良. 心理学大辞典［M］. 上海：上海教育出版社，2003：198.

(二) 四因素说：中国学人在品德结构观上的主流观点

一些中国心理学研究者在引入西方三要素说的同时，又继承自孔子以来重视“意志”和“道德意志”的传统，不赞成西方学人将“道德意志合在道德行为里进行探讨”的做法，主张要将“道德意志”从道德行为里单列出来，以凸显道德意志的重要性，于是，提出了四因素说。四因素说主张完整的品德结构应包含道德认识、道德情感、道德意志和道德行为四种成分，并且，品德结构中的知、情、意、行四种心理成分之间是彼此联系，互相促进的。其中，道德认知是基础，是道德情感和道德意志产生的依据，并对道德行为具有定向调节作用；道德情感与道德意志是构成道德动机和道德信念的重要组成部分，是道德认知向道德行为过渡的中间环节；道德行为是品德的最重要标志，道德行为既是道德认知、道德情感和道德行为的外在具体表现，又可以通过道德行为巩固、发展道德认识，加深、丰富道德情感，促进道德意志的锻炼。可见，知、情、意、行四种成分在品德结构中的地位和作用是各不相同的。各种成分在彼此联系中不断发展和变化，使得个体的品德结构由表层向深层、由不稳定状态向稳定状态逐渐发展和过渡。在品德的结构观上，四因素说是中国现代心理学界的最主流观点。例如，有人声称：“一般来说，品德是一种在道德动机的驱使下产生的行为。进一步作分析，通常可认为品德主要由道德认识、道德情感、道德意志和道德行为四种成分组成。”① “任何一种品德都包含一定的道德认识、道德情感、道德意志、道德行为方式等四种基本成分，简称为品德结构的知、情、意、行。”② 为了便于读者准确把握四因素说，下面对道德认知、道德情感、道德意志和道德行为做一详细阐述。

1. 道德认知

(1) 什么是道德认知

道德认知，也叫道德认识，指个体对道德关系、原则、规范和道德活动的认识，包括道德概念的掌握、道德判断能力的训练和道德信念的确立等。是通过道德知识和理论的学习，在道德实践中逐渐形成和发展的③。道德认知是品德结构的一个重要组成部分。

(2) 道德认知的构成

个体道德认知的发展以社会认知能力的发展为基础，主要包括道德概念的掌握、道德判断能力的发展、道德信念的确立等环节。

道德概念是对道德现象本质特征的概括反映，它是个体在一定的道德情境

---

① 马文驹. 当代心理学手册 [M]. 上海：上海科学技术出版社，1990：478.

② 陈泽河，戚万学. 中学德育概论 [M]. 济南：山东教育出版社，1991：46.

③ 夏征农，陈至立. 辞海 [M]. 第六版彩图本. 上海：上海辞书出版社，2009：409.

中，在已有道德表现的基础上，通过有关道德知识的学习形成的。个体按照社会道德准则采取行动时必须对这些道德准则有所认识，形成相应的道德观念，只有这样才能对行为的是非善恶进行道德判断，形成相应的道德观念体系。个体道德概念的掌握是一个逐步发展、不断深化的过程，体现了由简单到复杂、由不稳定到稳定、由单纯接纳到自主选择的发展趋势。①

道德判断是个体根据社会的、自己的道德价值观念对自己或他人的行为作出是非善恶的判断。如果说道德概念的掌握有助于解决个体对社会关系和道德准则认识中的“是什么”问题，那么，道德判断则是根据已掌握的道德标准对人的行为作出价值判断，属于“为什么”问题，它是运用道德概念进行道德推理，作出道德判断的道德思维过程。道德判断力的高低是衡量个体道德水平高低的一个重要标志，通过道德判断可以加深道德认识，促进道德信念的形成。就个体道德判断的发展来看，体现了从他律到自律、从片面到全面、从依据效果评价到注重动机评价等整体发展趋势。②

道德信念是个体对自己所奉行的道德准则和道德观念的确信，它是个体道德活动的理性基础。当个体把外界道德要求转化为个人行为准则且坚信其正确性时，会引起相应的情绪体验，这就表明了道德知识已转化为道德信念，道德信念的确立会使个体的道德行为表现出坚定性和一贯性，从而成为道德品质形成中的关键因素。个体道德信念的发展一般要经历无道德信念阶段、道德信念的萌芽阶段、道德信念的确立阶段等几个时期。③

道德认知是在道德行为实践的基础上，通过道德教育、训练和社会规范的影响，在不断掌握道德观念、逐渐提高道德判断力的过程中得以形成、发展和加深。道德认知不断得到深入，就会形成一定的道德观念，而道德观念达到坚定不移的程度并指导个体行为时，就会变成道德信念。道德观念、道德信念的培养是个体品德发展的重要条件。④

（3）道德认知的功能

道德认知在道德活动中具有两大功能：①行为导向功能。道德认知是道德内化和道德行为的先导，当个体产生道德行为的心理准备和发生道德冲突时它能对个体的道德选择起着理智的指向作用。道德认知的形成可以指导人们在日常生活实践中按照一定的道德原则和规范行事，不但懂得应该怎样做，而且懂得为什么这样做，对自己和他人的道德行为进行认识与评判，从而提高自身品德的自觉性、主动性和创造性。②统摄整合功能。道德认知结构对进入结构的道德新知进行自身的内部调整以达成新旧知识的适应状态，达到道德上的认知平衡。个体在日常社会交往和社会合作过程中需要承担和扮演各种各样的社会角色，需要处理

---

①②③④ 张大均. 教育心理学 [M]. 2版. 北京：人民教育出版社，2004：299－300.

与协调个人与他人、个人与集体的各种关系，这就使得他们不得不去习得某些社会公认的道德规范，学会对是非善恶作出判断推理，形成对自己、对他人、对集体乃至对世界的认识。个体正是通过不断整合自己的道德认识，通过不断重建自己与他人、集体以至世界的社会认识的经验，通过对这些认识和经验的不断反思与自我评价，逐渐形成和发展自己的道德观念和道德价值判断标准，从而达到道德认知上的日益成熟①。总之，道德认知是品德形成和发展的基础，在品德的整个心理结构发展中，道德认知对道德情感、道德意志和道德行为起着指导、调节和控制作用。道德认知的最终目标就是要树立道德信念，促成道德自我。

2. 道德情感

（1）什么是道德情感

道德情感，亦称“道德感”，指人们对道德行为的一种或好或恶的内心感受，即对符合道德准则的行为感到满意、愉快、光荣，对不符合道德准则的行为感到义愤、内疚、羞耻②。一方面，道德情感是伴随人们的道德认识而产生的，人在对道德现象进行判断和评价时，如果它符合人的需要，就会产生满意的体验，否则，就会产生不满意的体验；另一方面，道德情感也可以是人们将自己的行为与一定的道德准则相比较，在对自己的道德行为进行评价时而产生的。

（2）道德情感的构成

道德情感的表现可以从内容和形式两方面进行分析。

从内容上看，道德情感主要包括下列内容：一是肯定性的情感体验，也叫积极的善良情感，它指那些能从正面增进个体优秀道德素养或让个体趋善避恶的情感。如同情心、爱心、正义感等；另一是否定性的情感体验，也叫消极的善良情感，它指那些能从反面增进个体优秀道德素养或让个体趋善避恶的情感。如羞愧、内疚、憎恨、厌恶等。心理学家海特（Haidt）根据情感的内在关系，总结出四类较为典型的道德情感：第一类是对他人谴责的情感，如鄙视、义愤、厌恶等，它们是个体因为他人违背道德规范而产生的体验；第二类为自我意识的情感，如羞愧、尴尬、内疚、自豪等，它们是个体意识到自己的行为给他人或社会带来不利或有利的结果时而产生的体验；第三类为他人苦痛的情感，如同情、怜悯、移情等，它们是个体由于感知他人的不幸经历而产生的体验；第四类为他人赞颂的情感，如感戴、崇高、敬畏等，它们是个体见证他人的善行与伟大而产生的体验③。

从形式上看，道德情感主要表现为下列三种形态：①直觉的道德情感。它是

① 李伯黍，燕国材．教育心理学［M］．上海：华东师范大学出版社，2010：15.

② 夏征农，陈至立．辞海［M］．第六版彩图本．上海：上海辞书出版社，2009：409.

③ HAIDT J. The moral emotions［M］//DAVIDSON R J，SCHERER K R，GOLDSMITH H H. Handbook of affective sciences. Oxford：Oxford University Press，2003：852－870.

与某种道德情境相联系，通过直接感知的方式引起的情感体验，这种体验产生迅速，自觉性较低，因而这一过程中对道德准则的意识较为模糊。②与具体的道德形象相联系的道德情感。这是通过人的想象发生作用的一种道德情感，即在想象某些有道德意义的人或事物的形象时激起的较为自觉的情感体验。③与抽象的道德理论相联系的道德情感。这是一种把道德的感性认识与理性认识结合起来，清晰地意识到道德理论的更为自觉的情感体验①。

（3）道德情感的功能

道德情感对人的道德行为具有强大的推动、激发、控制和调节作用。具体而言，道德情感的功能表现在四个方面：①推动功能。人的认识活动是以情感为诱因的。道德情感能够反映出人对道德规范的认识程度，能促使个体积极地接受某种道德教育，努力地掌握有关的道德知识，有力地推动道德知识转化为道德信念。②激发功能。当道德认识与道德情感成为推动个人产生道德行为的内部动力时，它们就成为道德动机，成为个体产生道德行为的动力系统。③控制功能。作为一种情感力量，道德情感既是激发一个人道德行为的主要内部驱动力，它还可以使人们保持良好的行为，并制止过失行为。④评价功能。有的人不仅做出了某种道德行为，而且还会产生满意的体验；有些人虽然做出了某些道德行为，但由于他并不是在自己坚定的道德信念的驱使下做出的，就不可能产生道德情感。再者，如果个体没有获得道德情感，也就不会使社会道德要求转化为个人的道德要求。有的人虽然很好地理解了社会道德规范，但却常常做出违背这种道德规范的行为来，原因之一是他没有体验到伴随道德行为而产生的道德情感。因此，在道德评价中，能否产生道德情感是衡量一个人道德水平的标准之一。只有当道德情感与道德评价相结合时，才能显示出道德评价的深刻性和准确性。因此，道德情感是品德结构中的重要组成部分，它和道德认知、道德意志、道德行为紧密相关，它伴随着道德认知的出现而产生，并随着道德认知的深化而加强，它为个体道德意志和道德行为的表现提供了情感动力系统。

3. 道德意志

（1）什么是道德意志

所谓道德意志，是指人为了一定的道德目的，自觉地组织自己的道德行为，并克服困难以实现预定道德目的的心理过程。道德意志的基本特征主要有三：第一，有明确的预定道德目的才表现人的道德意志，那种盲目的行为不属于意志的范畴。这表明，有无预定的道德目的，是衡量是否有道德意志的前提。第二，道德意志通过克服困难集中表现出来。第三，道德意志直接支配人的道德行动。由此可见，道德意志在道德认识向道德行为、道德品质转化的过

① 林崇德，黄希庭，杨治良．心理学大辞典［M］．上海：上海教育出版社，2003：197.

程中扮演着重要角色。

（2）道德意志的构成

与一般意义上的“意志行动”类似，大致而言，道德意志行动同样可以分为“采取决定阶段”与“执行决定阶段”两个阶段，其中，“采取决定阶段”是道德意志行动的开始阶段，也是准备阶段，这一阶段包括“道德动机斗争”与“作出道德判断与选择”等两种成分；“执行决定阶段”是执行所采取的决定，这一阶段包括“按照道德选择去行动”这一成分，这是道德意志行动的关键阶段，也是道德意志努力集中表现的阶段。因为即使行动的道德动机再高，行动的道德目的再美好，行动的手段再完善，假若不付诸实施，这一切也是空的，无意义的，不能构成道德意志行动。概括起来，道德意志主要包括道德动机斗争、作出道德判断与选择、按照道德选择去行动等三种成分。相应地，道德意志的过程也可以据此分为三个阶段：第一阶段是产生道德动机、确立行动的目的。这是下定决心、积极思维的过程，包括形成道德动机、进行动机斗争、确立道德行动目标，决定做什么；第二阶段是选择道德行为方式，即根据已确立的目标考虑如何去做。这一阶段要研究客观情况、分析自身的条件、估计可能出现的困难，从而确立最终的行动方案；第三阶段是执行道德决定。这是道德意志水平的集中体现，执行道德决定会遇到各种各样的困难，克服的困难越大越能体现坚忍不拔的意志品质①。

当然，在道德意志的三种成分中，道德动机斗争在道德意志结构中占有突出地位，它在主观上以愿望和意向的形式被人们体验着。个体在这种强烈的愿望和意向驱动下，产生克服一切困难去达到某种目的的意志行动。而各种愿望和意向之间的矛盾是凭借个人的良心和理智来解决的，个体预见自己行为后果的能力在其中起着关键性的作用。在作出道德决策时，主要受明确的道德概念、正确的价值判断和计划行为的制约。在执行道德决策时，相应的道德行动技能和道德习惯则起着重要的作用。如果人们自觉遵守道德规范，履行道德义务，那么他们的行为就产生于道德意志的求善欲望的驱使。例如，当我们在公共汽车上给他人让座时，在我们的思维中已经形成了“给老、弱、病、残、孕让座是种美德”这样的道德观念，而且我们也在这种类似的境遇中多次获得这种道德观念的内心体验，因而在很多情况下会履行让座这种道德行为。但有必要指出的是，在为他人让座之前，我们也会有为他人让座之后因自己的路程较远或是随身物品过多或是身心不适等情况而造成自己疲倦感的预想，因而存在着是否有必要让座的思想斗争。尽管最终我们不能回避面对这种情形必然要作出正确的行为选择，也因做出这种行为是应当的而履行了自己的道德义务，但也会觉得行为本身不仅仅是习惯

① 张大均．教育心理学［M］．2版．北京：人民教育出版社，2004：299－300．

性的，不仅仅是因为我们知道这是一种美德而去实施的，其中还包括更为深层的心理意识在起着某种决定性作用，这就是道德意志①。因此，当我们在一定的道德情境中作出抉择时，道德意识向道德行为的转化并非是自然而然的，当道德意识以应当怎样或不应当怎样，善或恶的方式来反映个人的行为对于社会或他人的价值，或通过调节人们的道德行为干预社会生活的时候，这一环节中的道德意志的重要性就会体现出来了。如果人们总是能够自觉地去遵守各种道德规范，履行道德义务，那么他们的行为就逐渐成为一种道德习惯。道德习惯是一种不需要意志努力的自动化道德行为的过程，是由不经常的道德行动转化为品德的突破点，是品德发展的质变指标。

（3）道德意志的功能

道德意志的第一个功用在于帮助人们去趋善避恶。这意味着意志本是一个中性词，一个人在逐恶的过程中展现出的意志是邪恶意志，一个人只有在求善的过程中展现出来的意志才是道德意志或善良意志。因此，人们可以说希特勒有意志或邪恶意志，但不能说希特勒有善良意志；与此相反，人们可以说英国前首相丘吉尔有意志或善良意志。对于广大个体而言，一个人只有具备了优秀的道德意志，才能在日常生活中自觉抵制不道德的动机的干扰，才能在遇到困难时保证自己能坚定地按自己的道德信念去待人处世。因此，在道德品质的形成过程中，道德意志能促使人们将自己的道德意识、道德情感、道德信念外化为道德行为，帮助人们自觉地调节自己的言行和情感，克服内外部的各种困难障碍，坚持自身认定的行为方式，形成行为习惯。当人们坚持某种道德的正义性并决心践行它时，就会在内心里产生一种坚强的信念和意志力，从而使人们严格要求自己，果断地作出行为抉择，并努力保持自己行为的稳定性和一贯性。因此，在道德修养中，自觉地磨炼自己的道德意志，就成为培养和造就个人道德品质的关键之一。没有道德意志的作用，道德认知、道德情感就不会转化为道德行为，更不可能形成高尚的道德品质②。

同时，从作出决定到执行决定，在时间间隔上有两种情况：①若行动目的已确定，方法策略方案已选好，完成行动的主客观条件都已具备，就应当机立断，立即执行。假若这时优柔寡断，当行而不敢行或不愿行，就是道德意志薄弱、缺乏果断性的表现。②若在作出决定之后，要隔相当长的时间才能执行，则需要道德意志的坚持性。假若这时草率行事，就是盲目性的表现。由此可见，在执行决定的过程中，道德意志表现为采取积极行动来达到目的，也表现为抑制那些不利

---

① 周斌．试论道德意志在个人品德形成中的重要使命［J］．伦理学研究，2010（1）：127－131．

② 林崇德，黄希庭，杨治良．心理学大辞典［M］．上海：上海教育出版社，2003：198．

于达到目的的行动①。

4. 道德行为

作为品德结构的一个重要组成部分，道德行为受道德认识、道德情感和道德意志的指导、调节和控制，同时又对道德认知的巩固和发展、道德情感的加深和丰富以及道德意志的锻炼起到很大的作用。其基本特征在于它是个人对社会和他人利益的自觉认识和自由选择的结果，是从对社会和他人利益的善恶关系方面进行评价的社会行为。在生活中，评价一个人的道德面貌时，不只是考察他的道德认识水平如何，有怎样的道德情感表现，更重要的是看他有没有履行以及履行了怎样的道德行动。比如一些人在公共场所中吸烟，这本身是不文明行为，同时当事人也知道自身行为的不妥，但是由于烟瘾难耐或是其他原因而未能自行遏制。这一情形的背后，或许是当事人自身的意志力不够，或许是相关处罚的威力还没有达到迫使当事人放弃吸烟的程度。总之，他如果不能将道德意识转化为自觉的道德行为，就不能说他形成了某方面完善的道德品质。

总之，道德行为是道德观念和道德情感的外在表现，道德行为受道德认识、情感和意志的支配、调节，同时又影响道德认识、情感和意志。道德行为的变化和发展，实际上是个体的道德认知、道德情感、道德意志的综合体现。

二、品德结构的非主流观点

在当代中国学术界，对于品德的结构，除了四因素说这个主流观点外，还存在一些非主流的观点，主要有二因素说（主张品德的基本结构是“知”与“行”，即任何道德品质都包含道德认识和道德行为倾向，此观点以潘菽为代表）、三因素说（此观点与西方的三要素说如出一辙）②、维度结构假说、层次结构假说、环形结构假说、系统结构假说、价值态度结构假说等。

（一）维度结构假说

基于个性的复杂性、多维性、完整性，更基于品德发展的社会性、现实性，一些学人对于品德结构的认识开始超越心理形式的单维分析层面，而视之为一个多侧面、多形态、多层次的动态结构体系，提出了维度结构假说。维度结构假说是从品德结构的维度特征进行的分析与描述，主要有二维结构假说、三维结构假说和多维结构假说等③。

1. 二维结构假说

薛殿会提出了品德结构的二维结构假说，认为品德结构具有复杂的多维特

---

① 叶奕乾，何存道，梁宁建. 普通心理学［M］. 4 版. 上海：华东师范大学出版社，2010：230－231.

② 潘菽. 教育心理学［M］. 北京：人民教育出版社，1980.

③ 林及芬，何贵兵. 国内近年品德结构研究综述［J］. 应用心理学，1993（4）：45－50.

征，如果能够抓住品德的基本结构维度，可以实现对品德结构的基本认识。因此，该假说从人的社会适应的角度来研究品德的结构，并从动态发展的观点进行考察，主张多元性与统一性、层次性与融合性是品德最基本的两个维度。其中，多元性与统一性维度类似于因素说中提出的差异性与统一性特点。层次性与融合性维度则认为，人的先天素质如本能、冲动、气质等在最深层；其次是人的性格品质方面的，处在较低层次；再次是精神、意识方面的，处在最高层。融合性是指三个层次之间的关系是互相融合的，而不是相互叠加的，静态的。社会道德思想只有融合到个体的性格之中才会成为一个人的思想品德①。二维结构假说从动态的角度对品德结构进行考察，把品德与人的气质、性格、意识等心理特征联系起来，并且重视品德心理的能动作用，是一种有价值的探索。

2. 三维结构假说

品德三维结构假说是由班华提出来的。班华运用系统论的知识观分析品德的结构，认为一切思想品德都是通过人的心理活动而形成的；任何一种思想品德都是心理内容、心理形式和心理能力三者的有机统一体，进而把思想品德的结构分为品德的心理形式维、品德的心理内容维和品德的心理能力维等三个维度，主张品德就是这三个维度的有机组合，而且每个维度又都有其自己的亚结构，从而形成一种多侧面、多层次的统一体。具体而言，品德的心理形式维度包括道德认识、道德情感、道德意志和道德行为四个亚结构。品德的内容维度指在个体意识中所形成的，具一定内容的道德规范体系，它包括道德规范基本观点、规范原则、行为模式等亚结构。这种道德规范体系具有较强的社会性，它是个体对社会道德规范体系的内化。个体道德规范体系形成的过程也是个体社会化的过程。品德的能力维度表现于个体对外部道德现象的反映以及对自身活动实行调节的过程之中，它是道德意识本质规定的一个重要侧面。道德意识能力一般可分为道德认识能力、道德意志能力、道德控制能力、道德决策能力等②。品德的三维结构假说把品德心理能力纳入品德结构之中，意在强调能力在品德形成和品德践行中的重要作用，这种观点在中国德育界曾产生一定影响。

3. 多维结构假说

章志光提出的品德心理功能结构说也是一种多维结构假说。他依据长期的实证研究成果，认为个体的品德结构主要是由生成结构、执行结构和定型结构三个断面或维度组合而成的。当个体的这些结构与宏观的社会环境和微观的群体环境

---

① 薛殿会．思想品德的结构及其形成［J］．教育研究，1983（1）：25－28．

② 班华．思想品德结构与新时期德育任务［J］．华东师范大学学报（教育科学版），1986（2）：37－40．

（包括人际关系、教育方式）发生关联或相互制约时，就构成了一个包括品德机制在内的更具有整合性的社会动力系统，指挥着个体的不同结构作出相应的品德心理反应。品德的“生成结构”并非指个体生来就有的结构，而是指个体从非道德状态过渡到开始出现道德行为或初步形成德性时的心理结构，这是个体品德心理发生的初始结构。品德的“执行结构”是指个人在道德性生成结构基础上发展起来的更有意识地对待道德情境，经历内部冲突、主动定向、考虑决策和调节行为等环节的一种复杂的心理过程及其结构。品德的“定型结构”是指个体具有品德（道德品质）的心理结构。道德行为可以是情境性的，也可以是倾向性的。前者更多受外部特殊情境及内容不稳定因素驱使而发生，因而不经常、不一贯；后者则不同，它是内部由于先期影响而形成的某种比较稳定的品德结构，即定型的表现，所以带有恒常性。这三种心理结构是品德形成过程中相继出现的不同形式，但又是彼此包括、相互渗透的统一体。如果前一种结构的形成为后一种结构的出现作好了铺垫，那么后一种结构的形成则是前一种结构的因素、序列的发展和功能的跃进①。与其他多维结构假说相比，这种观点注意到不同结构成分之间的相互联系，注意到各自功能的发挥与整个心理系统之间的关系，注意到个体品德心理发展的动态特征，因而具有一定的借鉴意义。

（二）层次结构假说

品德的层次结构假说从发展和系统的观点来考察品德的结构，认为品德的结构是具有层次性的、动态稳定的非平衡结构。主要有二层结构假说与多层结构假说等。

1. 二层结构假说

张志学认为品德的结构包括表层结构和深层结构两个方面。其中，表层系统包括道德认识、道德情感和道德行为三个要素，它们都是比较外显的，因而属于表层系统。表层要素之间只是相关关系而没有直接的因果关系，一种要素的变化并不必然导致另一要素的变化，它们之间是通过某种中介的调节而发生联系的，而这种中介就是品德结构的深层要素。深层系统包括动机系统和自我调控系统。品德动机系统包括道德需要、道德兴趣、道德理想、道德信念和世界观。其中道德需要是源泉，道德信念是核心，自我调控系统对其他系统起控制和调节作用，它以自我意识为中心。这里的自我意识又包括自我认识、自我体验和自我监控三个成分。他还指出，动机系统和自我调节系统中的各个成分都是认识、情感和行为三个方面的“合金”。表层系统为动机系统和自我调控系统的发展提供了条件和材料，而深层系统又对这些材料进行加工深化，使之比表层系统中的各个要素

① 章志光. 试论品德的心理结构［J］. 北京师范大学学报，1990（1）：7－17.

更加稳定，更具概括性。表层系统是深层系统在现实生活中的表现，而深层系统又是表层系统的本质内核，对表层系统起支配作用①。这种假说不仅阐明了品德结构的层次关系，而且强调了各层次之间的联系与互动，为品德的发生发展提供了动力性特征。其后，彭兰在《品德结构新探》一文里对此观点有一定的完善②。

2. 多层结构假说

曾欣然提出的层次结构假说认为，品德结构是由三个方面十二项维度及其多层次关系综合而成的一个动态的整体系统结构。这三个方面包括：（1）品德心理智能系统，其中包括五项维度：品德认识、品德情感、品德意识、品德行为、品德评价等。从系统论的观点来看，按其作用可分为定向系统、动力系统、能力系统、控制系统和自动反馈调节系统。（2）品德心理内容构成系统，主要包含三项维度：品德行为遵循的社会行为规范、品德行为作用对象的内心需要、品德行为效果的社会意义和社会价值等。（3）品德心理自我意识系统，主要包括四项维度：意识到自己的社会地位、社会责任，意识到自己在道德行为过程中的心理活动，意识到自己的态度，有选择地进行行为反应③。这种结构以德性价值为中心，以德性意识为主导，以德性规范为标准，以德性行动为关键，并以德性内心评价为反馈调控机制，融德识、德智、德能、德情、德意、德评为一体，充分发挥人的品德心理的整体和系统功能，显示出人的品德发展的主体性特征。

（三）环形结构假说

环形结构假说不仅看到了个体内部品德结构的形态，而且更加强调品德结构维度的这种内部与外部之间所形成的环形的、相互作用的动态联系。赵志毅提出的“三环结构假说”就属环形结构说的一种。

赵志毅将品德结构作为整体人格系统结构的组成部分，进而主张，人格这个综合体由智慧结构、品德结构和历美结构三部分组成，品德结构的作用是价值澄清、追求真理，即“求善”，并将品德结构分为品德意识与品德能力两部分。品德意识与智慧意识、历美意识构成了品德智慧；品德能力与智慧能力、历美能力形成了品德智能，品德的智慧与智能在品德活动中具有驱动、导向和调整的功能，保证了主体的品德行为的实施，与此同时，刺激相应的品德能力系统得以提高。品德能力系统是直接影响人的活动效率，使品德活动得以顺利进行的个性特征。按照在品德活动中的不同作用，品德能力又分为品德判断能力、品德应激能力和品德实践能力三种。品德判断能力是指当主体面临一定的道德情境时，能够

---

① 张志学．论品德心理的结构［J］．教育研究，1990（7）：37－41．

② 彭兰．品德心理结构新探［J］．广西师范大学学报（哲学社会科学版），1997（4）：23－28．

③ 曾欣然．德性培育心理学［M］．北京：警官教育出版社，1998：36－47．

迅速调集自己的有关知识、智慧、经验和观念对情境中的是非善恶迅速作出判断，确定自己所应采取的行为，并能准确把握这种决定的道德意义的能力。品德应激能力是伴随着认知而产生的，它主要是指人在一定的道德情境中形成的品德动机和情感体验等态度方面的能力。品德实践能力是主体在品德智能与品德情意的启发指导下采取品德行为的能力。个体在其品德结构的发展完善中，在优质教育的积极影响下，形成良好的品德修养，进而改变着人的动物本能，实现着人性对兽性的改造，完成着品德的进化①。这种观点主要是将伦理学的“真善美信”、心理学的“知情意行”与教育学的“德智美体”等内容加以整合，使之有机统一，有一定的借鉴意义。

（四）系统结构假说

这类假说承接了系统论的观点，从系统分析的观点出发，认为品德结构是由几个分系统综合而成的大的整体系统。在系统结构假说中，较有代表性的是林崇德提出的“三子系统结构假说”。该观点的基本理论前提是：品德结构是一个完整的有机联系的系统，表现为如下主要特征：1. 品德心理是从属于自然、社会和心理这个整体大系统的一个子系统；2. 品德结构是一个由不同层次、水平和系列组成的整体；3. 品德结构在内容和形式上是统一的；4. 品德结构不是静态的，而是处于动态发展过程中的；5. 品德结构的各个成分既有差异性，又有统一性。在此基础上，系统结构说的基本观点是：品德结构是由三个相互关联的子系统构成的系统。它们是：品德的深层结构和表层结构关系系统，即道德动机与道德行为之间关系的方式系统；品德的心理过程和行为活动的关系系统，即道德认识、道德情感、道德意志和道德行为的品德心理特征系统；品德的心理活动和外部活动的关系及其组织形式系统，即品德的定向、操作和反馈系统②。“三子系统结构假说”对三个子系统的构成及其相互关系作了较详细的分析，使得品德结构研究的理论知识和方法得以丰富和发展。

（五）价值态度结构假说

这种观点主张将品德结构与道德价值和态度模式以及人生观、世界观等联系起来，从中探讨品德结构的本质。李伯黍基于对道德价值影响道德决策的出现的思考，提出了道德价值结构说，用以解释品德的结构及其性质与特征，认为品德结构实质上是一个统整的道德价值结构。道德价值结构是人们进行道德判断、道德推理和道德行为决策的基础，并兼含知、情、意、行几方面的意义。此学说将道德价值分为形式和内容两个方面。道德价值形式以认知结构的形式为基础，其发展分为他律与自律两种水平；成熟的德性内容包括：律己、利他性、报答、尊

① 赵志毅. 论品德结构与人格系统的关系［J］教育研究，2011（1）：82－86.

② 林崇德. 品德发展心理学［M］. 上海：上海教育出版社，1989：34.

老、信任、真诚、集体和平等八种基本观念①。以道德价值为中心研究品德的结构有利于我们更好地理解现实生活中影响道德行为出现的中介过程，以其研究为基础的价值观辨析德育模式也有利于德性主体有效地内化外部道德规范。

第二节 品德结构的五因素说：融会中西的一种新见解

从已有研究看，学者们对品德结构的理解可以归纳为以下三种观点：第一，从静态角度分析品德的构成成分，认为品德结构与人格结构一样是相对静止的，具有稳定性。代表性观点是品德的因素说。第二，从动态角度分析品德形成的过程及其功能，认为品德的结构是一个完整的功能系统。持这种观点的主要有品德的功能结构说、系统结构说、维度结构说、环形结构说、层次系统说等。第三，从发展的价值结构角度分析品德的结构，强调个体的价值观、态度、主体运行方式和道德学习等在品德心理形成和发展中的作用。代表性观点是道德价值结构说②。以上各家学说既有一定的合理性，但也有一定的片面性与不完整性，各自的侧重点及其内容在一定程度上也有类似性和重叠性。导致这一局面的出现固然与品德本身的复杂性有关，可能与研究者的视角不同也有密切联系。笔者认为，要准确剖析品德结构先需弄清六对关系，然后再谈品德的结构方显妥当。

一、剖析品德结构，弄清六对关系

（一）内部与外部的关系

从内部与外部的关系角度看，过去既有学者主张从品德的内部去研究品德的结构，也有学者主张从品德赖以生存的外部环境入手去研究品德的结构。毫无疑问，品德的形成与发展离不开外部的客观环境。但是，在本书看来，将外部环境纳入品德的结构中，这实际上混淆了“系统”与“结构”之间的区别。在我们看来，称得上是某个事物的“结构”的东西，一定是这个事物本身所固有的，而不是“人为”地从外面加上去的，“人为”地加上去的东西不能称为“结构”；同时，“结构”是隐含在事物内部的，而不可能是展现在事物的外部的。展现在事物表面的东西只能称做事物的“款式”或“形状”，在探讨事物的结构时不能混淆“内部结构”与“外在形状”之间的关系，错将“款式”当做“结构”。例如，不同的桌子可能有不同的形状，但只要称做“桌子”，就必须有一个共同的内部结构。为什么人们不会将桌子看成椅子呢？就是因为二者之间的基本结构不同。同理，在探讨品德的结构时，严格意义上说，只能将品德的内在的东西视做品德的结构。从这个意义上说，品德作为一种心理现象，其结构也就是一种心

① 李伯黍. 品德心理研究［M］. 上海：华东化工学院出版社，1992：433.

② 杨韶刚. 道德教育心理学［M］. 上海：上海教育出版社，2007：130－142.

理结构，这样，“品德的结构”与“品德的心理结构”实际上是同义词组，为行文简洁，本书多采用前一个词组。也正由于品德的结构是内在的，从严格意义上说，在探讨品德的结构时，是不宜将外显的“道德行为”作为品德的结构的。但是，无论在中国还是在外国，人们一般将品德不仅视做是一种心理现象，更视做是一种“德行”，品德作为一种心理现象，它像其他心理现象一样不具有形体性，限于科技发展水平，至今人们仍不能将它直接呈现在面前进行研究，而只能通过人的外显行为进行间接研究；并且，品德作为一种内隐的东西，也只有通过一个人的外显行为进行间接的评断。作为一种“德行”，人的内在德性主要是通过其道德行为来评判。基于品德的这一独特之处，在探讨品德的结构时，必须将“道德行为”作为品德的结构之一。但是，“系统”就不同，它既可以指一个事物与其赖以生存的外部环境所组成的相对稳定的关系，也可以指一个事物作为一个整体而言其内部各子成分之间所组成的相对稳定的关系。就前者而言，任何一个事物若想在这个世界上存在，都必然会与其周围环境组成一个相对稳定的系统；就后者而言，任何一个事物内部各子成分之间都组成一个有机的内部系统。这样，如果是研究品德的系统，就可以将品德赖以生存的内外部环境加以综合考虑。

（二）个别与一般的关系

从个别与一般的关系角度看，“结构”有基本结构与具体结构之分。一类事物所共同拥有的结构可以称为这类事物的基本结构；在一类事物中某个具体事物所独有的结构可以称为这个具体事物的具体结构。从逻辑上说，事物的具体结构可能是千差万别的，正由于此，才构成了客观世界中事物的丰富多样性；但是，一类事物的基本结构却只有一个，不可能有多种。犹如世上的人有千千万，但人的基本生理结构却只有一个，不可能是一个人有一个独特的基本生理结构。从这个意义上说，品德作为一种客观存在，其内部也只能有一种基本结构，不可能是多种多样的基本结构。研究品德的结构，重点也宜放在研究品德的基本结构上面，不宜放在研究某一个人的品德的具体结构上面。因为不同的人可能其品德的具体结构是不一样的。当然，对于品德的这一基本结构的构成到底是怎样的，不同时代的人由于研究的水平与视角不同，可能有不同的看法，不过，多种看法只表明人们对品德的基本结构的研究还不够成熟，不够准确，并不表明品德真的就有多种基本结构。

（三）静态与动态的关系

从静态与动态的关系角度看，过去既有学者主张从静态角度来研究品德的结构，也有学者主张从动态角度来研究品德的结构。笔者以为，虽然从理论上讲，运动是绝对的，静止是相对的，这样，从学理上说，研究品德的结构也要考虑静态与动态的关系，但是，这绝不意味着品德同时拥有静态结构和动态结构两个结构，品德的基本结构只有一个，而且起初是静止的，只有当一个活生生的人拥有品德时，才能激活品德的静止结构，使其处于不断运动之中，这时运动着的已是品德的“机能”，而不再是品德的结构本身，品德的结构本身只是品德发挥其机能的“载体”而已。一个人如果认为品德有静态与动态两个结构，就有将“结构”与“机能”相混淆之嫌。例如，不能说死人有一个基本生理结构，活人有另外一个基本生理结构，死人与活人的基本生理结构是一样的，不同的是，死人的基本生理结构完全处于静止状态，没有相应的“机能”，而活人的基本生理结构处于不断运动变化之中，发挥着相应的生理机能。

（四）形式与内容的关系

从形式与内容的关系角度看，过去既有学者主张从形式的角度来研究品德的结构，也有学者主张从内容的角度来研究品德的结构。笔者以为，品德的结构不同于品德内容，品德的内容具有一定的文化差异性，且具有较强的发展性，从品德的内容去研究品德的结构容易将品德的结构看成是具有时代差异性和文化相对性的东西，这不利于对品德结构的认识。这样，从形式的角度来研究品德的结构可能更稳妥些。

（五）持久与短暂的关系

从持久与短暂的关系角度看，“结构”有持久结构与临时结构之分。一类事物长时间之内拥有的结构可以称为这类事物的持久结构。一类事物临时、短时或阶段性地拥有的结构可以称为这类事物的临时结构或短暂结构。以青蛙的身体结构为例，其临时结构是生命处于蝌蚪阶段时拥有的结构，其持久结构是蝌蚪变成青蛙后拥有的结构。对于青蛙而言，蝌蚪拥有的结构之所以是临时结构，是因为此结构只具“过渡性质”，迟早会被真正的青蛙结构所取代。青蛙之所以叫青蛙，是因为其拥有青蛙的结构，而不是因为其拥有蝌蚪的结构。这样，从学理上说，研究品德的结构也要考虑持久与短暂的关系，毕竟任何一个人的品德发展都会经历一个逐渐发展与成熟的过程。但是，这绝不意味着这两种结构拥有同等的重要性。在研究品德的结构时，虽然也要研究个体处于年幼时期的品德结构，但更应将重点放在研究正常成人所持久拥有的品德结构上。理由至少有二：一是后一种结构不但是前一种结构成长的自然归宿，而且在人的一生中持续的时间更长，发挥的作用更大。二是只有像青蛙之类的事物才在其成长的阶段拥有两种或多种截然不同的结构，人不是青蛙，无论是人的基本生理结构还是人的基本心理结构，虽然在年少时与年长时其成熟度有所不同，但却是“异质同构”的：年幼者的基本生理结构与年长者的基本生理结构是大致相同的，不同的是二者的质量与机能有差异而已；年幼者的基本心理结构与年长者的基本心理结构也是大致相同的，不同的也只是二者的质量有差异而已。

（六）整体与成分的关系

从整体与成分的关系角度看，西方学者一般主张从组成成分的角度来研究品德的结构，仔细厘定品德的组成成分；中国先哲一般从整体观的角度来看待品德，认为一旦将品德作细致的划分，品德也就“死了”。用辩证的眼光看，中国先哲对品德的看法，其长处在于其中蕴含有“整体大于部分之和”的思想，从而非常强调品德的不同心理成分之间彼此的相互关系；其短处在于未对品德中的知、情、意、行等四种心理成分作出严格的界定，显得有点囫囵吞枣。与此相反，西方人对品德的看法，其长处在于对品德中的知、情、意、行等四种心理成分作出严格的界定；其不足在于太过机械，缺少“整体大于部分之和”的思想。既然如此，今人再来研究品德的结构，就宜既吸收西方德育心理学的精华，又不要忘记了中国传统文化里已有的优良传统；换句话说，探讨品德结构的合理路径应是：先对品德的不同成分一一作出厘定，在此基础上，再阐述不同成分之间的相互关系。既不能像西方学者那样，过于注重厘定品德的成分，却不太看重探讨品德各成分之间的辩证关系；也不能像中国先哲那样，在未对品德的不同成分作出严格界定的情况下，就去探讨不同成分之间的彼此关系。

根据上述分析，本书认为，既然品德的结构是指各种品德心理成分与相应的道德行为按照一定的联系和关系所组成的一个整体结构，那么，品德的结构是作为个体心理与行为的形式而言的，基本涉及不到道德规范的具体内容，因而具有普遍性、规律性，不为时代、民族或阶级所决定。同时，品德结构也具有统一性与差异性、层次性、阶段性、顺序性、连续性、品德心理结构发展的多端性等特点。

二、知、情、意、行、心相结合：品德结构的五因素说

根据上文分析，从要素说角度探讨品德的结构是恰当的，只不过，四要素论存在一个严重的不足：未突显道德自我（或称良心）在品德结构中的核心价值，从而易使人机械地理解和使用道德规范、易让人丢失自己的道德自我。与此同时，从德育心理学的视角看，中国传统文化尽管未明确提出品德结构的概念，却蕴含有丰富的知、情、意、行、心完整的品德结构的思想①。为了弥补现有品德结构观中的不足，在品德的结构问题上，本书主张一种融会中西的“五因素说”。其核心观点主要有二：一是，主张品德结构中包括道德认知、道德情感、道德意志、道德行为与道德自我（良心）五种成分；二是，在厘定品德的这五种成分的基础上，主张五种成分存在相辅相成的密切关系，即要做到“知行合一”（道德认识与道德行为结合），“情理交融”（道德情感与理智结合），以良心统摄知、情、意、行等。在品德结构的五种成分中，前四种成分的含义与上文

---

① 孟万金．中国传统德育观与当代西方德育观的比较［J］．教育研究，1992（8）：70－75．

“四因素说”中的四种成分的含义是相通的，这里不赘述，下面只对第五种成分——道德自我（良心）进行具体阐述。

（一）什么是良心

相对于“良心”一词而言，现代心理学更习惯用“道德自我”（moral-self）一词，道德自我是一个现代术语，指自我意识的道德方面，或道德的自我意识，包括自我道德评价、自我道德形象、自尊心、自信心、理想自我和自我道德调节能力等①。在道德自我意识的诸成分中，自我道德评价和自我道德调节能力是最重要的成分。自我道德评价主要指对自己的具体道德行动，各种品德特征及整个道德面貌的分析、评定和估价，这种评价的适当性和稳定性对品德的发展起着至关重要的作用。自我道德调节能力对人的道德行为起着反馈、控制、调整、修正等作用，它是在自我道德评价基础上进行的，并起着“内部道德法庭”的作用②。可见，道德自我是道德化的自我，具有道德自主性、自律性、自由性、同一性和超越性，以良心和义务作为行为动力的人格精神和自我实体③，道德自我对知情意行四种心理成分具有调节与统摄作用。中国人虽然自古以来非常重视道德自我在成就君子人格中的重要价值，不过，中国人更多使用“良心”或“良知”一语，其实，“良心”并不是什么神秘莫测的“幽灵”，它约等于一个人内心的“道德自我”。正如王守仁所说：“人胸中各有个圣人，只自信不及，都自埋倒了。”④ 人人胸中本都有的这个“圣人”，也就是今人常说的“良心”或“道德自我”，只可惜的是，正如王守仁所说，许多人或是缺乏足够的自信心，或是被物欲所累，从而自己将自己胸中的“良心”或“道德自我”给遮住了。

（二）良心的结构

依心理学界公认的将心理分为知、情、意的“三分说”⑤ 的观点，若将狭义的良心作进一步划分，它必也包括良知（狭义的）、良情（善良的情绪情感）、良意（善良意志⑥及相应的行动意向）三个成分。而“狭义的良知”仅指狭义良心中“知”的成分，即一个人对自己或他人的行为、意图或品格所作出的合乎

① 林崇德，黄希庭，杨治良．心理学大辞典［M］．上海：上海教育出版社，2003：199.

② 朱智贤．心理学大词典［M］．北京：北京师范大学出版社，1989：106－107.

③ 杨伟涛．道德自我的学源价值确证［J］．学术交流，2011（2）：26－31.

④ 王守仁．王阳明全集（上册）［M］．董平，吴光，编校．上海：上海古籍出版社，1992：93.

⑤ 将心理分为知、情、意的“三分说”的观点虽然来自西方，蕴含明显的分析思维的色彩，但是此观点对于分析良心的心理结构仍有借鉴意义。因为它是关于心理结构的见解，而心理结构是作为个体心理现象的形式而言的，它具有较强的普遍性与规律性，不为时代、民族或阶级所决定。

⑥ 这里讲的善良意志，其含义与康德的善良意志不尽相同。

一定社会所认可的伦理道德规范的认识；换言之，狭义良知仅指一个人善良的认识，其中并不包括善良的情绪和行善的意志与相应的行动意向。由此可见，狭义的良心与狭义的良知是两个不同的概念，前者完全包含了后者。假若将狭义良心中的三个组成部分比作良心中的三盏灯，这三盏灯各自照亮着自己的道德区域，为人的行为指引正确的方向。一个人如果泯灭了这三部分中的某一部分，其行为就会出现问题。而这三盏灯的亮度取决于一个人通过道德学习或自我心性修养而积累的品德素养的质和量：其品德素养的质和量越高越多，这三盏灯的亮度就越大，照耀的范围就越广，照耀的时间就越持久；反之亦然①。狭义良心的心理结构如图 2 –1 所示。

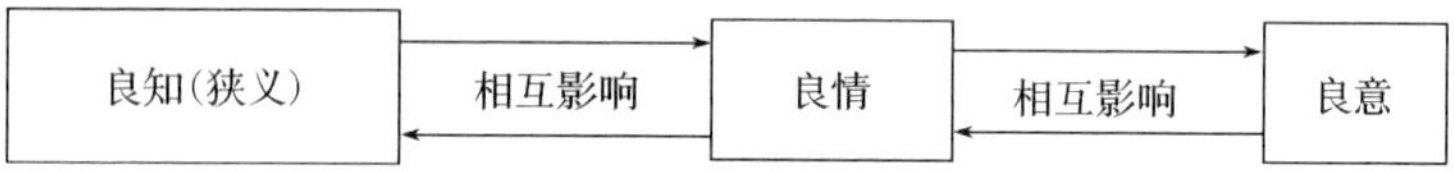

图 2 –1　狭义良心的心理结构示意图

1. 良知（狭义）

中西学人所讲人的良心都有这样一层意义：一个人在面临一个道德情境时，如果具有分辨是非善恶的智能，说明其至少已存在最低限度的良心；反之，假若一个人在面临一个道德情境时没有能力去分辨是非善恶，那就说明其“没有良心”。这表明，构成良心的第一块重要基石是狭义的良知，它也叫“是非之心”，仅指狭义良心中的“知”的成分，即一个人对自己或他人的行为、意图或品格所作出的合乎一定社会所认可的伦理道德规范的认知能力。在良心的心理结构中，这是最基本却很重要的一种心理成分。一个人假若没有这种对自己或他人的行为、意图或品格作善恶或正邪区分的道德认识力、判断力和评价力，那么，他/她的良心也就根本不存在了，进而也就不能称为真正意义上的人了（只能算是衣冠禽兽）。正如《孟子·公孙丑上》所说：“无是非之心，非人也。……是非之心，智之端也。”

良心中的是非之心包含着两个相互关联的次级之心：第一个是在道德范围内的求真之心。一个人的良心究竟有多少至今仍很难研究清楚，不过，自己手里的 100 元钱是自己用劳动挣来的还是偷来的，自己的良心是一清二楚的。良心不允许歪曲事实，它的品格就像镜子，即使被摔成碎片也仍然反映着事情的本来面目。在良心面前，真就是真，假就是假，既不趋炎附势，也不指鹿为马。人们所说的天地良心，就是说“上有天，下有地，中间良心最实在”；“瞒得了天，瞒得了地，瞒不住良心”；“骗得过你，骗得过他，骗不过自己”。所谓的要说良心话，就是指要说实话。求真之心是良心中是非之心的基础。正如王守仁所说：

① 原所秀. 论良心的“三心”[J]. 辽宁师范大学学报（社会科学版），2001（3）：63.

“良知只是个是非之心，是非只是个好恶，只好恶就尽了是非，只是非就尽了万事万变。”又说：“是非两字，是个大规矩，巧处则存乎其人。”①

第二个是指经过道德判断后的求善之心或公正之心。这是一种良心的道德选择。假若说是非之心中的求真之心所侧重的是“是或非”的问题，那么求善之心所侧重的则是“善（公正）或恶（不公正）”的问题。道德上成熟的人在复杂的或特殊的道德处境中绝不是也不可能简单地机械地反映良心的“求真之心”，良心经过道德判断后会作出符合自己心愿的公正选择。这主要是由于道德属性决定了良心属性的结果。当然，由于道德既具有超文化的一致性又具有文化的相对性，结果，良心也就既具有超文化的一致性又具有文化的相对性②。

2. 良情

英国哲学家约翰·斯图亚特·密尔认为，良心是个复杂的东西，有时候它与其他情感混在一起，甚至被它们覆盖。这些情感包括同情、爱悦、恐惧、宗教情感、对儿时和过去生活的回忆、自尊心、希望被别人尊重的愿望以及自卑感等③。可见，良心里包含有丰富的情感，从一定意义上说，正是由于良心里包含丰富的情感，才激发个体容易产生符合道德规范的认知与做出相应的道德行为。因此，一个有良心的人在做了符合良心的行为之后，其内心应随即产生一种幸福感或快乐感；在做了不符合良心的行为之后，其内心应有愧疚感或负罪感之类的负面情绪体验。反之，一个没有良心的人在做了符合良心的行为之后，其内心并不会产生一种幸福感或快乐感；在做了不符合良心的行为之后，其内心也不会有愧疚感或负罪感之类的负面情绪体验。所有这类情绪都属良情。所谓“良情”，即善良情绪或情感④的简称，指那些能从正面或反面增进个体道德素养或让个体趋善避恶的情感。良情是良心中的情感成分，它是构成良心的第二块重要基石。一个人在做了某件光荣之事后，只有从内心体验到积极的良情所带来的轻松感（愉快感或幸福感），才会使其从内心产生一种强大的想继续做好人或好事的动力，推动其在现实生活中继续做好人或好事。与此相类似，一个人内心产生了坏念头或在做了某件缺德事之后，尤其是当受到他人的正当谴责、批评或惩罚时，只有从内心体验到消极的良情所带来的羞愧、内疚、悔恨或有罪之类的负面情绪，才会在他/她的内心产生一种强大、无形的压力，诱导他/她在其后的生活中“改邪归

---

① 王守仁. 王阳明全集（上册）［M］. 董平，吴光，编校. 上海：上海古籍出版社，1992：111.

② 原所秀. 论良心的“三心”［J］. 辽宁师范大学学报（社会科学版），2001（3）：62.

③ 陈会昌. 道德发展心理学［M］. 合肥：安徽教育出版社，2004：13.

④ 在现代西方心理学里，人们较多使 emotion（情绪）一词，而较少使用 feeling（情感）一词；在当代中国心理学界，常将“情感”视做比“情绪”更高级的概念。为了融通这两种观点，本文不严格区分“情绪”与“情感”，而是将之作为可以换用的一对概念使用。

正”。假若一个人在做了好事时体验不到积极的良情或在做了坏事时体验不到消极的良情，那么，其内心必然缺乏持久的、强大的想做有道德的人的动力，结果往往是：若是一个具有起码德性的人，一般只是迫于外界压力而做好事，或者只是偶尔做一件或几件好事，而不可能具备真正的高尚道德品质；若是坏人，则往往不会迷途知返，迟早会酿成大错。由此可见，良情在良心中扮演重要角色。

依情绪的两极性特点，良情必然包括两方面的内容：

（1）积极的良情

所谓“积极的良情”，指那些能从正面增进个体道德素养或让个体趋善避恶的情感。例如，一个人在做了好事时，从其内心一般都会产生愉快或幸福感，这种愉快或幸福感相当于一种内在的自我强化，具有增进此人今后继续努力做好事的功能，所以，这种情感就是一种积极的良情。在诸种积极的良情里，除了众所周知的“道德责任感”外，重要的还有以下三种。

①亲爱之心

《孟子·尽心上》说：“人之所不学而能者，其良能也；所不虑而知者，其良知也。孩提之童无不知爱其亲者，及其长也，无不知敬其兄也。亲亲，仁也；敬长，义也；无他，达之天下也。”这里，孟子实际上已明确地将“亲爱之心”作为良心的另一个源头。在孟子看来，恻隐是成人面对即将落井的小孩而产生的一种情，由此可证出人普遍具有善端，这样，“人人皆可为尧舜”的道德努力就有了人性上的内在依据。亲爱是孩子面对抚养自己的父母而产生的一种情，由此可显示人天生就有良心，亲爱的意义不仅显示出道德努力的性质与内容，还具体指出了这种道德努力的方向与顺序：作为一个道德主体，“我”立足于自身，首先应该亲爱自己的父母、兄长（所谓“立爱自亲始”），然后亲爱别的亲人，然后亲爱其他的人，而当这种亲爱推及他人后，这种亲爱也就扩大了自己的内涵，进而包括友爱、爱情甚至博爱了，中国人将这所有的爱统称为“仁爱”。可见，恻隐心中所包含的“情”虽然更易指向任何人，不过这种情在性质上是负面的；亲爱心里所包含的情虽然首先只指向自己的亲人，但这种情在性质上更多的是正面的，且其内容也更易扩充。当然，二者之间也有相通之处：恻隐中有爱，有最低限度的同类间的相亲相爱甚至某种相悦；亲爱中也有恻隐，有对亲人受苦的恐惧与担心。这表明恻隐与亲爱都是一种原始的、自然的情感，孟子主张它们都是良心的源头①。

②恻隐心或同情心

在中国，“恻隐之心”最先由孟子明确提出。《孟子·公孙丑上》说：“所以

① 何怀宏. 良心论——传统良知的社会转化［M］. 上海：上海三联书店，1994：105－106.

谓人皆有不忍人之心者，今人乍见孺子将入于井，皆有怵惕恻隐之心，非所以内交于孺子之父母也，非所以要誉于乡党朋友也，非恶其声而然也。由是观之，无恻隐之心，非人也；……”通过一个人看见将落入井中的小孩时所自然产生的两种心情（一是恐惧；一是心疼或同情），而将心疼或同情命名为“恻隐之心”，并将之视做仁之端绪。在心理学家看来，同情（sympathy）——道德情感之一，是个人对他人的态度，具体表现为能理解他人的思想、感情和愿望，并给予道义上的积极支持。在人的心理发展过程中，同情现象出现得较早，将近1岁的儿童在与周围人交往时，就开始能对他人的情绪表露出直接的反应，如看到别人哭自己也哭了，看到别人笑自己也笑了。这虽然还很难说是道德的情感体验，但它却是发展同情的基础。没有对他人的同情、理解、尊重和支持，不承认他人的需要和利益，也就没有了道德①。与此相类似的一个概念是同情感（feeling of sympathy），也称同情心。它指一种对他人的不幸遭遇产生共鸣及对其行动的关心、赞成、支持的情感。如人们对老弱病残者的关心，对鳏寡孤独及生活无着落者的赞助，对因天灾人祸惨遭不幸者的支持，为含冤受屈者鸣不平等。它不仅是对弱者的同情，也包括对强者、正义者的支持；不仅是一种感情上的共鸣，也包括“助人为乐”、“伸张正义”的动机和行动。这是一种受人的立场、观点和思想觉悟制约的，由认识、感情、动机、行动交织在一起的高尚的道德情感②。可见，“同情”与“同情心”之间虽有细微区别，但也可看做是两个大致相同的概念，本章就在同一意义上使用“同情”与“同情心”这两个概念。

③正义感

在中国传统文化里，对“义”的一种最主要、最通行的解释就是：“义者，宜也。”它主要有两种解读：一是原始意义上的解读，此时的“义”或“宜”均有“杀”之义；另一是融入了浓厚儒家思想之后的解读，此时的“义”或“宜”均有“适当”之义。自春秋战国时期起，对“义者，宜也”中的“宜”字的解释就已类似于现代所理解的“合宜”、“适当”之义，而不再表示“杀”之义。正如《释名·释言语》所说：“义，宜也，裁制事物使合宜也。”③“合宜”与“适当”可以指一切事，不过，从先秦诸子对“义”的用法可知，他们所讲的“义”主要是指道德上的“合宜”与“适当”。像《中庸》所说：“义者宜也，尊贤为大。”④这里的“尊贤”之义就是道德上的“正当”。⑤因此，从伦理道德角度或从德育心理学角度看，“义”与“正义”是同一含义，“正义”只不过在词义上较之“义”更为明确，在语气上较之“义”更有震撼力而已。因此，这

---

①② 朱智贤．心理学大词典［M］．北京：北京师范大学出版社，1989：675.

③ 任继昉．释名汇校［M］．济南：齐鲁书社，2006：173.

④ 朱熹．四书章句集注［M］．北京：中华书局，1983：28.

⑤ 何怀宏．良心论——传统良知的社会转化［M］．上海：上海三联书店，1994：212.

里讲的“正义感”，是指个体对公正所持的一种积极情感。假若当一个人看到正义得到伸张时，就从内心体验到自豪、高兴或幸福之类的积极情感；当看到正义暂时被邪恶力量打压时，就从内心体验到愤怒或悲痛之类的消极情感，那么，就可以说此人内心拥有正义感。正是由于大多数人心存正义感，才使得人世间在多数情况下正义最终战胜邪恶。

（2）消极的良情

所谓“消极的良情”，指那些能从反面增进个体道德素养或让个体趋善避恶的情感。例如，当一个人内心产生了坏念头或做了坏事时而从内心体验到的羞愧、内疚、悔恨或有罪之类的负面情绪，就是一种消极的良情。因为它常常既能阻止个体进一步做坏事，又能让个体弃恶从善。消极的良情也有多种，其中，重要的是羞耻心、内疚与畏惧。当一个人内心产生了坏念头或做了坏事受到他人的谴责或惩罚时，如果不能从内心体验到羞愧、内疚、悔恨或有罪之类的负面情绪，那么，他/她的良心也就根本不存在了，进而也就不能称为真正意义上的人了。正如《孟子·公孙丑上》所说：“无羞恶之心，非人也。……羞恶之心，义之端也。”虽然中国人有内疚之心，而西方人也有羞耻之心，但是，相对于西方人重视内疚之情而言，中国人更重视羞耻之情。假若既要妥善借鉴西方人重视“内疚之心”的精义，又要妥善传承中国古人重视“羞耻心”的精义，那么，模仿孟子的话说，即是“无羞恶之心，非人也。无内疚之心，非人也。……羞恶之心与内疚之心，均是义之端也”。当然，中西方人所讲的羞耻心与内疚心既有一定的相似之处，也有较大差异。

①羞耻心

所谓羞耻心，从宽泛的意义上说，也称“羞耻感”，或简称“羞”、“耻”、“辱”，是一个人因自我觉知到了自身素养或言行表现上的欠缺，或是认可他人对自身素养或言行表现上存在的欠缺的谴责或批评，从而主动或被动地产生的一种指向自我的不光彩、不体面或自责的心理，通常表现为内心的不安、愧疚、难为情、难过、自责、悔恨等；或是受到他人的侮辱，致使自己的自尊心或人格受到伤害而产生的一种指向自我的不光彩、不体面或愤怒的心理，通常表现为内心的愤怒、无脸见人、悲伤、自责等心理；或是指个体纯粹只是因为与自己关系密切的重要他人做出了某种不道德的事情后而让自己也感到不光彩或不体面的心理，通常也表现为无脸见人、悲伤、自责等心理。

②内疚

何谓内疚（guilt）？霍夫曼（M. Hoffman）认为，内疚是个体做出了危害别人的行为，或违反了道德准则，而产生良心上反省，对行为负有责任的一种负性体验。他的研究认为，内疚常常发生于不道德的或自私的行为之中，内疚感一旦发生，一般能够产生采取补偿行为的动机力量。它的社会价值在于内疚感被唤起后经常导致帮助受害者的行为倾向①。

③畏惧

这里讲的“畏惧”，指个体害怕或担心自己的言行会对善造成负面影响，并由此而可能让自己招来某种惩罚（如他人给予的道义上的谴责或法律制裁等），从而使自己对恶保持警惕或力争趋善的心理。它一般是个体通过直接学习或间接学习（观察学习）的方式习得的。通常而言，国家或社会组织根据相关法律（尤其是其中的刑法）或法规对罪犯施加的、带惩治性质的各类刑罚，社会道德力量对缺德者所形成的巨大道德威胁力量等，都是使个体产生这种“畏惧”的重要外因。在日常生活里，很多人正是由于心存这种畏惧之情，才使自己慎言慎行；在人类历史上，一些坏人也正是由于心存这种畏惧之情，才使自己最终良心发现，然后回归人间正义的。

3. 良意

由于人的意志往往体现在其行为或行为意向中，且二者几乎无法清晰地加以区别，所以，这里所讲的良意，其含义主要有二。

（1）善良意志

现代心理学一般认为，意志是意识的能动作用，是人为了一定的目的，自觉地组织自己的行为，并与克服困难相联系的心理过程。这里讲的“善良意志”，含义与康德所讲的“善良意志”不尽相同，是指良心中的意志成分，即一个人的道德自我控制能力，以及一种按照自己的道德信念去坚定地从事趋善避恶行动的坚强信念。与上文所讲的“道德意志”颇相似。

（2）良心行为意向

一个人有了“分辨是非善恶的智能”与良情后，是不是说明其已有了完善的良心呢？答案显然是否定的，因为还必须看其是否能将之转换成相应的行动。一个人在具备了分辨是非善恶的智能与良情后，如果在通常情况下（即不需要付出太大的努力或成本的情况下）能将此智能转换成现实的良心行动意向，进而展现为相应的良心行为，那说明其就已具备了自觉程度较高的良心；假若在困难重重的情况下也能坚决将此智能转换成现实的有爱心且正当的行动意向，进而展现为相应的良心行为，甚至有时不惜“舍生取义”，那说明其就已具备自觉程度极高的良心。反之，假若一个人在面临一个道德情境时，虽有能力去分辨是非善恶与相应的良情，但在困难重重的情况下就不能做到将此智能转换成现实的正当而有爱心的行动，这说明其良心的自觉程度是较低的；假若在通常情况下（即不需要付出太大的努力或成本的情况下）也不能将此智能转换成现实的、有爱心且正当的行动，那说明其良心的自觉水平是极低的，严

---

① 施承孙，钱铭怡．羞耻和内疚的差异［J］．心理学动态，1999（1）：35.

格地说，不能将其归为良心的人之列。

【建议参考资料】

1. 汪凤炎，郑红. 良心新论——建构一种适合解释道德学习迁移现象的理论［M］. 济南：山东教育出版社，2011.

2. 汪凤炎，郑红. 荣耻心的心理学研究［M］. 北京：人民出版社，2010.

3. 汪凤炎. 中国传统德育心理学思想及其现代意义（修订版）［M］. 上海：上海教育出版社，2007.

4. 杨韶刚. 什么是有道德的人——当代心理学向科尔伯格提出的挑战［J］. 教育理论与实践，2003（4）48－51.

【问题与思考】

1. 什么是品德结构？如何理解品德的结构？

2. 什么是品德结构的五因素说？其核心观点是什么？

第三章　品德的形成与发展

【本章提要】

本章主要围绕品德形成与发展的根本路径、心理机制、发展阶段和影响因素四个问题展开。第一节探讨品德形成与发展的根本路径。先阐释了中西学界关于品德形成与发展路径的两种根本对立观点：内求说与外铄说，并分析了外铄说遇到的难题及其破解策略，在此基础上，主张从类主体与个体两个角度来解释善端与恶端的来源才显得全面；然后主张品德形成与发展的根本路径是“践履（狭义）→真知→真情意→觉行→道德自我（良心）”。第二节探讨品德形成与发展的心理机制。在对中西学人关于品德形成与发展的心理机制的分析基础上，本书对道德的内化机制提出了新看法：主张道德的内化包括模仿尤其是象征性模仿阶段、同化与顺应阶段和评价阶段。第三节探讨个体的品德发展阶段问题，系统阐述了皮亚杰的儿童道德发展阶段理论、柯尔伯格的个体道德发展阶段理论、埃里克森的人格发展八阶段理论与吉利根的关怀道德取向理论，并逐一作了简要评价。第四节从静态与动态两个角度探讨品德形成与发展的影响因素。

【学习重点】

1. 理解和掌握内求说与外铄说的观点以及两者之间的区别
2. 掌握品德形成与发展的根本路径
3. 掌握中西方学人关于道德内化的代表性观点
4. 理解与掌握品德形成与发展心理机制的三阶段论
5. 掌握皮亚杰的儿童道德发展阶段理论、柯尔伯格的个体道德发展阶段理论、埃里克森的人格发展八阶段理论、吉利根的关怀道德取向理论
6. 掌握影响个体品德形成与发展的因素

【重要术语】

内求说　外铄说　复杂人假设　践履　内化　同化　顺应　自居（认同）　发展认同　知觉认同　象征性模仿　态度　品德发展　对偶故事法　道德两难故事法　他律道德　自律道德　习俗　公平　公正　关怀　自我同一性

从哲学上讲，“人性假设”（assumption about human nature，指对人的本质属

性的种种假想性看法）是德育的逻辑起点或元理论。一个人若像孟子那样相信人性本善，自然会主张用德育来发展人性；若像荀子那样相信人性本恶，就会主张用德育来改造人性；若像告子那样认为人性无善无不善，就会倡导用德育来塑造人性；若像世硕那样主张人性是善与恶相混的，自然会主张用德育来发展人性中善的一面，改造人性中恶的一面，等等。不过，由于中外哲学界出现的诸种“人性假设”至今仍无法运用实证手段来加以证实或证伪，这就导致个体的品德形成与发展问题成为学界的一个“老大难”。本章主要从品德形成与发展的路径、品德产生的心理机制、品德发展的阶段以及影响品德形成与发展的因素等四个方面来对这个难题作一回答。

第一节　品德形成与发展的路径

一、内求说与外铄说：由来已久的两种争论

个体品德形成与发展的路径是什么？对于这个问题，中西学界从古至今长期以来便有争论，存在着两种截然相对的观点：内求说与外铄说。

（一）什么是内求说与外铄说

1. 内求说

内求说的核心观点有三：第一，从“心理实在”或“有与无”的角度看，坚信人人生来就有作为“德之端绪”的善端，即人生来就有成为道德高尚之人的潜在心理特质。第二，既然人人生来就有作为“德之端绪”的善端，这样，个体的品德的形成与发展过程主要是一个内发的、逐渐成熟的过程；同时，一个人的品德既能通过良好的道德教育或道德学习而不断发展与完善，也易被个体的贪欲或不道德的外部环境等因素而遮住光芒。第三，从“发展水平上看”，由于不同人的身心素质不同，所处的外在环境也不尽相同，导致在现实生活中，不同人的品德发展水平有高低差异。

“内求说”在中国以孟子与王守仁等人为典型代表，在西方以良心的理性直觉论与良心的感情直觉论等为典型代表。孟子说：

“所以谓人皆有不忍人之心者，今人乍见孺子将入于井，皆有怵惕恻隐之心。非所以内交于孺子之父母也，非所以要誉于乡党朋友也，非恶其声而然也。由是观之，无恻隐之心，非人也；无羞恶之心，非人也；无辞让之心，非人也；无是非之心，非人也。恻隐之心，仁之端也；羞恶之心，义之端也；辞让之心，礼之端也；是非之心，智之端也。人之有是四端也，犹其有四体也。有是四端而自谓不能者，自贼者也。……凡有四端于我者，知皆扩而充之矣，若火之始然，泉之始达。苟能充之，足以保四海；苟不充之，不足以事父母。”①

① 杨伯峻. 孟子译注（上册）[M]. 北京：中华书局，1960：79 - 80.

可见，孟子将恻隐之心、羞恶之心、辞让之心和是非之心看做是人与生俱来的，认为此“四端”本身就是仁、义、礼、智四德目的端绪。仁、义、礼、智等四善“心”为人心所固有，任何人都有先天的善端，正是这种善端为每个人走向道德完美的圣人之境提供了基点。一个人若无此四端，就不能算是一个人格完整的人，甚至不配“人”这一称号。因此，在孟子看来，诸如“羞恶之心”之类的善心是个体与生俱来的。虽然孟子的这种见解并未得到现代心理学的证实，不过，从学理角度看，孟子将“羞恶之心”之类的善心都看做与生俱来的主张，的确又为其后儒家实施道德教育提供了必要的内在依据。

孟子认为，个体本性中固有的“四端”只是四种德端（或说品德的萌芽）而已，其本身并不是现实的品德①，要想将这种德端变成现实的品德，尤其是高尚的品德，还须经过后天长期不懈的培育，未忽视个体自身的努力、环境和后天教育在个体德性成长过程中的重要性。

在孟子看来，“仁”根植于人的恻隐之心，恻隐之心是一种从人的善心里直接产生出来的，超理智、超功利，强烈到似乎是身不由己的本能式道德情感，在人们身处诸如“见孺子将入于井”之类的情境时油然而生。孟子对“仁”的这种解释，非常吻合“悳”（德之古字）的本意，即“直心为德”。

孟子主张人心只具善端说有心理学和个体发生学上的依据。用孟子的原话说，即是：“今人乍见孺子将入于井，皆有怵惕恻隐之心”；“孩提之童无不知爱其亲也，及其长也，无不知敬其兄也。”用今天的眼光看，尽管此两方面的证据很脆弱，不过，从逻辑上讲，只举人为善的例子能够说明人心本具善端说的合理性，因为反方即便举一些人为恶的例子，也不能说明人心就是恶的。这个道理可借用贺麟的比喻加以说明：由人之善以证人心之善是可以的，因为人之善足以表现本性、发挥本性的缘故；由人之恶以证人心之恶则不可以，因人之恶乃习染之污，本性之蔽，不足以代表人的本性的缘故。犹如由室中之光明以证太阳之光可。由室中之黑暗以证太阳之黑暗则不可。因室中之黑暗乃由太阳之被遮蔽，阳光未能透入，非太阳本身黑暗②。

至于人为什么会为恶，孟子认为这是人为外界事物的引诱而蒙蔽了本心的结果，换言之，恶并非人的内在本性，是来自外界的。说得通俗点，恶不是人性，而是兽性，一个人一旦为恶，他/她也就失去了做“人”的基准，与禽兽没有什么区别。另外，孟子既说“君子所性，仁义礼智根于心”，似乎以心为德行之源。但孟子又主张“性善”，则德行应根源于性才是。孟子的这两种说法是否前

---

① 朱熹在《晦庵集》卷七十四《玉山讲义》中说：“谓之端者，犹有物在中而不可见，必因其端绪发见于外然后可得而寻也。”

② 贺麟．文化与人生［M］．北京：商务印书馆，1988：293－296．

后矛盾？我们的观点是：就德行的发端处而言，孟子说德行乃根于心的体验；就德行的基础性或本体性来讲，孟子主张性为善。因人有所性，心乃感应诸德。可见，心性的关系是心之内省自反的关系。从这种关系来说，性即是心的本体和基础，性乃以心为活动，为表征，即性以心之思的活动来实现性的内涵。因此，孟子才说："仁义礼智，非由外铄我也，我固有之也，弗思耳矣。"心能思感德性，这样，心有良知良能，而心也可说良心。心之良知良能均以心善为基础而成为可能的①。孟子的天赋良心、天赋羞耻心的思想为后世一些中国学人所继承。如，据《春秋繁露·竹林》记载，汉儒董仲舒（约公元前179—前104年）曾明确声称："今善善恶恶，好荣憎辱，非人能自生，此天施之在人者也。……天施之在人者，使人有廉耻。有廉耻者，不生于大辱。"②《二程遗书》（卷二上）说："良能良知，皆无所由，乃出于天，不系于人。德性谓天赋天资，才之美者也。凡立言欲涵蓄意思，不使知德者厌，无德者惑。"③ 王守仁在《传习录》（卷下）里也说："人孰无根？良知即是天植灵根，自生生不息；但着了私累，把此根戕贼蔽塞，不得发生耳。"④ 等等。

翻开西方一些著名思想家的著作，也会发现一个"英雄所见略同"的主张：西方也有一些思想家——如包括奥古斯丁、库德华兹、克拉克等在内的古典理性直觉论者——主张良心是一种天赋的、特殊的道德天资，它使我们能够直接区分正当与否；良心的判决是绝对确实和必然的，就像几何公理一样不证自明。换言之，人们为什么能够作出道德判断？是因为他们有一种天赋的道德知识，一种并非从经验获得而是人类理性的本性所固有的知识。理性直接向我们揭示道德真理，这些真理像数学真理一样是必然的、绝对的、普遍确实的命题。由于他们强调良心是一种人类理性的直觉，所以，可以将这种观点命名为理性直觉论。从理性直觉论的角度看，良心是不可能教育的。教理性去认识自明的真理，就像教眼睛去看，教耳朵去听一样。不过，良心可以在实践某一原则中得到锻炼，原则也只能通过个人的经验而被理解⑤。也有一些学者虽同意良心是天赋的观点，不过，他们不将良心看做是人的一种理性的能力，而将良心看做是人的一种正当的、普遍必然的情感，如仁慈等；并相信恻隐心或同情心是人人与生俱来的。所以，可以将这种观点命名为情感直觉论，其代表人物有大卫·休谟、卢梭与亚

---

① 成中英. 论中西哲学精神［M］. 李志林，编，上海：东方出版中心，1991：162－163.

② 苏舆. 春秋繁露义证［M］. 钟哲，点校. 北京：中华书局，1992：63.

③ 程颢，程颐. 二程集（上册）［M］. 王孝鱼，点校. 2版. 北京：中华书局，2004：20.

④ 王守仁. 王阳明全集（上册）［M］. 董平，吴光，编校. 上海：上海古籍出版社，1992：101.

⑤ 弗兰克·梯利. 伦理学概论［M］. 何意，译. 北京：中国人民大学出版社，1987：19－23.

当·斯密等①。例如，法国资产阶级启蒙思想家卢梭（公元1712—1778）曾说：

“我所说的怜悯心，对于像我们这样软弱并易于受到那么多灾难的生物来说确实是一种颇为适宜的禀性；也是人类最普遍、最有益的一种美德，尤其是因为怜悯心在人类能运用任何思考以前就存在着，又是那样自然，即使禽兽有时也会显露出一些迹象。……人们所能具有而为他所否认的一切社会美德正是从怜悯心这种性质中产生出来的。其实，除了对弱者、罪人或对整个人类所怀有的怜悯心外，还有什么可以称为仁慈、宽大和人道呢？即所谓关怀、友谊，如果正确地去理解，也无非是固定于某一特定对象上的持久的怜悯心的产物；因为希望一个人不受任何痛苦，不是希望他幸福还是什么呢？……因此我们可以肯定地说，怜悯心是一种自然的情感，由于它调节着每一个人自爱心的活动，所以对于人类全体的相互保存起着协助作用。正是这种情感，使我们不假思索地去援救我们所见到的受苦的人。正是这种情感，在自然状态中代替着法律、风俗和道德。而且这种情感还有一个优点，就是没有一个人企图抗拒它那温柔的声音。正是这种情感使得一切健壮的野蛮人，只要有希望在别处找到生活资料，绝不去掠夺幼弱的小孩或衰弱的老人艰难得来的东西。正是这种情感不以‘你要人怎样待你，你就怎样待人’这句富有理性正义的崇高格言，而以另一句合乎善良天性的格言‘你为自己谋利益，要尽可能地少损害别人’来启示所有的人。后一句格言远不如前一句完善，但也许更为有用。总之，我们与其在那些微妙的论证中，不如在这种自然情感中，去探求任何一个人在作恶时，即使他对于教育的格言一无所知，也会感到内疚的原因。虽然苏格拉底和具有他那种素质的人能够通过理性获得美德，但如果人类的保存仅仅依赖于人们的推理，则人类也许久已不复存在。”②

现代中国也有学者如杨国荣主张人有为善的潜能③，或者说，由于人类整体社会实践的作用，祖先们无数次的道德操作实践会在文化心理的层面上得到一定程度的遗传，形成了孟子所讲的良心或善端④，并试图从哲理上加以论证，甚至有人试图用实证的手段来证明人的确存有为善的潜能，如认知学派的“图式”和格式塔学派的“格式塔”等。

2. 外铄说

外铄说的核心观点也有三：第一，坚信人生来本没有良心的端绪；第二，人既然生来本无良心的端绪，那么，个体的良心或良好品德完全就是个体在后天环

---

① 弗兰克·梯利．伦理学概论［M］．何意，译．北京：中国人民大学出版社，1987：23－27．

② 卢梭．论人类不平等的起源和基础［M］．李常山，译．北京：商务印书馆，1962：100－103．

③ 杨国荣．道德系统中的德性［J］．中国社会科学，2000（3）：85－97．

④ 檀传宝．学校道德教育原理［M］．北京：教育科学出版社，2002：40－41．

境中逐渐习得的，个体能够通过良好的道德教育或道德学习而逐渐生成与不断完善自己的良心或品德；第三，从“发展水平上看”，由于不同人的身心素质不同，所处的外在环境不同，导致在现实生活中，不同人的品德发展水平有高低的差异。

由此可见，内求说与外铄说的最主要区别是：是否承认人生来就具有成为一个“有道德的人”的潜在特质，如果承认，那就是内求说；否则，就是外铄说。内求说与外铄说的相通之处主要有二：一是，二者都承认良好的道德教育或道德学习有助于个体品德的生成或发展；二是，二者都承认从“发展水平上看”，由于不同人的身心素质不同，所处的外在环境不同，导致在现实生活中，不同人的品德发展水平有高有低。

在属于“外铄说”的人中，除去以墨子为代表的“慎染说”外，还有荀子的“基于性恶论的外铄说”和王廷相的“基于性无善无不善论的外铄说”两种。“慎染说”将在第七章予以详论，这里不多讲。“基于性恶论的外铄说”和“基于性无善无不善论的外铄说”的共同之处是，都主张人的善心不是与生俱来的，而是个体通过后天的道德教育或道德学习逐渐习得的。二者的主要区别是，“基于性恶论的外铄说”主张人生之初性本恶，所以，人的品德是运用后天的教育改造人性的结果。既然是要将恶性改造成善性，其难度之大就可想而知，这就是为什么荀子将《劝学》作为其著作的首篇，并且开篇就强调“学不可以已”的内在原因之一。“基于性无善无不善论的外铄说”主张人生之初性本无善无恶，因此，人的品德是运用后天的教育来塑造人性的结果。既然是要在“白板”上塑造善性，相对于“改造人性”而言，其难度就要小些。

(1)“人之性恶，其善者伪也”：基于性恶论的外铄说

主张人与生俱来的性本是恶的，人的善心都是通过后天的道德教育或道德学习而逐渐习得和发展起来的。此观点在中国以荀子为代表，在西方以意大利的马基雅维利为典型代表。《荀子·性恶》说：

“人之性恶，其善者伪也。今人之性，生而有好利焉，顺是，故争夺生而辞让亡焉；生而有疾恶焉，顺是，故残贼生而忠信亡焉；生而有耳目之欲，有好声色焉，顺是，故淫乱生而礼义文理亡焉。然则从人之性，顺人之情，必出于争夺，合于犯分乱理而归于暴。故必将有师法之化，礼义之道，然后出于辞让，合于文理而归于治。由此观之，然则人之性恶明矣，其善者伪也。”

在荀子看来，人的本性是恶，哪来什么善心？假若顺从人的本性，就会发生争夺与淫乱等不道德行为。要想让人产生善心与善行，要想使人心生出良知，就必须通过后天的道德教育或道德学习。荀子的观点也有一定的依据：①生物学上的依据。《荀子·性恶》说：“夫陶人埏埴而生瓦，然则瓦埴岂陶人之性也哉？工人斫木而生器，然则器木岂工人之性也哉？夫圣人之于礼义也，辟则陶埏而生

之也，然则礼义积伪者，岂人之本性也哉？”②生理学上的依据。《荀子·性恶》说：“今人之性，饥而欲饱，寒而欲暖，劳而欲休，此人之情性也。”③心理学上的依据。《荀子·性恶》说：“若夫目好色，耳好声，口好味，心好利，骨体肤理好愉佚，是皆生于人之情性者也，感而自然，不待事而后生之者也。”

（2）“仁义、廉耻、诈贼、狠忌非固有”：基于性无善无不善论的外铄说

主张人性生来本无善无恶，人的善心都是通过后天的道德教育或道德学习而逐渐习得和发展起来的。此观点在中国以王廷相和龚自珍等人为代表，在西方以霍布斯（T. Hobbes，1588—1679）与约翰·洛克等持良心的经验论者为代表。

在中国，王廷相在《雅述上篇》里说：

“婴儿在胎中自能饮食，出胞时便能视听，此天性之知，神化不容已者。自余因习而知，因悟而知，因过而知，因疑而知，皆人道之知也。父母兄弟之亲，亦积习稔熟然耳。何以故？使父母生之孩提，而乞诸他人养之，老而惟知所养者为亲耳。涂而遇诸父母，视之则常人焉耳，可以侮，可以詈也。此可谓天性之知乎！由父子之亲观之，则诸凡万物万事之知，皆因习、因悟、因过、因疑而然，人也，非天也。”

依王廷相的见解，人之生性本无善无恶，并且，“诸凡万物万事之知，皆因习、因悟、因过、因疑而然，人也，非天也。”因此，人的悦荣恶耻之心自然也不是天生的，而是通过后天学习获得的。龚自珍（1792—1841）也持与王廷相类似的主张，他在《壬癸之际胎观第七》里也说：“善非固有，恶非固有，仁义、廉耻、诈贼、狠忌非固有。”

在西方，霍布斯否认良心是天赋的，进而不承认人有任何能够直觉地区别正当与否的道德天赋。在霍布斯看来，道德知识和所有别的知识一样，是依靠经验获得的，而人们的道德判断能力也是从经验中获得的。于是，霍布斯将良心解释为一种后天获得的东西，一种经验的产物。霍布斯在《论人性》一书里写道：

“我们用良心这个词通常表示的意思是科学或意见。因为当人们凭良心说这样一件事情是真的的时候，他们是确实认为这件事已无可怀疑，否则就不会这样说了，所以，他们知道或者自以为知道这是真的。但是，当人们凭良心评述事情时，并不意味着他们就一定掌握了他们所说事物的真理，他们所说的还只是一种意见（不但是有关某个事物的真理的意见，而且是有关他们对这个事物的知识的意见），这些命题是否具有真理性还是需要随后证明的事情。因此我把良心定义为：明显的意见。”①

洛克也否认人有天赋的道德观念或真理，相信一些人是用获得其他事物的知

① 弗兰克·梯利. 伦理学概论［M］. 何意，译. 北京：中国人民大学出版社，1987：31－32.

识的同样方式来习得某些道德规则，也有些人则可能是从他们的教育、同伴交往或本国的风俗习惯里习得相应的道德规则，不管是用什么方式获得这些道德规则的，都说明良心的确立需要个体作出相应的努力，这样，我们无需任何“刻在我们心上”的规则就可作出我们的道德判断①，因为良心“只是自己对于自己行为的德性或堕落所抱的一种意见或判断”。洛克说：

“我确信，许多人心上虽然没有写上任何标记，可是他们却亦逐渐能同意一些道德的原则，相信那些道德的束缚力；亦正如他们逐渐能知道别的事物是一样的。其余的人们则亦可由其教育、交游同本国的风俗，逐渐得到这种信念。而且这种信念，不论是如何得到的，总亦可以刺激起人们的良心来；因为所谓良心并不是别的，只是自己对于自己行为的德性或堕落所抱的一种意见或判断。”②

现代也有一些学者持类似观点。如，孙喜亭认为，将“人性本善”看做是“事实判断”或“事实的命题”缺乏事实根据；将“人性本善”看做是价值预设虽有一定的积极意义，但由此预设出发，德育的价值只在于唤醒、弘扬、提升人们心中的善性，只在于激活、唤醒、弘扬人的潜能中积极的、美好的、建设性的因素，这意味着德育所能做的事情其实很有限。孙喜亭进而认为，人在出生时并无道德意识，也无原始的道德图式或道德禀赋，道德的发展完全取决于后天环境、教育的影响和传授。③

（二）外铄说遇到的难题及破解策略

1. 外铄说遇到的难题

综观中国道德教育界，长期以来人们于事实上多是持人性本善的观点，进而多看重内求说的价值。为什么中国人一谈及道德教育话题，常常多持人性本善的人性假说，进而主张作为德之端绪的良心是与生俱来的呢？究其原因，这主要是由于许多学人清楚地意识到，假若主张外铄说（或叫性伪说），就会遇到一个不太好解释的难题：主张人的善心善行乃“由外入者，假学以成性者也。虽性可学成，然要当内有其质，若无主于中，则无以藏圣道也。”④ 今天看来，这确是一个仍需要深思的问题。

2. 破解难题的策略

像孟子之类持善端说的人在批驳荀子之类持恶端说或告子之类持性无善无不

---

① 弗兰克·梯利. 伦理学概论［M］. 何意，译. 北京：中国人民大学出版社，1987：33.

② 洛克. 人类理解论［M］. 关文运，译. 北京，商务印书馆，1981：30－31.

③ 孙喜亭. 学生德性或德行能由内而外的生成吗？［J］. 北京师范大学学报（人文社会科学版），2000（6）：18－23.

④ 美国管理心理学家雪恩（E. H. Schein）于1965年出版《组织心理学》一书，在该书中雪恩提出了“复杂人的假设”。为了与主要适用于管理心理学领域的雪恩的复杂人假设的观点以示区别，这里特别强调，本书所讲的“复杂人假设”主要适用于伦理道德领域。

善说的人时往往会用这样一类的比喻：假若人心中本没有善端，那么，即使给其提供一个良好的后天育德环境，也是不能使其内心生出高尚的品德来的。犹如任何一个人都不可能通过后天的道德教育使像木头这样本无善端的东西获得“道德本质”，进而成为一个有道德的事物。这一批驳颇有道理。用心理学的眼光看，若人性中本无“善良的种子”，无论后来如何进行道德教育，的确无法将人培育成有道德的人。所以，人之所以能够接受道德教育，能够进行道德学习，并逐渐使之成长为一位有道德的人，重要前提之一便是人心之内要有像孟子等人所主张的“善端”。正由于人心有与生俱来的善端，再加上后天的良好道德教育或道德学习，一个自然人才能逐渐成长为一个道德高尚之人。

需指出，我们持上述这样的观点，却并不表明我们也赞成人性本具善端说。事实上，鉴于人性的复杂多样性，在人性假设上，我们反对单一因素论与调和论的观点。所谓“单一因素论”，指假设人性里只包含一种成分的观点。像孟子的性善论与荀子的性恶论，将人假设为单一的“政治动物”（或称“政治人”）、“理性动物”（或称“理性人”、“知性人”或“智性人”）、“经济人”、“道德人”或“自我实现的人”之类的观点，都属典型的单一因素论，因其过于简单，实难解释复杂的人性。所谓“调和论”，指先假设人性里包含两种或多种成分（如善与恶等），然后以“和稀泥”的方式将它们予以调和的观点。像世硕的人性有善有恶论就属典型的调和论，因其没有理清性善与性恶之间的关系，实也难以解释复杂的人性。在人性假设的问题上，我们力倡“复杂人”假设①。主要适用于伦理道德领域的“复杂人”假设，其核心观点主要有二。

一方面，从类主体的角度看，人性中包含有非伦理道德性成分、伦理道德性成分和“白板”等三种成分。所谓“非伦理道德性成分”，指与伦理道德无关的成分。人性中本有的知性成分或智性成分，就属于典型的非伦理道德性成分。例如，皮亚杰认为，个体身上展现出来的最早图式（schema，scheme）来源于先天遗传，它在本质上属于一种认知结构。人与生俱来就拥有这种最早的图式表明，人性里有非伦理道德性成分的存在，它为人类后天的认知发展等准备了起码的前提。所谓“伦理道德性成分”，指与伦理道德有关的成分。像孟子等人所说的人性里本有的“四善端”成分，就表明人性里含有伦理道德性成分。所谓“白板”，是指人性中“预留”了一块未开垦的处女地。为什么人性中会有一块未开垦的处女地呢？这是因为，人脑的发展潜能是巨大的，不可能像一般动物那样全由本能所决定，换言之，人脑有巨大的潜在发展空间，这一潜在发展空间不仅为人类后天的认知发展提供了余地，也为人类后天的品德发展提供了余地。这样，

---

① 汪凤炎. 从五因素交互作用论看德育的作用［J］. 南京师范大学学报（社会科学版），2006（6）：95－100.

与一般动物相比，人类的学习能力是巨大的，适应环境的能力也是巨大的；同时，在人类的进程中，人类的遭遇与生命问题，既有相对永恒的一面，也有日新月异的一面。如今人类面对的网络世界以及由此而生出的网络德育问题，就是祖先从未遇见的新问题，面对这个新问题，迫使人们去寻求、制定新的道德规范，由此就可能在人性中生出新的智性与德性。

另一方面，从个体的角度看，不但不同人与生俱来的非伦理道德性成分、伦理道德性成分和“白板”三种成分的比例是不一样的，而且其与生俱来的这三种成分会随着其年龄的增长、环境的改变、知识的增加、地位的改变、人与人之间关系的改变以及其良心觉醒程度的不同而发生改变。这样，不但不同的人有不同的非伦理道德性成分、伦理道德性成分和“白板”三种成分，而且同一个人在不同的时间、地点、团体或组织里也会有不同的上述三种成分。正所谓“人心不同，各如其面”。自然而然，就道德教育而言，不同人身上性善与性恶成分的比例也是不一样的。因此，我们并不否认遗传在个体品德形成中的作用，这样，假若模仿郭象的语气来表达我们的主张，那就是：虽然品性可通过学习而获得，不过，一个基本前提条件是，必须具备人之为人的基本遗传素质。除人之外的其他动物的身上由于不具备这种条件，所以是不可能通过后天的教育而让这些动物心中生成品德的。正由于此，即便是荀子，其实也承认遗传的作用。《荀子·礼论》说：“性者，本始材朴也；伪者，文理隆盛也。无性则伪之无所加，无伪则性不能自美。性伪合，然后圣人之名，一天下之功于是就也。”认为人先天的生性（性）是后天的习性（伪）形成的基础，后天的习性是在先天的生性基础上通过习而形成的，只有“性伪合”，人然后才可成为人格完善的圣人。这个道理在近现代心理学界其实也被许多大家所认可。同时，假若承认善端可以遗传的话，就没有理由否认恶端也可以遗传；犹如在生理遗传中，父辈优秀的生理素质可以遗传给子代，父辈有缺陷的生理素质照样也可以遗传给子代。更何况，依进化论的原理，人是从动物进化而来的，人的某些心理与行为方式肯定与动物的心理与行为方式是相通的，这从在人类身上常常可以看到一些返祖现象的事实里可见一斑。因此，西谚说得好：“人的一半是天使，一半是野兽。”

但在没有更多的证据之前，仍可采用现代心理学中常见的观点：人的品德的形成和发展是在遗传和成熟的基础上，个体经由环境和教育的作用而逐渐建构起来的；在这个过程中，个体的主体性扮演了一个非常重要的作用。换句话说，人的德性的形成、发展与完善，既不是孟子所说那样完全是由内而外自然“生成”的，也不是荀子所论那样完全是由外界环境“教化”而成的，而是在主客体相互作用过程中，由主体建构出来的①。

---

① 陈会昌. 道德发展心理学［M］. 合肥：安徽教育出版社，2004：56.

（三）善端与恶端的两个解释维度

用今天的眼光看，孟子的“仁义礼智，非由外铄我也，我固有之也”之类的言论和荀子的“人之性恶，其善者伪也”之类的言论均有先验论与单一因素论之嫌，不过，其中也包含一定的合理内核，即任何一个人，哪怕是十恶不赦的人，其心中确有发展程度高低不一的“良心”；与此相对应，任何一个人，假若没有经历过一定的道德教育（包括他育和自育），其心中或多或少都有“恶”的成分。从这个意义上说，弗洛伊德主张将“伊底”（id）作为其人格结构图中重要部分之一的观点，虽有些偏颇，但也有一定的合理之处。弗洛伊德又认为，仅仅用“好”与“坏”这一标准来划分人格特征是非常不确切的，一个人很少完全“好”或彻底“坏”，而是时常在一个方面“好”，在另一个方面“坏”，或者在某种外界条件下“好”，在另一种条件下“坏”。弗洛伊德的这一观点也有独到之处。

1. 从类主体角度看，人类通过进化获得善端与恶端

关于善端与恶端的最初形成，假若引入“时间”这一因素来探讨，或许更不易引起争论。循着这一思考路径，从类主体的角度看，人类身上的善端与恶端主要是通过进化途径获得的。达尔文（Darwin，1809—1882）早就有类似观点。达尔文曾研究良心在族类和个人那里的起源以及良心与外部社会状况的关系，其要点有二。

第一，达尔文相信，良心是人所特有的高贵品质，在人类与低于人类的动物之间的一切差异中，良心是最重要的差别①。因此，良心理所当然地凌驾于人类其他一切行为准则之上。达尔文说：

“有些作家持有这样一个判断，认为在人和低等动物之间的种种差异之中，最为重要而且其重要程度又远远超出其他重要差别之上的一个差别是道德感或良心，我完全同意这一点。正如麦肯托希（甲424）所说的那样，道德感‘作为人类行动的一个原则，理应居于其他每一条原则之上’。有一个简短而专横的字眼或词可以把它概括起来，就是‘应’或‘应该’，这真是一个充满着崇高意义的字眼。在人的一切属性之中，它是最为高贵的，它导致人毫不踌躇地为他的同类去冒生命的危险，或者在经过深思熟虑之后，在正义或道义的单纯而深刻的感受的驱策之下，使他为某一种伟大的事业而献出生命。”②

第二，达尔文认为，良心起源于天赋的社会性本能（social instinct）与足够发展的智力之间的交互作用。也就是说，社会性本能在动物演化到真正的人类之前就已经以萌芽和低等形式存在，例如，许多鸟类和某些哺乳类动物会放哨，狼

---

①② 达尔文. 人类的由来（上册）［M］. 潘光旦，胡寿文，译. 北京：商务印书馆，1983：148.

和其他猛兽会合伙出猎，等等①。当这些社会本能被人类所继承后，人类运用自己的智力，最终生成了良心。所以，达尔文写道：

“据我看来，如下的这样一个命题是大有可能而近乎事实的——就是，不论任何动物，只要在天赋上有一些显著的社会性本能，包括亲慈子爱的感情在内，而同时，又只要一些理智的能力有了足够的发展，或接近于足够的发展，就不可避免地会取得一种道德感，也就是良心，人就是这样。因为，第一，一些社会性的本能会使一只动物在它的同类群体中或社会中感觉到舒服，即所谓的乐群之感；会对同类感觉到一定分量的同情心，会进而为它们提供各式各样的服务。有些服务是具体而显然属于本能性质的，有的，像大多数的社会性动物所表示的那样，只是一种意愿，一种心理准备，想在某些一般的方面帮助同类中的成员。……第二，各种心理能力一旦变成高度发达之后，在每一个个体的脑子里，过去的一切动作和动机的意象或映象会不断地来来去去，……社会性的本能是经久的，无时无刻不存在的，而某一种其他的本能，尽管一时的强大有力胜过了社会性的本能，使它暂时屈从而让路，却在性质上既并不经久，事后也并不留下一个很生动的印象。每当有关的个体看到这一层，看到社会性的本能曾经被其他本能所战胜过，它都会感觉到难过。所谓不经久的本能指的是许多发乎本能的情欲，例如饥则思食，它们在时间上是短暂的，一经满足，后来追忆起来，也不太容易，不太生动活泼，这一点是容易明白的。第三，在语言的能力被取得，而社群的意愿得以表达之后，对每一个成员应如何动止举措才对公众有利这一种共同的意见会在极高的程度上成为行动的指针。但我们也应该记住，无论公众意见有多么重要，无论我们把多大的分量划归给它，我们对同类对我们的赞许或不赞许的重视总是建立在同情心之上的，因为，……同情心毕竟是社会性本能的一个主要的组成部分，并且，说实在话，是它的基石。最后，对每一个成员的行为的指引，这成员自身的习惯会最后起一番很重要的作用；因为，社会性的本能，连同同情心，像任何其他本能一样，也通过习惯而得到大大的加强，终于成为一种顺从，顺从于社群所共同表示的一些意愿和判断。”②

可见，人类具有记忆力，使人能够记住过去发生的事情；同时，人类还具有自我反省的能力，由于记忆力和自我反省能力的存在，人类自然会将记忆中过去发生的事情加以比较，因此，当某种暂时的欲望和激情抑制了其社会本能之后，

① 达尔文. 人类的由来（上册）［M］. 潘光旦，胡寿文，译. 北京：商务印书馆，1983：151－162.

② 达尔文. 人类的由来（上册）［M］. 潘光旦，胡寿文，译. 北京：商务印书馆，1983：149－150.

一个人就可能会反省，进而可能会感到不满、懊恼、悔恨或者羞愧①。再者，人类懂得别人的称赞和非难。当一个人做出了有利于他人的事情时，他/她会受到人们的赞扬；反之，将受到贬抑。这种社会反馈会给他/她的自尊心带来直接影响，进而促使他/她不断调节自己的行为方式。人之所以值得称为人，就在于人类和低于人类的动物之间存在这样一个巨大的区别：只有人能够反省过去的行为和动机——能够赞同这个，反对那个。达尔文说：

“所谓有道德性的动物就是这样的一种动物，他既能就他的过去与未来的行为与动机作些比较，而又能分别地加以赞许或不赞许。我们没有理由来设想任何低于人的动物具备这种能力。因此，如果一只纽芬兰狗会把一个小孩从水里打捞出来，或一只猴子冒了危险来搭救另一只猴子，或担当起抱养失去了父母的一只小猴子的任务，我们不用道德这一名词来称呼这一类的行为。不过，一到了人，我们既可以肯定地把他列为一种有道德的动物，则某一类的行动或行为，无论是通过了内心的动机之间的斗争而深思熟虑之后才做出的也好，或通过本能而出乎冲动的也好，或由于逐渐取得的习惯的影响或成效也好，我们一概称之为合乎道德的。”②

而“一种本能的冲动，比起另一个或许和它有些抵触的本能冲动来，只要在任何方面对有关物种有更多的好处，就会通过自然选择而变为两个之中更为强劲有力的一个；原因是，在这本能越是发达的个体就越有机会存活下来，而在数量上越来越占优势。”“人是一种社会性动物。”③ 由于一些更坚忍不拔的社会性本能有助于人类的生存，结果，当“更坚忍不拔的一些社会性本能战胜了不那么坚韧的那些本能”④，并且持续较长时间后，这种“更坚忍不拔的一些社会性本能”就会引起我们用语言来表达“应该遵从它”的那种感情，结果，“他多少要下一个决心，以后的行为要改弦易辙；而这不是别的，就是良心了；因为良心是回头向过去看的，看了以后，才能服务于未来，才能作为前途的指引，往者虽不可谏，来者犹是可追。”⑤ 进而，

---

① 达尔文. 人类的由来（上册）［M］. 潘光旦，胡寿文，译. 北京：商务印书馆，1983：169－176.

② 达尔文. 人类的由来（上册）［M］. 潘光旦，胡寿文，译. 北京：商务印书馆，1983：168.

③ 达尔文. 人类的由来（上册）［M］. 潘光旦，胡寿文，译. 北京：商务印书馆，1983：163.

④ 达尔文. 人类的由来（上册）［M］. 潘光旦，胡寿文，译. 北京：商务印书馆，1983：166.

⑤ 达尔文. 人类的由来（上册）［M］. 潘光旦，胡寿文，译. 北京：商务印书馆，1983：171－172.

“人在他的良心的指点与激发之后，通过长期的习惯，会终于取得这样一个比较完善的自我克制的能力，使他的一些愿望和情欲不费功夫和不用斗争地听命于他的一些社会性的同情和本能，包括对旁人对他的毁誉所引起的情绪在内。挨饿的人、对人怀恨的人，从此都能隐忍，不想偷东西吃，不想对人进行报复。这种自我克制的习惯，像其他习惯一样，看来有可能，甚至，……真的会变成我们的遗传品质的一部分。这样，总有一天，人会感觉到，通过所已取得而前途也许还会遗传的习惯，听命于他的一些更为强毅而持续的一些冲动毕竟是为他自己设想的最妥善的办法。表面上很专横的那个字眼，应该，不管它是怎样兴起的，如今看来，所包含的无非是对行为所应遵守的准则的存在有所意识而自觉地加以服从而已。”①

概言之，依达尔文的观点，从类主体的角度看，良心是人在社会本能的基础上，凭借人的记忆力、理解力（能懂得别人的称赞与非难）和反思力等高级智能而逐渐形成的；从个体的角度看，人的良心既有可能是通过后天道德学习获得的，也有可能是通过遗传的习惯获得的。与此不同的是，某些动物，如狗，虽然也有跟良心十分相似的某种东西，但是“在动物生活里，在不同的本能之间，或在某一个本能与某一种习性之间，时常可以观察到一些矛盾。例如狗与主人出行之际，突然追逐起一只野兔来，挨了主人的骂，停了下来，迟疑了半晌，又追逐了起来，或退回到主人那里，有些羞愧的神情；再如，一只母狗，一面爱她的一窝小狗，一面也爱她的主人，这其间也有矛盾，因为，我们有时候可以看到她偷偷地跑去张望她的小狗，而这样做的时候，神色上总是有几分忸怩，所忸怩的是她没有能全神贯注地和主人做伴。”② 不过，狗之类的动物没有良好的记忆力，它不能很好地回忆起它过去的行动与动机，没有良好的反省能力，不能为一个（社会）本能没有得到满足而感到不满甚至感到不幸③。结果，最终狗之类的其他动物并没有生出良心。在这个世界上，只有人才有良心，也只有人才算得上是一个真正的道德性的动物。

综上所论，从类主体的角度看，人类祖先的人性中的善端与恶端就其最初来源而言，是通过进化途径得来的；其中，单就人类最初的良心而言，它是人在社会本能的基础上，凭借人的记忆力、理解力（能懂得别人的称赞与非难）和反思力等高级智能而逐渐形成的。并且，人类祖先们最初的良心一旦形成，就能够通过类似集体无意识的形式予以代代相传，潜藏在其后世万代子孙的心灵深处，

---

① 达尔文. 人类的由来（上册）［M］. 潘光旦，胡寿文，译. 北京：商务印书馆，1983：174.

② 达尔文. 人类的由来（上册）［M］. 潘光旦，胡寿文，译. 北京：商务印书馆，1983：162.

③ 弗兰克·梯利. 伦理学概论［M］. 何意，译. 北京：中国人民大学出版社，1987：43.

从而形成了孟子所讲的“善端”。当然，这种遗传主要是一种“心理形式”与“心理机能”的遗传，兼有一定的“心理内容”的遗传，不过，后者的变迁速度较之前者相对要快得多。结果，虽然人类祖先与今人都讲良心，但二者所包含的道德观念却是既有相通之处更有较大差异了。

2. 从个体角度看，个体通过心理遗传获得善端与恶端

具体到作为个体的人的身上，其心中的善端或恶端就其最初来源而言，一定是与生俱来的（“天赋”的），即通过心理遗传得来的。换言之，在人的基因里不但储藏有大量有关生理素质的遗传“密码”（即“DNA”），而且可能储藏有大量的有关心理素质的遗传“密码”，只是前者现已获得了大量的科学证据予以证实，而后者为目前的科学水平所限还不足以提供充足的证据予以证实而已。因此，如果进化论的遗传学理论是正确的话，就可以设想，人的一些良情或恶情也是可以通过所有者一代代地遗传给后人的。例如，有些人看来天性比另一些人更富有同情心或更残忍，这表明这类感情在他们身上比别人更容易产生。从这个意义上讲，说一个人遗传有对道德法则的尊敬，只意味着，假若他/她得到适当的训练，他/她将更易发展这些感情。因此，如果说人的气质是可以遗传的，为什么不能说人的情绪也是可以遗传的呢？我们不仅遗传抽象意义上的畏惧或畏惧的能力，而且遗传对某些特别事物——如黑暗、蛇等——的畏惧。当然，这并不意味着一个人生来就具有某种良情或恶情，而只意味着，较之那些从未存在于一代代祖先身上的素质而言，在适当的时候与适当的条件下，人类更容易生成那些曾存在于一代代祖先身上的素质。所以，尽管人的道德情感的丰富与成熟需要一定的时间，也需要必要的相关训练，但人们并不能由此就反对道德情感可以遗传的观点。毕竟，像人的其他本能一样，它们也不可能马上成熟，它们也需要适当的刺激物，但人们不能否认这些本能的天赋性质①。

二、品德形成与发展的根本路径

既然个体与生俱来就有善端与恶端，而人性中善端与恶端之间的关系是你多我少你少我多的对立关系，这样，从道德教育的眼光看，一个人就必须想方设法通过他育与自育的途径充分发展心中的善端，善端发展的同时，心中的恶端也就逐渐减弱、减少，甚至最终可以将恶端减至永生都不会再引诱自己干出不道德事情的水平。这一过程犹如将一块刚从金矿中挖出的矿石逐渐提纯的过程②，虽然在金子的提纯过程中，杂质是不可避免的（即便一块足金的纯度高达99.999%，

---

① 弗兰克·梯利. 伦理学概论［M］. 何意，译. 北京：中国人民大学出版社，1987：67－69.

② 事实上，中国人常常将人性与金子作对比，如说“金无足赤，人无完人”。

其中仍有0.001%的杂质)，但是，可以将金子的纯度一步一步地提高至99%甚至99.999 99%的水平。有人认为，虽然从道德教育的角度看，恶是需要去除的，不过，也正是由于一个人身上存在的恶端，才正映照出其身上善的伟大，因此，一个人身上的恶是不宜全部去除的。这一观点值得商榷。尽管善与恶是一对对立的范畴，没有恶，何来善，但是，如果引入时间与空间这两个概念就可知晓，具体到个人的身上，即便其身上只有善而没有一丁点儿恶，也同样能证明其人格的伟大，并且是异常的伟大。缘由在于，从时间因素看，人是有记忆能力与反思能力的，并且可以通过各种媒介——纸质文本、电子文本、胶卷、口口相传等——将历史或详细或简略地记录并传承下来，这样，即使人类发展到某一高级阶段，此时整个社会中充满了善，没有一丝的恶，人们仍可以凭借温习人类历史上曾发生的恶来时刻警惕恶的到来，时刻保持对善应有的尊敬。犹如现在纳粹早已退出历史舞台，但人们仍可通过研究纳粹历史、反思纳粹历史来时刻保持对纳粹的警惕，防止其死灰复燃。从空间因素看，“世界之大，无奇不有。”“林子大了，什么鸟都有。”在现实生活中，道德低下的人肯定是存在的（虽然从数量上看可能极少)，这样，一个人可以通过观察一个坏人的言行及由此遭受的惩罚，进而体会到善的可贵，这就是所谓的观察学习和“替代强化”。同时，正如孟子所讲，个体在诞生之初，其心中的“良心”或羞耻心充其量只不过是一种“端绪”而已，要想将这种德端变成现实的品德、现实的较完善的道德自我，还须经过后天长期不懈的培育。其后，由于一个人的身心成熟度的不同、所处生活环境（包括家庭环境、学校环境和社会环境）的不同、所受道德教育的不同、所进行的自我心性修养的程度不同以及所持世界观、人生观和价值观等的不同，从而使不同的人具有发展程度高低不一的道德品质或良心。在品德的这一后天发展过程中，最根本的途径一定是遵循“机械践履→真知→真情意→觉行→道德自我（良心)”而成的[①]，如图3-1所示。

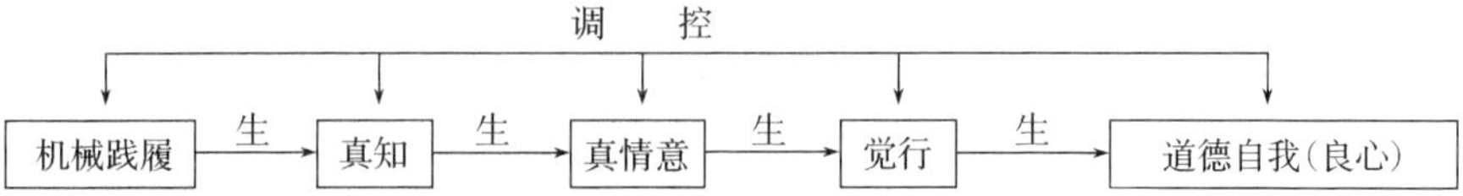

图3-1 个体品德形成与发展的根本路径示意图

个体品德形成与发展的根本路径分为五步，相应地，生活德育遵循的育德路径也宜按此五步进行。

（一）机械践履阶段

践履是指一个人按一定的道德准则去做人之意。为了改变过去德育中知行相

① 这并不否认实际的道德教育可以有多种途径。

分的弊病，在生活德育中要妥善运用践履法，毕竟只有践履才是进行德育的出发点和落脚点。

之所以强调在培育个体的品德时要将机械践履作为德育的第一阶段，是因为使个体对某一做人方式或某一德目产生真实体验（而不是停留在口头上的体验或有口无心的体验）的主要载体在于“践履”，只不过，个体处于机械践履阶段的“行”往往主要是一种机械的行（此时个体常常并不能真正知晓这样做的道理）、偶然的行（做了一次就不再做了）或被动的行（如被人要求这样做），较少有真正意义上的主动、自觉的行。因为在此时，个体内心并没有真正解决和理解诸如“我为什么要这样行”，“这样做对我有什么好处”等问题，更多的可能是在老师、家长、他人或现有的道德律令的要求（往往是“强求”）下被动做出来的行；或是出于自己的好奇做出的行；或是自己于无意、偶然间做出的行。这诸种“行”，虽都能给行为者带来一定的内心体验，但毫无疑问，一次或偶尔几次此类“践履”，是难以真正打动践履者的心灵的，践履者从一次或偶尔几次此类“践履”中也是难以生发出良心的。不过，没关系，这正与德育的长期性与反复性的特点相吻合。个体在多次践履之后，于不知不觉中自己就可能逐渐体会或体验到“这样做人的好处”，这时，假若老师、家长或他人再及时予以合乎时宜的点拨的话，可能践履者更能早点体会到“这样做人的好处”，于是，德育的效果就进入到第二阶段，即真知的阶段。

（二）真知阶段

在自然科学领域，判断一种知识或认知是真还是伪的重要依据是：此知识或认知是否符合客观事物内在的本质规律。假若符合客观事物内在的本质规律，那就是真知；如果违背了客观事物内在的本质规律，那就是伪知。与自然科学领域的知识或认知有真知与伪知相类似，在道德教育和道德学习领域也同样存在真知与伪知之分，只不过，后者所讲的真知与伪知的内涵及判断标准与前者有一定差异而已。在道德教育和道德学习领域所讲的“真知”含义是：个体从内心中认同某一合理合宜的做人规范（如热爱祖国），既知其然又知其所以然，并有真心诚意地按此做人规范去做人的意向。可见，这种“真知”具有三个主要特点：

第一，此种“知”中所包含的做人规范或道德规范是合理合宜的。正如古希腊时期的阿奎那所说，道德戒律是使事物的真正本质从属于美德的东西。符合理性的道德就被称为善，而不符合理性的道德就被称为恶①。由于人的认知（包括道德认知）具有一定的历史时代性和文化差异性，这样，“合理合宜”不能泛泛地谈、抽象地谈，而必须与一定的社会文化背景相联系起来谈，并且要尽可能多地满足仁爱原则、公正原则与功利原则等三个原则。用这个眼光看，在当代中

① 陈会昌．道德发展心理学［M］．合肥：安徽教育出版社，2004：11.

国，合理合宜的道德规范主要指社会主义道德规范。这是强调“知”的科学性，就这一点而言，它实际上与知识层面的真知有相通之处。依此特点，如果一个人拥有诸如信奉邪教之类的“知”，就不是我们所讲的“真知”。

第二，此种“知”必须是经个体内心所认同的，因而是个体愿意真心诚意按此“知”去行动的。依此特点，假若一个人只是表面按某种要求去做，而心中却并不真正予以认同的话，这种“知”就不能算是我们所讲的“真知”，只能算是“被动的告知”或仅停留在认知层上的“知”，没有达到“信仰”的程度。

第三，此种“真知”是指“既知其然，又知其所以然”的知，即理解之后的“知”。依此特点，假若一个人“只知其然，不知其所以然”，这种“知”只是一知半解式的“机械之知”，也不是我们所讲的“真知”。

（三）真情意阶段

个体一旦对某种做人方式或某些道德规范有了“真知”之后，必然油然而生“真情意”。这里，“真”是真假的真；“情”指道德情感；“意”指道德意志。我们重视个体发自内心的真情感、真意志对个体道德认知与道德行为的影响，不但认为虚情假意引发不出个体真正意义上的道德认知与道德行为，从而也不可能触及个体的心灵深处，进而不可能促进其良心的发展与完善；而且认为，“无志之人常立志”式的假的道德意志无助于一个人良心的发展，对一个人良心发展有帮助的道德意志是具有良好意志品质的道德意志。也许有人会说，强调真情意固然比泛泛地强调情意要好，但是，从情感的两极性角度看，真情里也包括积极的真情与消极的真情，如何处理消极的真情与良心发展之间的关系？对于这个问题，我们的解释是，一个人在遇到一个道德情境时，该喜的时候要喜（如见到一个好人有好报而心里充满喜悦之情），该怒的时候要怒（如嫉恶如仇），不过，一定要出于真心，不要矫揉造作（如故作大喜状）；同时，要标举中庸之道（详见下文），若如此，必不至于以真情去害良心、去害德。

（四）觉行阶段

“觉行”指一个人较准确地理解了某套道德准则，并在其日常生活中诚心实意地、持久地按此套道德准则去做人。因此，配称“觉行”的道德行为一定具有如下三个显著特点：

一是“理解”。即行为者本人对按之行动的道德准则已有较准确甚至是非常透彻的理解，既知其然，又知其所以然，换言之，此时个体的行是真正做到了知行合一与言行一致的行。

二是“自觉”。即行为者本人诚心实意地按此道德准则去做人，而不是在某种有形的或无形的外在压力的强制下去行动。

三是“持久”。即行动者本人在其日常生活中长期地按此道德准则去做人，而不是“三天打鱼，两天晒网”。

个体经过前面的机械践履之后，假若能对某种做人方式产生了真知与真情意，则必然会促使他/她自觉、反复地去做出相应的道德行为，而不可能仅是做出被动的道德行为或只是出现“做了一次就算了的‘一次性道德行为’”。在这一点上，它与价值澄清（values clarification）学派的观点相通。拉思斯（L. E. Raths）就认为，个体经过“选择”和“赞赏”这两种功夫之后，一定能按这一选择行动，并且会将之作为一种生活方式不断加以重复①。

（五）产生并逐渐完善道德自我的阶段

个体若能自觉、持续地做某种道德行为，那么，这种行为方式就会“习惯化”，成为个体的稳定的行为方式之一，依据“习与性成”等原理，就会相应地影响其价值观、人生观、世界观，进而内化为其道德自我或良心的一部分。这一思想与亚里士多德等西人关于道德形成的观点也是相通的。

当然，个体的道德自我或良心的形成与发展是一个漫长的、循环往复的过程，而不是一个简单的、一次性的、直线的过程，这样，不能指望一个人的道德自我或良心经由一次“机械践履→真知→真情意→觉行→道德自我或良心”的过程就可彻底完成，若果真如此，那道德教育就容易进行了。事实是，一个人的道德自我或良心的形成与发展可以延续至一个人的终生而不见得会最终完成。当一个人开始对自己的言行作一种道德评价或要求时，他/她的“作为德之端绪的良心”这颗“种子”就开始萌芽了；其后，随着所受社会、学校和家庭影响的增多和个体自身身心的不断成熟，当人能不需要他人的监督而自觉地顾及自己行为的道德要求时，他/她的道德自我或良心也就初步形成了；已初步形成的道德自我或良心还需要不断充实与完善，并沿着由他律至自律至自由，从呆板至灵活，从一味遵守已有的现成道德规范至不断发展创新出新的道德规范的线路向前发展②。当一个人面对任何人任何事任何物任何情境都能做到“从心所欲，不逾矩”时，就意味着他/她的道德自我或良心已彻底发展成熟，进而达到自由阶段。但是，依孔子与王守仁等人的自述，道德自我或良心的完全成熟确是一个漫长的过程。如，孔子虽“十有五而志于学（主要是道德学习）”，但也只是到了 70 岁才做到“从心所欲，不逾矩”。王守仁虽认为“良知”二字“人人所自有，故虽至愚下品，一提便省觉”③，但他悟得“良知”之义却是在他 37 岁历经危难，又备尝艰苦的龙场驿丞任上，而从王守仁已悟得其意，到王守仁正式道出“良知”

① 拉思斯．价值与教学［M］．谭松贤，译．杭州：浙江教育出版社，2003：25－27．

② 王启康．再论道德自我［J］．华中师范大学学报（哲学社会科学版），1997（6）：76－83．

③ 王守仁．王阳明全集（上册）［M］．董平，吴光，编校，上海：上海古籍出版社，1992：204．

二字，又费了整整13年①。所以，当王守仁50岁时，“是年先生始揭致良知之教。”② 王守仁曾自道这一艰辛发现的心路历程：

“吾‘良知’二字，自龙场以后，便已不出此意，只是点此二字不出，与学者言，费却多少辞说。今幸见出此意，一语之下，洞见全体，真是痛快，不觉手舞足蹈。学者闻之，亦省却多少寻讨功夫。……某于‘良知’之说，从百死千难中得来，非是容易见得到此。”③

以孔子和王守仁的坚强意志与聪明才智，他们悟得良心的心路历程尚且如此多艰④，而绝大多数人既不会像孔子那样“十有五而志于学”，更不会像孔子那样一辈子都在“克己复礼”，又怎能轻松获得呢？从这个意义上说，虽然每个人在童年的早期就可经由不同的途径获得作为德端的、低水平的良心，这样德育的主要价值之一就在于唤醒、弘扬、不断提升人们心中的良心，以使人的良心逐渐完善。不过，这个过程并不像有些学者所说的那样限制了德育的功效，相反，由于道德自我或良心的形成与发展是一个漫长的、循环往复的过程，从而使得德育大有作为。从一定意义上说，个体道德自我或良心的逐渐丰满与完善的过程，也就是道德教育不断向前推进的过程。

第二节　道德内化的机制

一、对已有观点的简要回顾与反思

内化（internalization）是指人对外部事物通过认知转化为内部思维的过程。也是个人接受群体或社会的规范并使之成为其人格一部分的过程。迪尔凯姆（E. Durkheim，1858—1917）认为社会本身即具有规范的体系，超越个人意识独立存在，通过内化过程，植根于个人意识中⑤。关于道德内化的过程或道德内化的机制，具有代表性的观点主要有六。

（一）弗洛伊德的道德内化观

精神分析的创始人弗洛伊德认为，“自居作用”是道德内化的主要机制。自居作用（identification），又译作“自居”、“认同作用”或“认同”，指个体通过潜意识模仿某一对象而获得心理归属感的过程。可分为个体把外界某一个体或某一群体的特征和性质内化进自己人格中的发展认同，和视别人或团体所具有的优

---

① 何怀宏．良心与正义的探求［M］．哈尔滨：黑龙江人民出版社，2004：20.

② 王守仁．王阳明全集（下册）［M］．董平，吴光，编校．上海：上海古籍出版社，1992：1278.

③ 王守仁．王阳明全集（下册）［M］．董平，吴光，编校．上海：上海古籍出版社，1992：1575.

④ 何怀宏．良心与正义的探求［M］．哈尔滨：黑龙江人民出版社，2004：21.

⑤ 夏征农，陈至立．辞海［M］．第六版缩印本．上海：上海辞书出版社，2010：1362.

点和荣誉为自己所具有的知觉认同两种。“发展认同”是一种正常的心理发展机制；“知觉认同”是一种防御机制，个体把自己模仿、比拟成某个成功的或优秀的人，以减少挫折导致的焦虑或获得满足①。可见，作为道德内化的机制，“自居作用”实际上是一种无意识的模仿，它是儿童因害怕父母的惩罚或害怕失去父母之爱而去吸收父母的各种特征，包括道德标准和价值观。通过“自居作用”，儿童将外在的道德规则内化到自己的人格结构中，逐步形成“超我”，即“良心”。一旦儿童违反了道德规则，超我就采用一种特殊的惩罚手段——内疚感来惩罚自己，儿童为了避免这种惩罚，就要与内化的道德规则保持一致②。

弗洛伊德将“自居作用”视做道德内化的主要机制，看到了无意识的模仿在道德内化中的作用；并且，弗洛伊德非常重视动机和情感在道德内化中的作用③，这是可取的。不过，由于弗洛伊德将“无意识”作为自己学说的核心术语，这导致他忽视认知因素在道德内化中的作用④，也几乎没有看到有意识的模仿在道德内化中的作用，这就将模仿的内涵窄化了，自然有失偏颇。

（二）典型行为主义学者的道德内化观

在典型的行为主义者看来，所谓道德内化实际上就是条件反射的建立。因此，在他们看来，一个人在具有外界诱惑又没有人监督的情况下仍能做出道德行为的现象，是可以用强化原理进行解释的：人们以前的不良行为曾多次受到惩罚，而道德行为曾多次受到过奖赏，这样，行为与后果之间建立了暂时联系，以后在具有外界诱惑的条件下，能抑制不良行为，采取道德行为。尽管此时没有他人在场，但仍然反映了他们对惩罚的恐惧和对奖赏的追求⑤。

典型行为主义者的道德内化观看到了强化与惩罚在道德内化中的作用，相信道德内化的过程也就是建立条件反射的过程，这都是有启发意义的见解；不过，若只主张用强化原理来解释道德的内化问题，而不承认个体的内部心理活动过程，就不太好解释不同的人在类似环境里却生成了不同的道德品质这个事实⑥。

（三）皮亚杰的道德内化观

皮亚杰虽未明确而系统地探讨品德形成与发展的心理机制，不过从他的发生认识论原理中很容易推导出这样一种观点：与人的认知的形成与发展过程相类似，人的品德也是在遗传的基础上，通过主体与环境的互动过程而由主体自己建构出来的。以皮亚杰的这一思想为基础，就出现了如下道德内化观：个体品德的形成是个体自身与环境（包括社会舆论和教育等）相互作用下道德规范内化的

---

① 夏征农，陈至立．辞海［M］．第六版缩印本．上海：上海辞书出版社，2010：1567，2549.

②⑤ 顾海根．道德内化的心理分析［J］．上海师范大学学报（教育版），1999（2）：95.

③④⑥ 顾海根．道德内化的心理分析［J］．上海师范大学学报（教育版），1999（2）：97.

过程，是个体在群体生活与社会交往中通过自身的道德实践由被动到主动形成道德行为习惯的过程，而不是道德规范从内部自然展现的过程，也不是被动接受外部灌输的结果。这个过程主要包括：心理准备、道德信念的形成、道德意志力与道德行为习惯的培养等几个阶段①。这一主张强调个体品德的形成是个体自身与环境相互作用下道德规范内化的过程；强调个体品德的形成既“不是道德规范从内部自然展现的过程，也不是被动接受外部灌输的结果”；强调道德行为习惯的养成在个体品德形成中的重要作用。这种“建构论”、“反内部自然展现论”、“反灌输论”和“习惯论”的观点有一定的道理。不过，皮亚杰只注重认知因素在道德内化中的作用，却忽视了动机和情感在道德内化中的作用②；同时，将个体品德形成的心理过程分为“心理准备、道德信念的形成、道德意志力与道德行为习惯的培养等几个阶段”，这也是值得商榷的。

（四）班杜拉的道德内化观

班杜拉既汲取经典行为主义和新行为主义的观点，又妥善汲取认知心理学和人本主义心理学的观点，认为个体品德的发展是个体形成个性和实现社会化的一个组成部分，个体道德品质的形成是一个不断通过社会学习而得以发展的过程。影响这一过程的主要因素是环境、个体和行为。其中，“环境”既包括个体所处的外部自然环境，也包括个体所处的外部文化环境、人际关系和个体所观察到的榜样③。可见，在班杜拉看来，道德内化过程实际上是一种观察学习的过程，主要是个体对榜样的模仿过程。因此，人的品德不是天生的，它主要是儿童在社会生活的过程中，通过模仿、顺从、认同和内部化接受外界的某些行为规范，产生道德观念，并在它的支配下出现特定的行为；经舆论或自我强化，逐渐建立占优势的道德观念动机和行为方式之间的稳定联系或形成道德习惯的结果④。

这种道德内化观至少存在三个优点：一是，重视榜样的示范作用；二是，相信强化存在直接强化、间接强化和自我强化等多种类型；三是，主张模仿既可以是有意识、自愿的，也可以是无意识、被迫的，它与弗洛伊德所讲的“自居作用”主要是一种无意识模仿有一定的区别，显得更加丰满一些。不过，这种道德内化观存在两点不足：一是，它没有突出个体本有的初始品德结构在道德内化过程中的重要作用，此种模仿给人有“无处生根”的感觉。二是，不好解释如下现象：当儿童观察到榜样违反规则时，他们会加以模仿；当他们看到榜样拒绝诱惑或遵守规则时，他们的道德行为却没有明显改变⑤。

---

① 邵瑞珍. 教育心理学（修订版）[M]. 上海：上海教育出版社，1997：200.

②⑤ 顾海根. 道德内化的心理分析 [J]. 上海师范大学学报（教育版），1999（2）：97.

③ 顾海根. 道德内化的心理分析 [J]. 上海师范大学学报（教育版），1999（2）：95 -96.

④ 中国大百科全书总编辑委员会. 中国大百科全书·心理学 [M]. 北京：中国大百科全书出版社，1991：235.

（五）霍夫曼的道德内化观

美国心理学家霍夫曼是西方第一个系统提出道德内化理论的心理学家。他博采众长，主张道德内化的机制包括两个方面：一是认知机制——对规则的认知特性进行加工、整合；二是动力机制——移情和移情基础上的内疚感①。

霍夫曼曾系统比较三种训育方式——暴力手段、爱的取消和诱导——对儿童道德内化的作用。大量研究表明，道德内化以及高级的内疚感的产生与诱导方式的运用有直接关系。诱导方法主要强调父母应该对儿童的行为后果加以解释，当然这种解释应以儿童的年龄特征为前提。这些研究同时表明“暴力手段”和“爱的取消”对儿童的道德内化没有多大的促进作用。霍夫曼进而运用信息加工的观点分析了这三种训育方式影响儿童道德内化的机制：第一，“暴力手段”和“爱的取消”具有激起儿童的唤醒水平的作用。过低的唤醒水平会使儿童完全忽视父母或老师的教导；过高的唤醒水平，即“暴力手段”或“爱的取消”太强烈，往往会激起儿童的抵触情绪，不利于对诱导成分中的信息进行加工。当诱导方式为主时，儿童的注意力才会集中于自己的不良行为会对别人（而不是自己）产生什么影响。第二，父母的解释可以降低道德规范的强制性，从而减少儿童的抵触情绪。第三，诱导方式一般不带有惩罚的性质，可以避免让儿童产生焦虑。可见，以诱导方式为主的训导技术集中于儿童的行为及其后果上。当然，仅用诱导方式往往不一定能让儿童产生一定的唤醒水平，这意味着，对于有些儿童而言，诱导也许不能使他集中注意力，所以，适当地结合其他技术，效果会更佳。这样，假若有适当的唤醒水平，儿童能够很好地加工诱导过程中的各种信息。于是，儿童就能够较容易地意识到自己的行为和受害者的生理、心理状态之间的因果关系，自然就能加深对道德规范的理解。

随着年龄的增长，儿童不断接触、思考相同的道德规范。当儿童经常接触某一道德规范时，这一信息的显著性不断增加，而原来具体的信息源的清晰度逐渐降低，最终导致信息和信息源二者之间完全分离，即道德规范脱离了具体的情境，成为个体内心抽象的价值观念。此时，这一道德规范就达到了较高的内化程度。在道德内化过程中，信息加工过程总是伴随一定的情感活动，其中最基本的是移情。不过，尽管在儿童的早期就可以看到一些简单的移情活动，但只有在诱导过程中，移情活动才会真正与认知活动结合起来，从而导致利他行为的产生。在儿童早期，虽然他们对别人的痛苦感到不安，甚至有时会和受害者一起哭，但他们没有意识到正是自己给受害者制造了痛苦，他们的注意力主要集中在情境的其他方面。成人用诱导方式使儿童认识到自己与受害者的痛苦之间的因果关系

① 顾海根. 道德内化的心理分析［J］. 上海师范大学学报（教育版），1999（2）：96.

时，移情才会转化为内疚感，从而产生某些道德行为。并且，由于成人诱导的作用，即便受害者的痛苦与自己无关时，儿童也会因自己没有去帮助受害者而产生一定的内疚感。

由此可见，霍夫曼道德内化理论因博采众长，显得更加完整而深刻：既看到了认知因素在道德内化中的作用，也看到了动机和情感因素在道德内化中的作用；并运用归因理论和信息加工理论详细分析道德内化的机制。霍夫曼的道德内化理论的不足之处，一是只注意到强制性的道德规范（如“不打人”）的内化，没有对积极的道德规范（如“帮助他人”）的内化进行分析，自然也就将道德内化过程看成是一个消极的过程；二是只停留在儿童的早期，自然只涉及到一些简单的道德规范的内化①。

（六）基于凯尔曼思想的道德内化观

在中国，也有学者主张，态度与品德都是由认知、情感和行为倾向三个成分构成，所以在学习的机制上有相同之处，通过对态度学习机制的分析有助于认识品德学习与培养机制，进而认为，态度与品德学习的一般过程都可以用美国社会心理学家凯尔曼（H. C. Kelman）提出的态度改变的三阶段理论——态度的变化经历依从（compliance）、认同（identification）和同化（internalization）三个阶段——予以解释②。在凯尔曼看来，态度改变须经过三个阶段。

第一阶段是依从阶段。指个人为了获得奖励或避免惩罚，按照社会的要求、群体的规范或别人的意志而采取的表面服从的行为。处于这一阶段的个体的态度和行为特点是：1. 态度或言行的改变是想获得某种奖励，或者是为了逃避某种惩罚。2. 表面顺从他人，但内心并不相信他。3. 顺从行为常常是不稳定的，有人监督就规规矩矩、“绝对服从”，没有人监督就可能不顺从。

第二阶段是认同阶段。指个体既不是因屈从于社会压力，也不是出于不自觉的模仿，而是为了与他人或团体形成一种满意的一致性关系（self-defining relationship），从而自觉地接受他人的观点、信念、态度与行为影响，使自己的态度和行为逐渐与他人或某个团体的态度与行为相接近。他人或团体的观点、信念、态度和行为对个体是否有吸引力，是个体能否产生认同的重要条件；而认同又是内化的前提，是形成与转变个体的信念和态度的重要环节。

第三阶段是内化阶段。指真正从内心深处相信并接受他人的观点，彻底转变自己的态度。这意味着把外部的新思想、新观点、新行为归于自己的思想体系之中，成为自己态度的一个组成部分。内化阶段是人们的态度真正形成或彻底转化

① 顾海根. 道德内化的心理分析［J］. 上海师范大学学报（教育版），1999（2）：96－97.

② 丁家永. 现代教育心理学［M］. 广州：广东高等教育出版社，2004：142.

的阶段，也是人的态度最稳定、最持久、较为系统的阶段①。

根据凯尔曼的态度改变的三阶段理论进行推论，个体品德的改变也经历依从、认同和同化三个阶段。这意味着个体品德的改变也是从依从开始的，从被迫服从到逐渐形成习惯，就转化为自觉服从。当然，品德的改变除开始于强制顺从之外，也可能从不知不觉地模仿他人的态度开始。社会生活实践表明：许多人的态度、品德的形成和转变，并不一定受外界强制力量的影响，常常是从无意识地模仿父母、教师、成人及自己崇拜的对象的态度、言行开始的。这是形成和改变自己态度的一种最常见的形式。

我们认为，“通过对态度学习机制的分析有助于认识品德学习与培养机制”，这种看法有一定的道理；但是，不能从这里作进一步引申，以为可以用“依从、认同和内化”这三个阶段来解释品德学习的内化过程，毕竟，在心理学上，态度指个体对某一对象所持的评价和行为倾向②。品德虽然也可看做是个体所持的一种社会态度，在这一点上态度和品德是有联系的。但是，品德与态度又是两个不同的概念，指称的是两种不同的心理现象：相对而言，态度较为偏重于情感，而品德较为偏重行为；同时，态度的稳定性小于品德，因为品德尤其是高尚品德已属于个性心理特质的范畴。

二、三阶段论：对道德内化机制的新探索

在借鉴前人思想精华的基础上，基于自己的思考，我们主张“道德内化的三阶段观”，其核心思想如图 3 –2 所示。

根据图 3 –2 所示，道德内化的三个阶段分别如下：

（一）模仿尤其是象征性模仿阶段

道德内化的第一阶段主要是模仿尤其是象征性模仿。道德品质是一种内在的东西，个体通过直接模仿（direct modeling）或综合模仿（synthesized modeling）得到的至多只是某种道德行为，而不是道德品质。个体的道德品质主要是其在与环境互动的过程中，主要通过象征模仿（symbolic modeling）其所处社会所认可的道德人物的言行逐渐建构起来的。依班杜拉的社会学习理论的见解，所谓象征性模仿，指学习者对楷模人物所模仿的，不是他的具体行为，而是其性格或行为所代表的意义。个体正是通过反复、自觉或不自觉地模仿道德楷模人物的言行，从而逐渐地获得这一道德行为背后所隐含的道德品质。这就是为什么中西大哲在阐述品德形成与发展过程时大都注重践履在其中所起重要作用的缘由。

---

① KELMAN H C. Compliance, identification and internalization: three processes of attitude change [J]. The Journal of Conflict Resolution, 1958, 2: 51 –60.

② 朱智贤. 心理学大词典 [M]. 北京：北京师范大学出版社，1989：658.

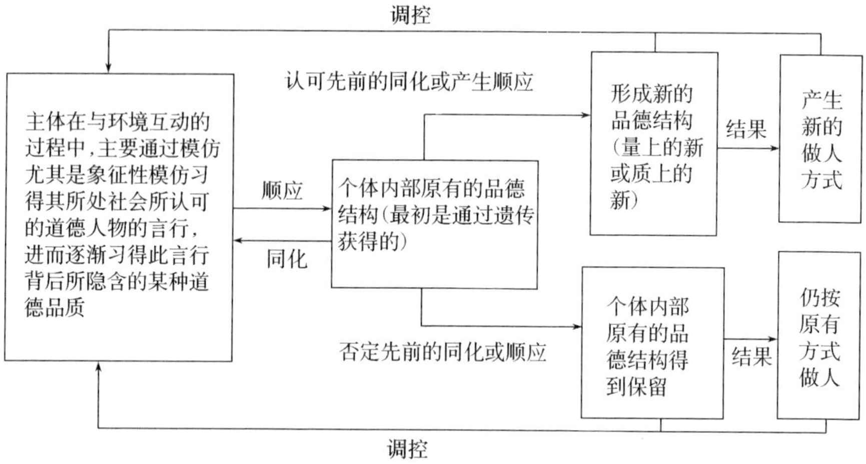

图 3－2　道德内化过程示意图

（二）“同化”或“顺应”阶段

道德内化的第二阶段主要是“同化”或“顺应”。依皮亚杰的观点，所谓同化（assimilation），是指这样一个过程：环境因素纳入机体已有的图式（或结构）之中，以加强和丰富机体的动作，引起图式的量的变化，使机体适应环境。所谓顺应（accommodation），是指这样一个过程：机体的原有图式不能同化客体，必须建立新的图式或调整原有的图式，引起图式的质的变化，使机体适应环境。虽然皮亚杰在运用同化与顺应这两个概念时，主要是用来解释个体的认知发展现象；同时，虽然我们一再强调知识学习与道德学习是两种性质有较大差异的学习，但是，我们仍然相信，只要将皮亚杰的同化与顺应这两个概念稍加调整，去除其中较浓厚的生物学与认知色彩，赋予其道德意蕴，仍能较合理地用来解释道德学习，因为在我们看来，在“认知结构上”，知识与品德大致存在类似的结构。依这种理解，我们将道德学习中的同化界定为：外界道德规范因素纳入个体已有的品德结构之中，以加强和丰富个体的品德结构，引起个体品德结构的量的变化，使个体适应环境。将道德学习中的顺应界定为：个体心中原有的品德结构不能有效地同化某种道德规范，必须建立新的品德结构或调整原有的品德结构，引起品德结构的质的变化，使个体适应环境。这样，个体主要通过象征模仿获得的某种道德品质，一定要通过同化或顺应的方式，才能将之纳入自己原有的品德结构中，从而使原有的品德结构或在量上，或在质上不断得到提升。

（三）评价阶段

道德内化的第三阶段主要是评价阶段。个体通过对上述两个阶段所发生的事情作一番评价，评价的结果一般是两种情况：认可或否认。

1. 认可先前的同化或顺应过程

假若评价的结果是认可上述的同化或顺应过程，那么，就会使个体产生新的品德结构（量上的新或质上的新），个体的品德也会在新的水平上重新获得平衡（equilibration）。此时，依个体品德结构变化的性质的不同，个体一般会产生四种截然不同的情感体验与相应的做人方式，而若引进“量”的概念，那么，这四种不同性质的品德结构及其相应量上的不同增减的多种排列组合，更能生出无穷的变式：

（1）如果个体认为原有品德结构在性质上已是善的，只不过是小善（从数量上而言）或是初级的善（从发展水平而言），而同化或顺应的结果是在善的方向继续扩大了善，即由小善发展出中善或大善，或者由初级的善发展出中级或高级的善，那么，个体内心就会体验到愉悦、心安、堂堂正正、做人成功等正面的情感体验，自然而然地，个体的品德水平就会得到显著提高，个体就会按高水平品德的新方式做人，进而逐渐让自己变成一个更有良心的人。

（2）假若个体认为原有品德结构在性质上存在重大缺陷，虽有善但更有恶，而同化或顺应的结果是弃恶从善，那么，个体就会在良心上经历一段痛苦的失衡（disequilibration）状态，个体内心就会产生自责、内疚、忐忑不安、羞愧等负面的情感体验，这会在个体的心理上诱发一种紧张力，迫使个体进一步采取某种补救措施，以便做到迷途知返，知错就改。当个体改过自新，重新做人之后，良心又会重新恢复平衡状态，此时，个体的品德水平也会得到一定的提高，甚至得到显著的提高，个体就会重新选择按有良心的人的方式行动，逐渐地，个体也就会变成一个有良心的人或很有良心的人。正由于此，中国民谚才说：“浪子回头金不换。”

（3）如果个体认为原有品德结构在性质上虽是善的，但这种善从未或很少能给自己带来什么益处，于是，同化或顺应的结果是使其良心由善转恶，那么，个体内心就会产生“原来自己真是一个傻瓜”之类的感觉，自然而然地，个体的品德水平就会不升反降，个体就会按低水平良心的人的方式行动，结果使自己由一个有良心的人慢慢沉沦下去，若不迷途知返，最后甚至有可能演化成为一个大恶人。

（4）假若个体原有品德结构在性质上已是恶的，并且个体内心并不以此为耻，反而以此为荣，此时，同化或顺应的结果就是在恶的方向更加沉沦，虽然其在心理上也处于平静状态，但这种平静属于“麻木不仁”，其良心中本有的善念会继续减少，若不迷途知返，最后可能会泯灭良心，朝着不归路一直走下去，“不见棺材不落泪”。

2. 否认先前的同化或顺应过程

如果评价的结果是否认上述的同化或顺应过程，那么个体就会继续保持其原有的品德结构。这样，个体的品德结构虽然没有在量上与质上得到更新，但是个体的良心仍会重新恢复平衡状态。结果，个体一般仍会按原有方式做人，只不过，原来是有品德的人则继续做有品德的人，原来是没有品德的人则继续做没有品德的人。

道德内化的上述三个阶段在不同的人身上甚至在同一个人的不同年龄阶段或处于不同的道德情境中都可能有所不同。在有些时候，这三个阶段可能是同时进行的；在有些时候，这三个阶段可能是依次进行的。但可以肯定的是，在通常情况下，通过上述三个阶段，个体的品德尤其是其道德自我也就逐渐丰满、成熟起来。从这个意义上说，柯尔伯格提出的“儿童是道德哲学家”的命题是有启示意义的，它告诉人们，儿童能够通过其社会经验形成一定的思维方式，并通过自己的经常性思考，逐渐理解诸如公正和良心之类的道德概念，进而形成在专业道德哲学家的著作里可以看到的道德思想体系。

第三节　个体品德的发展阶段

所谓品德发展（moral development），指个体自出生后在适应社会环境的过程中，因社会文化因素的影响与其自身心智的不断成长，使其在对待自己和别人的一切心理与行为上，随年龄增长而逐渐发生变化的历程。这里所讲的品德发展在一定意义上可以看做是人格发展（personality development），两者名称虽不同，但都指个体自小到大的成长过程①。对品德发展的研究在心理学界要数皮亚杰、柯尔伯格、埃里克森、吉利根等人的贡献最突出。

一、皮亚杰的道德认知发展理论

道德认知发展理论由瑞士心理学家皮亚杰开其端，经柯尔伯格的继承和发展，成为迄今为止最有影响的一种品德理论。这里先讲皮亚杰的见解。皮亚杰在其所著的《儿童的道德判断》（1932）一书中提出了儿童的道德发展理论，对品德心理研究作出了重要贡献。

（一）对偶故事法：一种研究儿童品德发展的经典方法

1. 为什么要采用对偶故事法研究儿童的品德发展

皮亚杰认为，在研究涉及人的行为规范与品德时，假若采用直接研究的方法，被试的反应常常会受到多种因素的影响和制约，导致其反应的真实性程度降低。为了克服这一难题，皮亚杰认识到只有运用某种间接的方法，才能有效地考察被试的道德发展水平。遵循这一思路，皮亚杰在研究儿童的品德发展时，创造了一个行之有效的研究方法：对偶故事法。

2. 什么是对偶故事法

所谓对偶故事法，指根据所要研究的道德主题，设计并编写出一些对偶道德

① 张春兴. 教育心理学［M］. 杭州：浙江教育出版社，1998：124.

故事，并对故事情境中的各种因素严加控制，组成不同的结构形式，通常是一对为一组，并且每一对对偶故事都包含两种道德情境，每一种道德情境代表一种道德发展水平，然后以讲故事的方式向被试呈现故事的内容，要求儿童判断研究者在故事中所设计的那些行为类型的是非对错并说出自己的理由，从他们对这一对对配对故事所蕴含的特定行为情境的评价中去推断他们的道德发展水平。

皮亚杰主要使用过失行为和说谎行为两种对偶故事。所谓过失行为对偶故事，即行为者无意或好意做某事，结果却造成较大的财物损坏；有意做坏事，造成的财物损坏却微不足道。所谓说谎行为对偶故事，即行为者有意欺骗，结果却并没有造成不良后果；行为者无意中说的谎话却产生了不良后果。

3. 如何运用对偶故事法

根据皮亚杰实施对偶故事法的具体过程，对偶故事法的具体操作一般是：第一步，为了研究道德发展中的某一主题，事先经过充分思考，设计出两个内容大体相同而仅在行为动机与行为结果上相反的配对故事。第二步，将这两个对偶故事一一呈现给儿童，请他们认真理解和领会故事情节。第三步，等儿童充分理解了这两个故事的内容后，再请儿童回答一些基于这两个故事情节所提出的问题。第四步，分析儿童对不同问题的作答情况，推导出儿童的道德发展水平。以下是皮亚杰曾使用过的两个小故事：

故事 A：有一个名叫朱利安的男孩子。有一天，当父亲出门后，朱利安偷偷到父亲的书桌上，打开墨水瓶用笔蘸墨水画画。一不小心将墨水滴在桌布上，弄脏了一小块。

故事 B：有一个名叫奥古斯都的男孩子。他发现父亲书桌上墨水瓶已经空了，于是决定帮父亲做一件事，就趁父亲不在家时，偷偷地将大墨水瓶的墨水倒进他父亲书桌上的小瓶里，没想到不小心将墨水溢出，弄脏了一大片桌布。

向儿童呈现上述两个小故事后，皮亚杰向儿童提出如下问题：“这两个儿童犯了一样的错误吗？你认为哪一个儿童的过失较大?”皮亚杰发现，7 岁以下（前运算阶段）的儿童一般认为故事 B 中奥古斯都过失较大。皮亚杰对此的解释是：前运算阶段的儿童观察事物时难免带有知觉集中倾向（perceptual centration，指处于前运算阶段的儿童在面对问题情境时，往往只凭知觉所及，集中注意事物的单一方面，忽视事物的其他方面的知觉方式），导致在根据表面事实作道德推理判断时，往往只能注意到问题的一个方面，而不能多方面考虑问题情境的整体。7 岁以下儿童之所以判断奥古斯都过失较大，原因是他们只看到弄脏桌布面积的大小，忽略了过失背后的动机（朱利安玩墨水是为自己，奥古斯都倒墨水是为了别人）①。

---

① 张春兴. 教育心理学［M］. 杭州：浙江教育出版社，1998：141－142.

4. 对偶故事法的得与失

对偶故事法是皮亚杰将其对儿童认知发展研究所用的临床法创造性地运用到儿童品德发展研究中的产物，皮亚杰运用这种方法在研究儿童的品德发展问题时获得了许多重要的研究成果。同时，皮亚杰的对偶故事法为道德认知发展研究提出了一种新的研究方法，为后来者广为采纳和使用。

当然，皮亚杰的对偶故事法也有一定的缺陷：（1）皮亚杰的对偶故事法只把儿童的道德认知发展划分为两级水平，这是皮亚杰在对低龄儿童（5—12 岁）进行对偶故事判断中发现的。后来的研究者如柯尔伯格发现儿童道德发展不止两级水平，而有更多级水平和阶段。这就无法以相应的两个对偶故事，即“封闭型”的非此即彼的回答来反映儿童的道德认知发展水平。（2）皮亚杰的对偶故事法没有分清故事中的意图和结果的前后顺序对儿童道德判断的影响。事实上，皮亚杰的故事在结果信息之前就提供了动机信息，这就妨碍了儿童根据动机来进行判断。当动机放在故事的末尾时，5 岁或 6 岁的低龄儿童也能根据动机来进行判断。（3）皮亚杰通过对偶故事的临床谈话法不是标准化和客观化的测量工具，它带有很大的主观臆断的特点，因而有人怀疑用如此灵活的方法所获得的结果是否可靠。①

（二）关于品德的基本假设

1. 善即公正

在西方人探讨伦理道德问题的过程中，自古希腊以来就重视对公正问题的研究。正如亚里士多德所说：“公正自身是一种完全的德性，它不是未加划分的，而是对待他人的。正因为如此，在各种德性中，人们认为公正是最主要的，它比星辰更加令人惊奇，正如谚语所说：‘公正是一切德性的总汇。’”② 受此传统的深刻影响，西方的道德教育和德育心理学一贯重视对公正（justice）的研究，“公正是一切德性的总汇”的思想深入至西方人的骨髓中，对西方人的心理与行为产生了深远的影响。作为一个在西方文化传统里成长起来的学者，皮亚杰自然也不例外，在他思想深处，“善即公正”是其重要的理论假设与基本命题之一，于是，皮亚杰对儿童道德发展的研究多是针对公正这一主题而展开的。那么，何谓“公正”？公平、公正虽是日常生活里常用的概念，但却不容易界定它。根据 2009 年版《辞海》的解释，“公平，作为伦理学范畴，含有从公正的角度出发平等地对待每一个与之相关的对象的意义。在经济伦理学中，指社会成员的财富分配相对均衡化”。美国哲学家罗尔斯（J. B. Rawls，1921—2002）认为，在正义的

---

① 郭本禹．道德认知测量方法评介［J］．教育理论与实践，1994（5）：52－53.

② 亚里士多德．尼科马科伦理学［M］//苗力田．亚里士多德全集（第八卷）．北京：中国人民大学出版社，1992：96－97.

概念中，公平是最基本、最重要的观念，即“作为公平的正义”（justice as fairness）①。本书对公平、公正作如下界定。

公平，是指个体或组织按同一原则和标准对待相同情况的人和事。类似于俗话说的“一视同仁”、“一刀切”或“一碗水端平”②。依此定义，假若一个人或一个组织能够做到按同一原则和标准对待相同情况的人和事，那么，此个人或组织就做到了“公平”待人处事。

妥善借鉴罗尔斯对“公正”的见解，可以将“公正”作如下界定：公正是指个体或组织基于关爱他人或其他组织并充分考虑不同人或不同组织的个别差异的前提下，灵活制定或运用原则和标准对待人和事，以便对他人或组织的正当权益进行合理分配并予以充分保障，用以保证他人或其他组织能更好地生存与发展。

由此可见，“公平”与“公正”不是同一个概念。并且，公正虽以公平为基础，但公正高于公平。因为公正之内一定包含“善”，其在伦理道德层面上一定是“正确的”，所以，“公正”是一个褒义词。与此不同的是，“公平”仅指个体或组织按同一原则和标准对待相同情况的人和事，因此，“公平”本身仅仅只是一个中性词。于是，若此“原则和标准”本身是合理的，那么，“公平”就是“合理”的；反之，如果此“原则和标准”本身是不合理的，那么，“公平”就是“不合理”的。

2. 儿童道德判断的发展与儿童认知发展的阶段相平行

皮亚杰的道德发展研究是建立在思维发展基础上的。他认为儿童的道德发展是认知发展的一部分，将儿童的逻辑思维能力和道德判断能力看做是一种蕴含关系，认为儿童道德判断的发展与儿童认知发展的阶段相平行，儿童道德发展的进程可以在他们的认知发展中找到依据，这样，一个人德性的高低可以从其道德认知水平或道德推理水平的高低中得出判断。

3. 随着年龄的增长，个体的道德会由他律道德向自律道德发展

皮亚杰假设道德类型随着年龄的增长而发展。随着个体的成长，他/她和同伴的关系将更加相互尊重、更加稳定，不断地发展成自律道德而摒弃他律道德。皮亚杰认为，由于他律道德比自律道德缺乏均衡性，随着年龄的增长，个体就会很自然地进入更为均衡的自律道德。皮亚杰在大量研究后指出，儿童道德发展具有一条总的规律：从他律道德发展到自律道德。所谓他律道德（heteronomous morality），是指早期儿童的道德判断只注意行为的客观效果，不关心行为者的主观动机，是受自身以外的价值标准所支配的道德判断，具有客体性。所谓自律道

---

① 夏征农，陈至立. 辞海［M］. 第六版彩图本. 上海：上海辞书出版社，2009：721.

② 夏征农，陈至立. 辞海［M］. 1999年版缩印本. 上海：上海辞书出版社，2002：543－544.

德（autonomous morality），是指儿童根据自己的主观价值标准所支配的道德判断，具有主体性。他律水平与自律水平是儿童道德判断的两级水平，在皮亚杰看来，一般地，10 岁以前儿童的道德发展水平多处于他律道德阶段，10 岁以上儿童的道德发展水平多处于自律道德阶段。儿童的道德判断从他律到自律的发展是贯穿在皮亚杰关于儿童道德发展理论中的一条思想主线。

4. 品德发展起于主体与其社会道德环境的积极交互作用

皮亚杰认为，品德发展起于主体与其社会道德环境的积极的交互作用。正如儿童是自己的理智世界的建构者一样，儿童的道德世界观也是由自己逐步建构起来的，其中，理智发展是品德发展的必要条件，同伴合作是品德发展的主要动力，成人、教师和其他社会环境因素的教导与影响必须通过儿童自身的积极活动才能发生作用。

（三）儿童品德发展的阶段论

1. 判断儿童品德发展的两个标准

皮亚杰在大量研究后指出，儿童的品德发展具有一条总的规律：儿童的道德认知呈现从他律到自律的阶段式发展，这些阶段与认知发展密切相关。于是，皮亚杰根据尊重准则和社会公正感这两个参照点来划分儿童道德判断的他律和自律等两级水平，皮亚杰认为对这两个参照点的认识水平是衡量儿童品德是否成熟的标志。

尊重准则是判断儿童品德是否成熟的第一个参照点，也是判断儿童品德是否成熟的第一个标志，儿童品德是否成熟要看他对规则的态度以及对行为责任的判断。皮亚杰认为，处于他律阶段的儿童（6—10 岁）把准则看做是道德上的绝对的东西，他们具有强烈的尊重准则的倾向。儿童确信，任何道德问题都有“对”的一面和“错”的一面，在儿童心目中，“对”就是服从准则。皮亚杰举过一个生动的例子，当你带着一个年幼儿童驾车时，你对他说，为了赶去医院急诊，超速驾驶行不行？年幼儿童会说，这不行，因为破坏了“交通规则”，这样做应该受罚。而到了自律阶段的儿童才懂得准则也是人们制定的，它本身也可能是不对的，儿童能自己重新根据自己的标准来判断对错。对行为责任的道德判断也是如此，处于他律水平的儿童往往倾向于从行为后果，而不是从行为者的意向，去判断行为的责任。一个女孩有意敲打桌子，但未造成损坏，她的妹妹因动作笨拙而无意碰撞了桌子，使妈妈放在桌上的东西滚下地来。听了这个故事，他律水平的儿童几乎都会谴责妹妹的行为；而处于自律水平的儿童则能根据行为者的意向去判断行为的责任。

社会公正感是判断儿童品德是否成熟的第二个参照点，也是判断儿童品德是否成熟的第二个标志，儿童道德是否成熟要看他/她对公正观念以及对成人惩罚的公正性判断。处于他律水平的儿童一般都倾向于抵罪性惩罚。一个小孩因顽皮打破了别人家的玻璃窗，年幼儿童都认为应该对他/她进行严厉惩罚。随着年龄的增长，10—12 岁年长儿童的道德判断就进入了皮亚杰所说的自律阶段。达到该阶段的儿童已认识到社会准则是共同约定的，不是绝对的，为了保障人的需要，它是可以改变的。汽车司机在急救情况下的超速行驶，尽管违反了交通规则，但却不能说他是一位犯错者。在行为责任的道德判断中，自律水平的儿童更着眼于行为者的有意欺骗或违反准则的意向上，而不是单纯着眼于行为者的行为后果上。自律水平的儿童在对犯过者的惩罚作判断时，往往选择报应性惩罚。

2. 儿童品德发展的四个阶段

在此基础上，皮亚杰进一步提出儿童道德发展的阶段理论，认为儿童的品德成长要经历一个从低级到高级逐渐发展的阶段性的连续过程，每一个阶段又形成了一个相对一致的作出道德决定的模式①：

第一阶段是自我中心阶段（2—5 岁）。大约从 2 岁起，儿童开始模仿别人接受规则，但由于跟成人或同伴之间没有相互合作关系，儿童总是按照自己的想象去接受规则。这时，规则对儿童来说不具有约束力，儿童不能将规则当做一种义务去遵守。儿童的这种既模仿别人接受规则，又按个人意愿去应用规则的二重性，皮亚杰称之为道德的自我中心主义。所以，此阶段的儿童在道德要求上有时采取毫无异议的顺从态度，有时采取拒绝甚至反对的态度。正是这种道德的自我中心主义特征，使得儿童不能按照真正道德的方式去行动。皮亚杰相信，促进儿童和同伴之间形成合作关系，是使儿童摆脱这种自我中心主义的唯一方法。

第二阶段是权威阶段（6—8 岁）。这个阶段儿童的道德生活几乎完全是以服从权威为特征的，服从权威的力量是一种约束的道德判断和道德品质，它起源于幼儿期道德的自我中心主义。在儿童看来，一定要绝对服从父母、老师等成人或年龄较大的、更为成熟的、更有力量的权威者。听他们的话就是好的，不听他们的话就是坏的。同时，在儿童的心目中，权威者规定的规则是固定的、不可改变的，必须绝对地服从、不可违背。谁破坏了规则，谁就必须要受到惩罚。皮亚杰把儿童绝对驯服地服从规则要求的倾向称为道德实在论。皮亚杰认为，成人的约束和滥用权威对儿童的道德发展是极其有害的。

第三阶段是可逆阶段（8—10 岁）。可逆阶段是从权威观念发展而来的，在这个阶段，儿童的道德判断不再是以单方面服从权威为特征，而是以相互遵从规则为特征。儿童认识到跟同伴交往的社会关系，他/她不再将规则看做是一成不变的东西，而将它看做是同伴间共同约定的东西。假若所有人都同意的话，规则是可以改变的。儿童不再按是否服从权威来判断行为的好坏，而是以是否公平来判断行为的好坏，认为公平行为就是好的，不公平行为就是坏的。这表明儿童的

---

① 高觉敷，叶浩生．西方教育心理学发展史［M］．福州：福建教育出版社，1996：417－418.

道德判断已经开始摆脱外界的约束，具有自律道德水平的初步萌芽。

第四阶段是公正阶段（11—12 岁）。公正阶段从可逆的道德观念发展而来。皮亚杰认为，从同伴之间的可逆关系发展到公正关系的主要原因是利他因素。当可逆的道德观念从利他主义角度去考虑时就产生了公正的观念。公正观念不是一种判断是或非的单纯规则关系，而是一种出于关心与同情人的真正道德关系；换言之，儿童不再刻板地按固定规则去判断，他/她已认识到在依据规则判断时，应先考虑到同伴的一些具体情况，从关心和同情出发去判断了。公正观念是一种高级的平等关系，因为它已能从内部对儿童道德判断起决定性作用。

（四）对皮亚杰道德认知发展论的简要评价

皮亚杰早在二十世纪二三十年代就对儿童的道德判断进行了创造性的研究，开创了现代道德认知发展学派的先河。无论是他采用的对偶故事法，还是他提出的儿童道德发展水平和阶段理论，都对后继的研究产生了深远的影响。不过，皮亚杰的理论在当时并没有引起人们的重视，对他的理论的认识、继承和发展是由美国心理学家柯尔伯格完成的。用今天的眼光反观皮亚杰的道德发展理论，它既有优点也有不足。

1. 皮亚杰道德认知发展论的优点

皮亚杰的道德认知发展论的主要贡献是发现了如下规律：儿童的道德认知是呈阶段式发展的，这些阶段与认知发展密切相关。这为人们正确开展道德教育提供了理论依据。依皮亚杰的观点，在幼年期和童年时期，儿童基本上是以自我为中心的，他们根据世界如何影响他们自己的利益来理解世界，而且他们作出决定的基础是个人的满足或报偿。在童年后期和青年初期，他们开始较多地按照社会的或法定的秩序来理解世界，而且他们作出决定的基础是行为能否受到其所处社会的有关团体、他们家庭的非官方准则、其宗教或公民法的赞许或谴责。在其后的一个阶段中，年轻人开始形成或采取自己的价值和原则，这些价值和原则构成了其道德决定或其他判断的基础。依此观点，从某种程度上讲，道德教育乃是向年轻人展现一些较高水平道德推理的事例，以便使他们当前的思维模式受到挑战并代之以一个比较成熟的阶段。这个成长过程最终是为了达到这么一种水平，即使道德思维的心理学描述同道德判断的哲学分析都趋向于一个目标——这是成熟的道德思维阶段，人们希望教育能促进这个目标的实现①。

2. 皮亚杰道德认知发展论的不足

近年来一些研究也证明②，皮亚杰的道德认知发展理论可能也存在两点不

---

① 霍尔，戴维斯. 道德教育的理论与实践［M］. 陆有铨，魏贤超，译. 杭州：浙江教育出版社，2003：45－46.

② 陈会昌. 道德发展心理学［M］. 合肥：安徽教育出版社，2004：88－91.

足：一是明显低估了学前儿童和小学低年级儿童的道德能力；二是高估了11—12岁个体的道德发展水平。

（1）年幼儿童是否会忽视行为者的意图

皮亚杰认为，9—10岁以下的儿童往往根据行为后果而不是行为意图作出是非判断。现有人指出，皮亚杰的对偶道德故事有缺陷，因为询问一个造成较小损害而意图不良的人是否比一个有良好意图却造成了严重后果的人更坏，这样的提问混淆了动机和后果。故事中有关行为后果的信息（如，“弄脏了一小块桌布”与“弄脏了一大块桌布”）比有关行为动机的信息更显眼。沙龙·尼尔森在对3岁儿童进行的一项实验中克服了这些缺陷。他让每个儿童都听几个故事。故事中，一个人扔给他的同伴一个球。行为者的动机被描述为好的（他的朋友没有什么可玩）或坏的（行为者对他的朋友发火），其行为后果也分为积极的（他的朋友接住了这个球，玩得很高兴）或消极的（球击中了朋友的头部，把他砸哭了）。为了保证这些3岁的儿童能够理解行为者的意图，尼尔森还向被试呈现了图画，这些图画描绘了消极的意图。这项研究发现，这些3岁儿童认为，导致了积极后果的行为比导致了消极后果的行为更好些；想好好玩的意图良好的儿童比那些想伤害朋友的儿童更值得肯定，而无论其行为的后果如何。另外，赛格尔等人（1998）的研究证明，3岁到5岁的儿童能将试图欺骗他人而为他人提供错误信息的虚夸的说谎与行为者诚实的错误区分开来。所以，甚至学前儿童进行道德判断时都会考虑到行为者的意图。在生活中，小孩子常常说这样的话：“我真的不想这样做，妈妈！”用这种关于动机意向的理由来逃避惩罚。当然，皮亚杰在如下方面是对的：尽管在评价他人行为时年幼儿童和年长儿童都能同时考虑这两方面的信息，但是，与年长儿童相比，年幼儿童赋予结果以更大的比重，而对动机的重视则小得多①。

（2）年幼儿童是否会尊重所有的规则

皮亚杰认为，小孩子将规则视为神圣而不可改变的，这些规则是由受人尊重的权威人物制定的。不过，伊利奥特·图莱尔等人（1983）的研究证明，儿童在生活中会遇到两种规则。其中，道德规则强调个体的幸福和基本权利，包括禁止打人、偷窃、撒谎、欺骗或其他伤害、侵犯他人权利的规定。相比而言，社会常规是由社会成员达成一致的某些行为方式，它调节着人在特定社会情境中的行为。这些规范更像社会礼节，不仅包括禁止在上课时吃零食或不经允许不能去厕所这类学校规则，而且包括游戏规则在内。孩子们是平等地看待这两种规则的吗？研究对这个问题作出了否定的回答。朱迪·斯美塔纳等人（1993）的研究发

① ZELAZO P D, HELWIG C C, LAU A. Intention, act and outcome in behavioral prediction and moral judgment [J]. Child Development, 1996 (67): 2478 - 2492.

现，甚至2岁半到3岁半的孩子也认为，打人、偷窃、拒绝分享这一类违反道德的行为比在班上吃零食或要玩具时不说“请”字这一类违反社会常规的行为坏得多，所以应该受到惩罚。当问这些孩子，在没有具体规则时，某种不好的行为是否可以接受，儿童通常说，违反道德的行为总是错的，但是在没有任何明显的规则可以遵循时，违反社会常规的行为就无所谓。为什么儿童会这样判断呢？有人发现，父母通常认为他们有责任对合乎道德和社会常规的行为给以强化，但是，他们对违反道德的行为更关注，注重这些行为给他人造成的伤害①。这也许说明了儿童在2岁半到3岁时（比皮亚杰所认为的年龄早得多）就能够理解制定道德规则的必要性和意义。皮亚杰还认为，与年幼儿童相比，6岁到10岁的处于他律道德阶段的儿童更看重由成人制定的规范。但后来的研究发现，这个年龄段的孩子也能对成人的权威提出疑问。他们同意父母在强化反对偷窃和其他道德违规行为规则时的做法；不过，假若父母专断地制定规则，限制他们的选择朋友行为或业余活动，他们就持反对意见，因为他们把这些行为看做是在个人权利范围内的事情，所以他们认为父母是在滥用权威②。另外，他们还逐渐意识到，成人权威只能限于特定情境。例如，他们承认在学校里教师有权限制学生吸烟，不过，邻居就没有这个权力。年长儿童并不总是被成人的权威所慑服，对这一点的最好解释也许是，具有较强的宗教倾向的儿童认为，并不是认同了最高的权威人物——上帝——就会使违反道德规则的行为（例如偷窃）变为正确的。因此，6—10岁的儿童，甚至那些生活在强调尊重权威的韩国这样的文化背景中的孩子，也懂得合理的权威是由什么构成的，儿童对成人的智慧或对神灵的崇敬并不是这些思想形成的唯一基础。这与皮亚杰的思想是相悖的③。

（3）父母是否会阻碍儿童的道德发展

皮亚杰之后的研究还发现，皮亚杰关于父母是道德社会化动力的观点一部分是正确的，一部分是错误的。皮亚杰提出，如果父母采用严厉的、专制的教养方式，对儿童的道德推理构成挑战，把他们自己所宣讲的观点像模板一样作为儿童要学的道德功课，就会阻碍道德的发展。在这一点上，他是正确的。不过，皮亚杰认为，所有的父母在与孩子讨论道德问题的时候都会以这种专制的方式行事，这就不符合实际情况了。6—7岁的儿童正处于皮亚杰的他律道德阶段，但是，

---

① NUCCI L P，SMETANA J G. Mother's concepts of young children's areas of personal freedom［J］. Child Development，1996（67）：1870－1886.

② TISAK M S，TISAK J. Children's conceptions of parental authority，friendship，and sibling relations［J］. Merrill－Palmer Quarterly，1990（36）：347－368.

③ WALKER L J，TAYLOR J H. Family interactions and the development of moral reasoning［J］. Child Development，1991（62），264－283.

如果他们的父母能正确引导的话，他们也能作出自律的道德判断①。为什么会这样呢？劳伦斯·沃尔克与约翰·泰勒的研究表明，通过谨慎地将自己的推理与儿童的理解能力相适应，并以某种支持性而不是挑战性的方式向儿童表达新的道德观点，父母就可能促进孩子的道德发展②。

二、柯尔伯格的道德认知发展理论

柯尔伯格是当代美国最著名的道德发展心理学家，其所建立的道德认知发展理论对当代道德心理学的发展与道德教育均产生了深远的影响。

（一）柯尔伯格对皮亚杰思想的继承与发展

皮亚杰的道德发展阶段论与柯尔伯格的道德发展阶段论的相通之处至少有三：第一，两人都运用心理发展的观点来解释人类的品德发展，并重视道德认知发展的价值；第二，两人都承认人的品德发展是有阶段性的；第三，两人都用实证方法来研究人的品德发展。皮亚杰的道德发展阶段论与柯尔伯格的道德发展阶段论的相异之处至少也有三：第一，两人使用的研究方法有差异，皮氏用对偶故事法，柯氏用两难故事法；第二，对个体品德发展阶段的划分有一定的差异，皮氏将人的道德发展分为四个阶段，柯氏将人的道德发展分为三水平六阶段；第三，柯氏将"习俗"一词引入其理论中，皮氏没有这样做。柯尔伯格之所以能后来居上，主要是其理论有两个特色：一是认为人类的道德不是有无的问题（如赞赏某人有道德而批评某人无道德），也不是归类的问题（如称赞某人诚实而批评某人虚伪），他主张每个人的道德都是随年龄经验的增长而逐渐发展的。

（二）关于品德的基本假设

作为皮亚杰道德认知理论的忠实追随者，柯尔伯格在研究儿童的道德发展时也继承了皮亚杰的"善即公正"和"品德发展水平与道德认知水平之间存在着正相关"等基本假设，并在以下三个方面发展了皮亚杰的思想：

1．随着年龄的增长，个体的道德将由他律道德向自律道德发展

皮亚杰相信，随着年龄的增长，个体的道德将由他律道德向自律道德发展。柯尔伯格也赞同这个假设，并进一步将该假设细分为两个具体的假设：一是个体的道德类型与年龄有关。个体的年龄越大，越会作出自律的道德判断。另一是，道德类型与道德阶段有关，道德判断从他律类型向自律类型的发展过程与道德判断的个体自然成长过程即道德阶段的向上发展过程是一致的。

2．个体所处社会文化环境对道德判断的自律发展有直接影响

---

① LEON M. Rules mothers and sons use to integrate intent and damage information in their moral judgments [J]. Child Development, 1984 (55): 2106 - 2113.

② 汪凤炎，燕良轼. 教育心理学新编 [M]. 3版. 广州：暨南大学出版社，2011：142 - 149.

柯尔伯格认为，民主、平等、合作和相互关联的社会文化环境和社会关系对自律道德判断的发展有积极的影响；与此相反，权威社会等级制度森严以及一味重视服从的社会，自律道德发展缓慢。换言之，在合作与相互尊重的环境中，有利于形成自律道德；在限制或单方面尊重权威的环境中，则易于形成他律道德。

3. 道德发展的阶段水平或类型与道德行为之间存在着密切的关系

在柯尔伯格看来，道德发展的阶段水平或类型与道德行为之间存在着密切的关系。一般而言，拥有自律道德的个体比只具他律道德的个体更能够做到言行一致，更能自觉地遵守道德准则和道德规范，并且，属于自律道德的个体比属于他律道德的个体更能从内心证明是从正当的道德准则出发做出合乎道德规范的行为。

（三）道德两难故事法：一种经典的研究儿童品德发展的方法

1. 为什么要用“道德两难故事法”而舍弃“对偶故事法”

在柯尔伯格看来，皮亚杰的对偶故事法在操作上不够严密（因为两个故事中有不同的情境），为了更好地研究儿童的品德发展规律，柯尔伯格在对偶故事法的基础上发展出一种新的研究方法：道德两难故事法。柯尔伯格的道德两难故事法直接来自皮亚杰主张用“间接方法而非直接方法”研究个体品德发展的思想。不过，柯尔伯格针对皮亚杰对偶故事法的局限，把皮亚杰的对偶故事改成了道德两难故事，道德两难故事保留了对偶故事的简洁形式和冲突性情境的特点。用道德两难故事对儿童进行道德判断谈话不再像对偶故事谈话所采用的二择一式选择判断，而是采取一种“开放型”的手段，根据故事的内容提出一系列问题，在儿童对道德两难故事作出选择即判断的基础上，让儿童回答他作出这种判断的理由，然后从儿童陈述的理由中寻找其道德认知发展的规律①。

2. 何谓“道德两难故事法”

所谓道德两难故事法，指研究者根据所要研究的道德主题，事先设计并编写出一些包含道德价值内容的两难故事，组成不同的结构形式，要求被试辨认两难故事中人物言行的是非对错并说出自己的理由，从被试对特定行为情境的评价中去推断他们的道德发展水平。根据柯尔伯格实施道德两难故事法的具体过程，道德两难故事法的一般操作步骤是：第一步，为了研究道德发展中的某一主题，事先经过充分思考，设计出一个或几个充满道德两难情境的故事；第二步，将这个充满道德两难情境的故事呈现给被试，请他们认真予以理解和领会故事情节；第三步，等被试充分理解了这个道德两难故事的内容后，再请被试回答一些基于这个道德两难故事情节所提出的问题；第四步，分析被试对不同问题的作答情况，推导出被试的道德发展水平。柯尔伯格曾设计出一些道德两难故事，其中最著名的要数“海因兹两难故事”（Heinz dilemma），故事内容如下：

① 郭本禹. 道德认知测量方法评介［J］. 教育理论与实践，1994（5）：53.

欧洲有个妇女患了一种特殊的绝症，生命垂危。医生认为只有一种药能救她，就是本镇一个药剂师最近发明的镭。药剂师制造这种药要花很多钱，而他索价还要高出成本的10倍。药剂师花了400美元制造镭，而一小剂药他竟索价4 000美元。病妇的丈夫海因兹到处借钱，试过各种合法途径，但他一共才借到2 000美元，只够药费的一半。海因兹不得已，只好告诉药剂师，说他的妻子快死了，请求药剂师便宜一点卖给他，或允许他赊账。但药剂师说："不行！我发明这种药就是为了赚钱。"海因兹试过了一切合法手段，但他都失败了。于是，一天夜晚他撬开药店的门，为他妻子偷来了药。

在这则故事之后，柯尔伯格要被试回答以下几个问题：

（1）海因兹应不应该偷药？为什么？

（2）海因兹偷药是对还是错？为什么？

（3）法官该不该判海因兹的罪？为什么？

（4）海因兹有责任或义务去偷药吗？为什么？

（5）你认为人们是否有必要竭尽全力地去拯救他人的生命？为什么？

（6）海因兹偷药是犯法行为，从道德的角度看这是正确的还是错误的行为？为什么？

（7）仔细回想故事中的困境，你认为海因兹最负责任的行为应该是做什么？为什么？

3. 九条理论标准

为了增强道德两难故事法的可操作性，柯尔伯格在吸取康德与皮亚杰等人界定道德判断两种不同的形式（即他律和自律）的基础上，详细阐述了九条区分这两种形式的理论标准，这九条理论标准不仅规定、区分了道德类型的两种形式的内涵，而且道德类型的评分手册正是以这些理论标准为依据，将它们转化为具体的评分标准来测评道德类型的，所以，这九条理论标准是准确把握柯尔伯格判断个体道德类型的重要理论框架。这九条理论标准分别为：

第一，自由（freedom）。自律的道德判断在作出"正当"或"有效"的判断时，依据自己内在的感受、良心，而不受外在权威或标准的束缚；相反，他律的道德判断在证明"正当"或"有效"时要参考外在标准，依赖于权威或法律。换言之，在作道德判断时，二者的立足点完全相反，前者更多的是从自身良心的角度出发，后者侧重于权威和法律的规定。以海因兹偷药两难故事为例，自律的道德判断认为海因兹应该偷药，因为从一个人的良心出发，为了挽救一条生命他必须偷药。他律的道德判断认为海因兹不应该偷药，因为偷药触犯了法律，凡是犯法的事都是不对的。

第二，互相尊重（mutual respect）。自律的道德判断体现了和他人平等合作的意识：假若希望别人尊重自己，自己就要先尊重别人。在同辈关系中不难理解，同样的，在晚辈和长辈的关系中也是如此。例如，在子女和父母的关系中，子女要尊重自己的父母，父母也要尊重自己的子女，这种尊重是相互的；他律的道德判断表现为对权威、法律、权力等单方面的尊重，认为父母是长辈和权威，子女必须对他们无条件地尊重，父母则不必尊重自己的子女。

第三，可逆性（reversibility）。自律的道德判断是可逆的、平衡的，因为它明显地包括了某种相互的和互惠的角色承担的形式，所以，在特定的情境中，所有人都要相互考虑对方的利益、观点和要求，以便公正、公平地解决问题；他律的道德判断不包含如此明显的角色承担，而倾向于仅从一个观点考虑特定的道德问题。可逆性与相互尊重有一定的联系，但比相互尊重更进一步，不仅要求尊重别人，更重要的是要站在他人的角度考虑问题，即有明显的角色承担能力。

第四，建构性（constructicism）。自律道德判断反映了这样一种意识，即用以指导和制定道德决策的准则和法规是人们通过思维，在基于平等合作的理想社会群体中积极创造的，所以，这些法则、规则被视为可变的，能够根据特定的情境和环境加以调整；他律的道德判断反映了一种神圣的、严格的和不可变的准则和规则的观点。

第五，层次性（hierarchy）。自律的道德判断蕴含一种明显的价值等级，强调的是道德价值和规定义务，而不单单出于实用主义的、描述的、后果论的或美学的考虑；他律的道德判断不能反映明确的价值等级，对道德两难的解决方式重在非道德的和实用主义的考虑。

第六，内在性（intrinsicalness）。自律的道德判断将人视做目的而非手段，具有一种人性关怀，它是对道德人格、人的自主和人的尊严的尊重；他律的道德判断是一种实用主义、工具主义的观点，将人视为手段而非目的。

第七，规定性（prescriptivity）。自律的道德判断认为道德责任规定着一套道德义务和行为，而不管行为者的主观倾向和各种实用的考虑，道德责任是以内在冲动、道德需要或良心为基础的；他律的道德判断则反映了一种工具性的或假设的道德责任观。

第八，普遍性（universality）。自律反映了使用类化的或普遍的道德判断，以便于它们适用于相同的或类似情境中的每一个人；他律的道德判断被理解为相对工具性的自我利益。

第九，选择（choice）。在回答具体的道德两难问题时，作出自律道德判断的个体比作出他律道德判断的个体，更能从后习俗道德阶段的观点中选择通常认为是公正和公平的解决方式，并能证明这种解决方式的正当性。这九条理论标准中，“选择”标准比较特殊，更多的是强调内容而不是形式特征，所以具有较多的概率特征。自由、相互尊重、可逆性和建构性标准来源于皮亚杰。皮亚杰认为自律本质上就是个体和他人之间的相互尊重，这种相互尊重和角色承担能力让个体以开放的视野来理解道德需求，而不必受外界权威、传统或法律的约束。等级性、内在性、规定性和普遍性标准来自康德。道德自律是康德道德原则的具体内容，在康德看来，行为者自己对自己颁布道德律令，不受客观外物或其他个体的影响。康德把自律界定为将任何或所有的个体视为目的而非手段，康德式的自律描述了在判断道德行为的合理性时所坚持的道德考虑的能力。这需要将自身从个人需求和实用主义的或美学的考虑中分离出来，从而认识该形势中的道德需求并将道德判断普遍化以适用到相同或相似的情境中。康德的道德自律为柯尔伯格的道德类型说提供了哲学上的启示。

4．具体操作

依柯尔伯格的理解，在实施两难故事时将上述九条标准贯彻其中，就能较准确地推导出被试的道德发展水平。为了增强读者的印象，下面举一个例子。

海因兹两难故事是一个经典的柯尔伯格式的道德两难故事，该两难故事有5个关键标准和2个非关键标准。其中关键标准（critical criteria）为：选择、层级性、内在性、规定性和普遍性；非关键标准（noncritical criteria）为：自由和相互尊重。关键标准设置的问题如下：（1）选择：海因兹应该偷药，或海因兹不应该偷约。由此导出的问题就是："你认为海因兹应该偷药吗？为什么？"（2）层级性：妻子生命的价值，或生存的权利优先，或重要于法律以及医师的财产权；药剂师的财产权重要于海因兹妻子的生命，海因兹应该为偷药的行为受到法律的制裁。由此导出的问题就是："你认为海因兹偷药是对还是错？为什么？""你觉得药剂师抬高药价的行为对吗？为什么？"（3）内在性：妻子、朋友或陌生人的生命，概而言之，人的生命都有其自身的价值。生命是无价的，应该被拯救，而不管其社会地位、潜在的生产力或个人利益怎样；或妻子、朋友或陌生人的生命没有价值，生命对于海因兹具有工具主义的私人的重要性、对社会具有工具性的价值。由此导出的问题主要有："假若海因兹不爱他的妻子，他们的感情不好，他还应该为她偷药吗？为什么？""你认为人们竭尽全力地去拯救别人的生命是否必要？为什么？""你认为海因兹妻子的生命、药剂师的财产权以及法律哪一个更为重要？为什么？"（4）规定性：海因兹有责任和义务去偷药挽救他妻子的生命，不管他是否爱她；或海因兹没有责任和义务去偷药挽救他妻子的生命，而且采取何种行动只取决于海因兹自己的情感。由此导出的问题就是："在药价太高没有钱买药的情况下，偷药是一个丈夫应尽的责任吗？""海因兹偷药是违法行为，从道德的角度看这是正确的还是错误的行为？为什么？"（5）普遍性：假设在相同或相似情境中，海因兹为朋友或陌生人偷药在道德上是正当的；

或假设在相同或相似情境中，海因兹为朋友或陌生人偷药在道德上是不正当的。由此导出的问题就是："如果患病的人不是海因兹的妻子而是他最好的朋友，他应该为他偷药吗？为什么？""假若患病的人是一个陌生人，海因兹应该为他偷药吗？为什么？"

非关键标准的问题设置如下：（1）自由：海因兹应该按照他的良心或他自己的道德选择来作出偷药的决定从而挽救妻子的生命，而不受外在的法律束缚；或海因兹受到法律、社会系统及其他外在影响的限制。由此导出的问题就是："在你看来，法律是什么？""人们应该在任何时候都遵守法律吗？为什么？"（2）相互尊重：海因兹应该尊重他妻子的生命就像他希望她尊重他一样，相互尊重要求人们把人看做是目的，而不仅仅是手段；或将人看做是手段而非目的。由此导出的问题就是："如果患病的人是一个作恶多端的人，海因兹应该偷药救他吗？""假若患病的人是一个对社会有贡献的人，海因兹应该为他偷药吗？为什么？"

5. 道德两难故事法的得与失

道德两难故事法的优点主要有三：（1）道德两难故事谈话是一种"开放型"的谈话，被试可以充分表述其价值选择即判断的理由。（2）道德两难故事法可以把道德判断的内容与形式或结构加以区分，通过控制内容来研究形式，从而揭示出道德形式的发展规律。被试的不同道德阶段反映在其道德判断的形式或结构上的不同，而不反映在道德判断的内容上的不同。按照具体的标准评分，这就克服了皮亚杰对偶故事法中存在的主观性和随意性的缺点。（3）柯尔伯格对计分方法作了详细的规定，据他报告其道德判断测量的信度和效度都很高。它是品德测评中的第一个规范化和标准化的测量，能够科学而客观地测量个体道德认知发展的水平和阶段。

不过，道德两难故事法也存在一些不足：(1) 柯尔柏格所采用的标准评分系统过于复杂，他的道德判断测量手册共 1 000 多页，因此被人称为"心理学文献中最复杂的评分系统"。(2)道德两难故事法是一种个别谈话法，不是一种纸—笔测验，不但施测费时，且不适用于团体测验。(3)道德两难故事法采用"开放型"的问题，尽管测验手册中有详细的评分规则和标准，但评分者难以掌握过多的规则和标准，因此要准确评分仍存在一定的困难。①

（四）柯尔伯格道德发展论的主要内容

柯尔伯格把儿童的道德发展看成是整个认知发展的一部分，认为儿童的道德成熟过程就是道德认识的发展过程。与皮亚杰相似，柯尔伯格将儿童看做是道德哲学家，认为儿童有自己的关于价值观问题的思考方式，能自发形成他们的道德观念，

① 郭本禹. 道德认知测量方法评介［J］. 教育理论与实践，1994（5）：54.

这些道德观念又形成有组织的思维方式。道德认知是对是非、善恶行为准则及其执行意义的认识，并集中在道德判断上。道德判断是一个人根据道德原则对什么是正确的或错误的行为进行的判断，即道德评价。儿童的道德成熟首先是道德判断上的成熟，然后是与道德判断相一致的道德行为的成熟。同时，道德发展与认知发展密切相关。柯尔伯格曾说："因为道德推理显然也是一种推理，较高的道德推理要依赖较高逻辑（按：理智）推理；因此，一个人的逻辑阶段决定了他所能达到的道德阶段的限度。"① 所以，一个认知水平处于前运算阶段的儿童因其思维的不可逆性决定了他只能接受成人的单方面的道德强制。不过，不能由此推出道德思维只是理智思维在道德问题上的简单运用。柯尔伯格说："我们的理论主张，道德阶段和逻辑阶段在结构上是类似的，但二者是不同的。道德阶段包含着运用可逆的公正结构、互惠和平等的结构形式去完成的社会角色承担（social role-taking）和角色承担之间的平衡。公正的原则包含着与逻辑类似的互换运算；但公正原则并非逻辑关系在道德情景中的单纯运用。"②这表明，虽然道德思维要以理智思维为基础，但同理智思维一样，道德思维本身就具有结构的特质，因为道德思维也是一种有组织的心理活动形式。所以，柯尔伯格说："正常的（道德）发展本身就有一个基本的认知结构的组成部分。"③可见，不能把柯尔伯格的道德判断发展阶段论看成皮亚杰的认知发展阶段论在道德领域的简单推广，应特别注意到：道德发展本身就存在着结构特质，它只是在这一点上同理智发展有着类似性而已。④依柯尔伯格的观点，促进道德发展是以促进儿童的思维与解决问题能力为基础的。对道德发展阶段的划分是根据判断的结构而不是道德判断的内容。他说："我运用的是一个严格精确的阶段概念，这个概念来自皮亚杰和其他认知发展理论家的结构传统。"道德发展的机制是道德判断的认知结构的变化发展过程。柯尔伯格还相信，道德发展要经过各个有恒定性质的不同阶段，处于不同发展阶段的个体或同一个体处于不同的发展阶段对道德问题的判断、推理有明显的区别。在柯氏理论体系中，道德发展的阶段概念是一个核心概念，他认为道德发展阶段具有四个基本特征：一是结构的差异性。处于不同发展阶段的个体或同一个体处于不同的发展阶段，其道德判断和推理的结构（思维模式）有不同类型，它们之间不是量的差异，而是质的差异。柯尔伯格正是按照这种结构的差异特征来划分个体的道德发展水平和阶段的。二是不变的顺序性。个体的道德发展遵循着由低级向高级发展的不变的、普遍的阶段顺序。文化和教育可以加快、延缓或阻止个体道德发展，但决不能改变其阶段顺序。三是结构的整体性。每个不同的、依序发展的思维模式形成了一个结构上的整体。在特定的道德任务中，一个特定的阶段反应不只代表与该任务相似的任务所决定的具体反应，

①②③④ 柯尔柏格. 道德教育的哲学［M］. 魏贤超，柯森，译. 杭州：浙江教育出版社，2000：378－380.

而代表了一种潜在的思维组织。四是层次的整合性。道德发展的阶段形成一种不断增加分化与整合的结构顺序，以逐步达成其共同的功能。前一阶段的思想总是融合到或整合进下一阶段的思想中，并且为下一阶段所取代。新的阶段是从前一阶段中发展而来的，因而它是新旧结合的综合体。柯尔伯格在1958年的博士论文中首次提出了儿童道德判断的六种类型，这就是他关于道德发展的最初阶段模型，此后不断修订，20世纪80年代初对其理论作全面总结时，柯尔伯格按照道德判断结构的性质不同，将个体的道德发展划分为三级水平六个阶段，提出了他的最全面的阶段模型，详见表3－1①。

表3－1　柯尔伯格关于个体道德发展的三级水平与六个阶段

判断水平	发展阶段		心理特征	儿童对偷药故事可能的反应
阶段零（0—2岁）	前道德阶段		既不理解规则，也不能用规则和权威判断好坏。使他愉快的或兴奋的就是好的，使他痛苦的或害怕的就是坏的。没有义务、应该、必须等概念，即使是在外在权威的意义上也是如此；行为受他自身能做什么或想做什么支配。	
前习俗水平（2—9岁）	1	服从与惩罚取向	儿童评定行为好坏着重于从表面看行为的结果，认为受赞扬的行为就是好的，受惩罚的行为就是坏的，于是，盲目服从权威，旨在逃避惩罚。	赞成：他可以偷药，因为他先提出请求，又不偷大的东西，不该受罚。 反对：偷药会受到惩罚。
	2	相对功利主义取向	儿童评定行为的好坏主要看行为后果是否符合自己的需求和利益。凡是对自己有利的就是好，否则便是不好。好与坏都以自己的利益为根据，是朴素的利己主义阶段。	赞成：他妻子要这种药，他需要同他的妻子共同生活。 反对：他的妻子在他出狱前可能会死，故对他没有好处。
习俗水平（10—20岁）	3	好孩子取向	儿童心目中的道德行为是取悦于人的、有助于人的或为别人所赞赏的行为。他们从行为者的意向去评价行为，寻求别人认可，凡是成人赞赏的，自己就认为是对的，否则就是坏的。	赞成：他只不过做了好丈夫应做的事。 反对：他这样做会给家庭带来苦恼和丧失名誉。
	4	遵守法规取向	相信准则和法律维护着社会秩序，遵守社会法规，认定规范中所定的事情是不能改变的，不能因处境特殊而感情用事。	赞成：不这么做，他要为妻子的死负责。 反对：他要救妻子的命是自然的，但偷东西犯法。

① 柯尔伯格．道德教育的哲学［M］．魏贤超，柯森，译．杭州：浙江教育出版社，2000：20－23，280－282.

（续表）

判断水平	发展阶段		心理特征	儿童对偷药故事可能的反应
后习俗水平（20岁以上）	5	社会法制取向	知道道德法则只是一种社会契约，是为维持社会秩序而经大家同意所建立的，只要取得大家的共识，社会规范是可以改变的，不能以不变的规则去衡量人。	赞成：法律没有考虑到这种情况。 反对：不论情况多么危险，总不能采用偷的手段。
	6	普遍伦理取向	已具有抽象的以尊重个人和个人良心为基础的道德概念，认为个人一贯依据自己选定的道德原则去做就是正确的，换言之，个人的伦理观念用于判断是非时，具有一致性与普遍性。	赞成：尊重生命、保存生命的原则高于一切。 反对：别人是否也像他妻子那样急需这药，要考虑所有人生命的价值。

注1：表中所列年龄不是严格划分，只是大概而言的。

注2：依柯氏的见解（源自皮氏），一般而言，0—2岁的个体，其行为不具有道德意义，只有当个体长到2岁之后，其言行才逐渐具有道德意义。所以，“阶段零”不能算作一个“判断水平”。这样，整个表其实仍是三级水平六个阶段。

（五）柯氏道德发展理论的主要贡献及在德育上的意义

1. 揭示了人类的道德认知发展的两大规律

柯尔伯格通过大量的研究尤其是一些实证性的研究，揭示出人类道德认知发展的两大规律：一是从他律向自律方向发展的规律。这一规律与孔子自叙的心路成长历程相吻合。孔子说：“吾十有五而志于学，三十而立，四十而不惑，五十而知天命，六十而耳顺，七十而从心所欲，不逾矩。”既然个体品德的形成与发展遵循他律而后自律的规律，那么，在道德教育中，在设置德育的目标、选择德育的内容、采取德育的方法时，都要依此规律行事，才可能取得事半功倍的效果。同时，在培养学生的自律行为时最有效的做法之一就是从培养学生的他律行为入手，逐渐培养学生的自律行为，这对自律意识较差的个体而言更是如此。另一是循序渐进的规律。柯尔伯格的研究表明，个体的品德发展是一个分阶段、循序渐进的过程，换言之，循序渐进是个体的品德发展遵循的又一规律，这样，道德教育也要循序渐进，切不可“揠苗助长”。

2. 让人清楚地看到了道德判断与道德行为之间的关系

柯尔伯格的研究清楚地告诉人们，一种行为是否是道德行为要看这种行为之前有无道德判断，若有，则是道德行为；若无，则不能用“道德或不道德”的视角来衡量，这就将道德行为与一般的行为（如偶然性行为或反射行为）区别开来。同时，也让人清楚地意识到，不能简单地将利他行为等同于道德行为，否则，可能就会犯泛道德主义的错误。何谓利他？在心理学界主要有两种观点，一是强调从动机的角度来理解利他，另一是主张从行为角度来理解利他。假若给利他下一个动机或意图性的定义，那么，如果一个人的行为动机或意图是向另一个人施加积极影响，他/她的友好行为就被认为是“利他的”。在这个意义上，真正的利他主义者的行为主要是出于对别人的关心，而不是期望以助人、分享或安慰得到任何积极后果的关注。如果要给利他下一个行为性定义，利他就是给别人带来好处的行为，而无论行为者的动机如何。从这个意义上可以将利他主义与亲社会行为看做同义词。很显然，动机性定义下的利他不考虑行为的结果的好与坏，行为性定义下的利他不考虑行为前是否有良好的动机。道德行为强调既要有道德的动机又要有道德的结果，这样，只有在行为性的利他行为之前加一个道德判断，这种利他行为才算是道德的；若一种利他行为之前没有道德判断，即使就结果而言，这是一种利他行为，也不能将这种利他行为等同于道德行为。由此可见，道德认知在一个人的品行修养中所占的重要位置。从这个意义上说，“美德即知识”是一个合情合理的命题。

3. 个体的品德具有浓厚的主体特征，因此道德教育必须吻合儿童的心理发展

“儿童是道德哲学家”是柯尔伯格的一个基本命题。柯尔伯格相信儿童有自己的关于价值观问题的思考方式，能自发形成他们的道德观念，这些道德观念又形成有组织的思维方式。既然个体的品德发展具有浓厚的主体特征，这样，道德教育必须配合儿童心理发展就是情理中的事情。

（六）对柯氏道德发展阶段论的主要质疑

1. 柯氏只研究了道德领域中的一个重要问题——公正问题

在皮亚杰和柯尔伯格眼中道德判断发展的中心原则是公正的原则，换言之，都假定公众是以“公正”作为道德取向的。这一观点招来学人的质疑，其中最著名的批评者之一是吉利根（Carol Gilligan），有关这方面的内容详见下文。

2. 柯氏只研究了禁令取向的道德推理，没有研究亲社会道德两难情境的道德推理

与吉利根的视角不同，美国的艾森伯格（Nancy Eisenberg，1989）注意到，柯尔伯格研究所用的两难故事在内容上主要涉及法律、权威或正规的责任等问题。例如，在海因兹偷药故事中，海因兹必须在违法和履行丈夫的责任之间作出选择。她认为这些问题在一定程度上会限制儿童的道德推理，使他们的推理局限于一个方面，即禁令取向的推理（prohibition oriented reasoning）。为了弥补这一不足，艾森伯格设计出不同于柯尔伯格两难情境的另一种道德两难情境，即亲社会道德两难情境，以此来研究儿童的道德判断发展。亲社会道德两难情境的特点是一个人必须在满足自己的愿望、需要与满足他人的愿望、需要之间作出选择。

3. 柯氏只是通过研究言语反应来考察人的道德发展水平

许多研究者认为，柯尔伯格只通过研究抽象和假设的两难故事情境中的言语反应来考察人的道德发展水平，但有理由怀疑，这些反应没有真正揭示被研究者

全面的道德人格中的深层结构，因为对抽象描述的、假设的两难情境的反应可能不能保证在更复杂的具体情境中对两难情境反应的推论。同时，言语反应与实际生活情境中作出的决定和采取的行动不相关。并且，柯尔伯格的两难故事法过于依赖被试的言语能力，忽略了意会知识的重要性。为了应对这一批评，柯尔伯格的学生莱斯特领导明尼苏达大学道德研究小组的专家经过多年研究，在柯氏道德两难故事法的基础上设计了一套道德测量的客观工具，即确定问题测验（defining issues test，DIT），现在已在第一版（DIT－1）的基础上开发出了最新的第二版，即 DIT－2。该测验是纸笔形式的团体测验，能考察被试的道德认知发展水平和道德推理能力，它不但有较理想的信度和效度，而且能较好地克服两难故事法的主观性和随意性较大以及计分较烦琐等缺陷，是目前测量个体道德判断水平的一种较理想工具。

4．柯氏只研究了道德发展的一般性问题，没有考虑道德发展的特殊性

哈特逊（Hartshorne）和梅（May）等的研究强有力地表明，对于具体道德问题，个人是以不同的方式作出思考的，个人不会用任何前后一致的普遍的方式思考道德问题。不过，假若因此说道德思维是“情景相对性的”或“情景特定性的”，那么，或者必须完全放弃阶段的概念，或者不得不承认个人可以同时在不同阶段上思考各种不同的道德问题。诺曼·威廉斯在英国法明顿信托研究中心（the Farmington Trust Unit in England）的研究倾向于表明，道德思维是有点情景特定性的。但是，他也相当有把握地争辩说，一种朝向道德思维的普遍性发展的趋势也是道德发展的一个特征，这是道德教育应该注意的一个重要方面。后一个观点可以很好地同我们对道德概念的哲学分析联系起来，这种分析看来暗示着约定俗成的道德先于普遍化的道德。从比较适合于柯尔伯格分析的意义上看，这可能暗示着，假若道德思维是比较特殊的而不是普遍的，那么，个人就可以在一个阶段思考一种问题，同时在另一个阶段思考另一些问题。这是一个尚未解决的问题——至少我们现在并不知道任何对柯尔伯格模式中的普遍性和特殊性所做的研究。不过，可以根据柯尔伯格的分析性模式来决定人们占优势的思维阶段这一事实似乎表明，道德思维具有相当的普遍性。另一方面，在道德问题或情景中某种新的局部的不一致性将会有助于人们的思维特征能更清楚地得到确定。我们在此只能说，像其他所有有价值的理论一样，柯尔伯格的理论引起了需要进一步研究的问题①。

5．从搜集的资料中没有证据证明“三水平六阶段”模型普遍有效

柯尔伯格的模式的另一个缺陷是，它没有澄清道德发展的这些阶段是否可以

① 霍尔，戴维斯. 道德教育的理论与实践［M］. 陆有铨，魏贤超，译. 杭州：浙江教育出版社，2003：106－107.

被看做是具有严格顺序的，从而获得一个新的思维方式，就要求抛弃前一个思维方式；或者是否可以被看做是渐进的，从而获得一个阶段就会包含着对先前那个阶段的一种继续，同时也许是一种重新解释。追随皮亚杰的某些思想，柯尔伯格起初的观点是，这些阶段是有顺序的，每个阶段是相互排斥的；但是，这个观点在他的研究中肯定比他实际表达的更为含蓄一点。对这种认知发展理论作出更大贡献的埃里沃特·杜里尔（Elliot Turil）教授曾就这一问题做了一些研究，他在研究中争辩说，从一个阶段向下一阶段的转变，包含着对先前那个阶段的一种重新构造和取代。因此，尽管在重新构造与取代之间的差异是完全不明显的，但这也在一定程度上显示出道德发展上那种可能的累积性质。诺曼·威廉斯所坚持的是一个几乎相对立的观点，但他没有比柯尔伯格及其同事更好地证明他的结论。根据威廉斯的说法，道德思维的最后那个阶段是，"特定个人具有一些关于某种既定情形的既不相同但又同时并存的道德思维方式的一个阶段。"辛普逊不仅指出柯尔伯格的证据是不充分的，研究技术是成问题的，而且指出，柯尔伯格所借助的抽象的道德原则（公正、平等、生命的价值等）是文化上的偏见①。另外，柯尔伯格也没有向世人提供充足的证据证明阶段 6 的存在。一些追踪研究的结果显示，很少有人达到阶段 5，没有证据表明阶段 6 会随着阶段 5 之后出现②。同时，作为理论上的建构，在阶段 6 之后是否还有阶段 7，这也是一个值得进一步思考的问题。

6．柯氏将"习俗"与"道德"相等同

新柯尔伯格学派认为，柯尔伯格可能犯了一个错误，即将习俗与道德混为一谈，事实上习俗与道德是不同的，如，随地吐痰和女人穿裙子都是一种习俗，不能将随地吐痰或男人穿裙子视为是一种不道德的行为，因此，要克服随地吐痰这一行为习惯，只能通过改变习俗来实现。为了避免再犯此类错误，主张在研究道德时要将道德与习俗分开。在一定意义上说，将习俗与道德分开有利于克服泛道德主义的倾向，并且能通过缩小道德教育领域的途径，进而实际上提高道德教育的效果。不过，在西方如美国，人们所讲的道德教育就其范围而言本是颇为明晰的，即它与宗教教育、法制教育、心理健康教育等之间的界限颇为明晰，这样，可以将习俗与道德分开，但是，中国一向有泛道德主义的传统，人们习惯于将"才"以外的心理素质视做"德"，这从"德才兼备"一语就可见一斑，这样，从一定程度上说，在中国社会习俗与道德是等同的，难以截然分开。更重要的是，在中国，虽然也可以将"随地吐痰"看做是一种不

---

① 霍尔，戴维斯．道德教育的理论与实践［M］．陆有铨，魏贤超，译．杭州：浙江教育出版社，2003：107－108．

② WALKER L J, DEVRIES B, TREVETHAN S D. Moral stages and moral orientations in real-life and hypothetical dilemmas [J]. Child Development, 1987, 58 (3): 842－858.

良行为习惯，但问题是，假若一个人真有这种不良行为习惯，按理说其在家中也会随地吐痰。不过，事实往往是一个在公共场所随地吐痰的人一回到家中就没有了这种不良行为习惯。看来，与其将它看做是一个生活习惯问题，还不如将它看做是一个道德问题更妥当①。当然，将某些习俗与道德相等同是妥当的，却不能将所有的习俗都视做道德，更不可将一些明显与道德无关的习俗强制性地视做是道德。

三、埃里克森的人格发展八阶段理论

埃里克森（E. H. Erikson，1902—1994）是当代最著名的新精神分析派学者之一，其建构出的人格发展八阶段理论对当代教育心理学和发展心理学产生了较大的影响。

（一）埃里克森对弗洛伊德思想的继承与发展

埃里克森不同于弗洛伊德的地方主要有三：第一，他的人格发展理论不是基于异常者的心理特征建立起来的，而是依据一般心理健康者的人格特征建立起来的。第二，不像弗洛伊德那样持早期决定论的看法，而将人生全程看做是一个连续不断的人格发展过程。第三，与弗洛伊德将生物性的本我的性冲动作为人格发展动力的看法不同，埃里克森将社会性的自我成长看做是人格发展的动力。这样，假若说弗洛伊德解释人格发展的理论可以看做是一种个体的性心理发展论（或本能论）的话，埃里克森解释人格发展的理论可以看做是一种个体的心理社会发展论②。

（二）埃里克森人格发展八阶段理论的主要内容

新精神分析派对品德发展也有自己的理论研究，不过其考察角度与皮亚杰、柯尔伯格、班杜拉也不同。新精神分析派的品德理论与其人格理论是密切联系的。新精神分析理论主张品德或道德是人格的一部分，个体的人格发展过程也是其品德发展过程。它重视文化社会因素在人格形成和发展中的作用，将注意力放在人自身和社会上，并强调人格特征的可变性，认为人格在整个一生中都在发展变化着，儿童早期的失败可以在以后的成功中得到补救，这样就为人格的培养提供了希望。新精神分析派的代表人物之一是埃里克森，埃里克森通过临床观察和经验总结，提出道德或人格发展八阶段的理论，将人的一生人格的发展分成八个阶段，其中前五个阶段与弗洛伊德的人格发展阶段论的划分是一致的，后三个阶段则是埃里克森独创的，如表 3－2 所示。

---

① 汪凤炎，燕良轼．教育心理学新编［M］．3 版．广州：暨南大学出版社，2011：149－161．

② 张春兴．教育心理学［M］．杭州：浙江教育出版社，1998：127．

表 3-2　埃里克森的人格发展八阶段理论

期别	年龄	发展危机	发展顺利者的心理特征	发展障碍者的心理特征
1. 婴儿期	出生—1.5 岁	信任 vs. 不信任	对人信任，有安全感	面对新环境时会焦虑不安
2. 学步儿童期	1.5—3 岁	自主 vs. 羞怯怀疑	能按社会要求表现目的性行为	缺乏信心，行动畏首畏尾
3. 游戏期	3—6 岁	主动 vs. 内疚	主动好奇，行动有方向，开始有责任感	畏惧退缩，缺少自我价值感
4. 学龄期	7—12 岁	勤奋 vs. 自卑	具有求学、做事、待人的基本能力	缺乏生活基本能力，充满失败感
5. 青春期	12—19 岁	同一性 vs. 角色混乱	有了明确的自我观念和自我追求的方向	生活无目的无方向，时而感到彷徨迷失
6. 成年早期	19—34 岁	亲密 vs. 孤独	与人相处有亲密感	与社会疏离，感到寂寞孤独
7. 成年期	34—60 岁	发展 vs. 停滞	热爱家庭、关心社会，有责任感和义务感	不关心别人与社会，缺少生活意义
8. 成年后期	60 岁以上	完善 vs. 失望	随心所欲，安享晚年	悔恨旧事，失望、沮丧

根据表 3-2 所示，埃里克森认为人格发展的八个阶段是以不变的顺序逐渐展开的，而且在不同的文化中普遍存在，每个阶段能否顺利地渡过是由社会环境决定的。埃里克森认为，人最初的本性既不好也不坏，但有向任何方面发展的可能性。人格或品德的发展是一个有阶段的过程，人格发展的每一个阶段都由一对冲突或者两极对立所组成，并形成一种危机。危机的积极解决能增强自我，人格就得到健全发展，有利于个人对环境的适应；危机的消极解决会削弱自我，会使人格不健全，阻碍个人对环境的适应。并且，前一阶段危机的积极解决会扩大后一阶段危机积极解决的可能性，前一阶段危机的消极解决则会缩小后一阶段危机积极解决的可能性。每一次危机的解决都存在着积极因素和消极因素，根据其中的哪一种因素多而被称为积极的解决或消极的解决，当积极因素的比率大时，危机就顺利地解决。一个健康人格的发展必须综合每一次危机的正反两个方面，否则就会有弱点。例如，成长过程中有一点不信任等消极因素，不能认为是不好的。埃里克森还指出，不仅所有的发展阶段是依次地相互联系着的，而且最后一个阶段和第一个阶段也是互相联系着的。例如，老人对死亡的态度会直接影响幼儿的人格发展。他说："如果儿童的长者完美得不惧怕死亡，儿童也不会惧怕生活。"人格的发展阶段以一种循环的形式相互联系着，一环扣一环，形成一个圆圈。同时，假若一个个体在每一阶段都能保持向积极品质方面发展，就是顺利完成了该阶段的任务，从而形成健康、成熟的品格；反之，如果不能向积极品质方面发展，就会产生心理社会危机，或出现情绪障碍，从而导致病态和不健全人

格。这八个阶段分别是：

1. 婴儿期：信任对不信任（infancy：trust vs. mistrust，出生—1.5 岁）。埃里克森认为，信任感是一个人健康人格的基础，这种信任感是在出生的头两年发展起来的。一个婴儿出生后最迫切的需要是父母爱他/她、照顾他/她，因此，这一阶段儿童的基本矛盾是：信任与不信任的矛盾。儿童通过感官领会世界，从母亲及家庭成员的形象中去信任世界。在此阶段，如果他们能得到合理的照顾、哺育、关切与爱抚，就会感到世界是个安全而且可信赖的地方，于是发展其对他人信赖的人格；反之，假若父母对他照顾不周，环境多变，哺喂习惯欠缺，对其态度恶劣等，就会使他们对周围环境产生猜疑，产生不信赖他人的人格，对人产生害怕和怀疑心理并延续到以下各阶段。假若这一阶段的危机得到积极解决，就会形成希望的美德；如果危机消极解决，就会形成惧怕。埃里克森也相信，信任与不信任的问题不是在第一年都能解决的，而是在以后的阶段仍然可能变化和发展；同时，由于不信任感是人们对于危险的准备和不快事情的预期，因此，它不一定都是不必要的，不过，人应该朝着该信任的就信任、不该信任就不信任的方向发展，二者应保持一定比例，信任感应多于不信任感。

2. 学步儿童期：自主对羞怯和疑虑（toddler：autonomy vs. shame & doubt，1.5—3 岁）。这一阶段儿童的主要矛盾是：自主与羞怯、怀疑的矛盾。在此阶段儿童的依赖性逐渐减少而自主性逐渐增强，他们开始出现一种自控或影响环境的能力，相应地，这个阶段的儿童开始试探自己的能力，许多事情喜欢自己动手，不愿他人干预。如果这种试探得到成人允许，父母在安全范围内允许儿童自由，鼓励儿童做力所能及的事，鼓励儿童在活动中获得成功，儿童会逐渐体会到自己的能力，出现自主的感觉，而养成自主发展的人格；反之，假若父母过于溺爱与保护，对他们的独立行动表现得不耐烦，横加干涉，批评过多，孩子就会对自己的能力表示怀疑，感到羞怯，儿童的依赖性就会长期存在下去。所以，假若这一阶段的危机得到积极解决，就会形成自我控制和意志的美德；如果危机消极解决，就会形成自我疑虑。

3. 游戏期：主动对内疚（play age：initiative vs. guilt，3—6 岁）。这一阶段的基本矛盾是：主动与内疚的矛盾。这个阶段的儿童活动更为协调，语言更为生动，想象更为丰富。假若父母肯定和鼓励儿童的主动行为和想象，对儿童提出的智力上表现出主动性的问题给予耐心地回答，不嘲笑、不禁止幻想性游戏，那么儿童的主动性就会得到充分发展；反之，如果父母和教师对儿童在智力和行为方面的主动性表现冷漠，甚至经常讥笑和限制儿童的主动行为和想象，儿童就会缺乏主动性，发展拘谨、压抑与被动而内疚的人格。如果这一阶段的危机得到积极解决，主动超过内疚，就会形成方向和目的的美德；假若危机消极解决，就会形成自卑感。

4. 学龄期：勤奋对自卑（school age：industry vs. inferiority，7—12 岁）。这一阶段的主要矛盾是勤奋和自卑。学习成为这一阶段儿童的主导活动，因而，假如说在前三个阶段对儿童影响最大的是家庭因素，那么，在这一阶段对儿童影响最大的就是学校因素了。儿童在这一阶段最重要的是“体验从稳定的注意和孜孜不倦的勤奋来完成工作的乐趣”。他们所追求的是自己的工作获得成就与成绩所得到的认可和赞许。如果儿童能够得到老师的支持，并且经常获得成功的经验与赞许，儿童的勤奋感就会加强，再接再厉，培养起乐观进取和勤奋的人格；反之，假若对儿童教育不当、儿童屡遭败绩或其成绩受到冷漠的对待，儿童就会自视不如他人，使他们对自己能否成为一个对社会有用的人缺乏信心，从而产生自卑感。如果这一阶段的危机得到积极解决，就会形成能力的美德；假若危机消极解决，就会形成无能。

5. 青春期：同一性对角色混乱（adolescence：identity vs. role confusion，12—19 岁）。这一阶段的主要矛盾是：自我同一性与角色混乱。自我同一性（self-identity）指青少年对自己的本质、信仰和一生中的重要方面前后一致且较完整的意识，也就是个人的内部状态与外部环境的整合和协调一致。12、13 岁至 17、18 岁的年轻人，发展的任务是建立自我同一性和防止自我同一性混乱。个体进入青年期，其意识分化为理想自我和现实自我，要建立自我同一性，就要使理想自我和现实自我达到统一。为此，或者努力改变现实自我，使之与理想自我相一致；或者修正、改变理想自我，使之符合现实自我。青年自我同一性的建立和其以前发展阶段所建立起来的信任感、自主感、主动感关系密切。个体如果顺利地完成了以前的发展任务，自我同一性就容易建立，并顺利进入成人期，否则，自我同一性就难以建立，导致自我同一性的混乱①，即产生角色混乱或消极同一性。角色混乱指个体不能正确地选择适应社会环境的角色；消极同一性指个体形成与社会要求相背离的同一性。如，时间混乱——缺乏时间观念；自我肯定的困惑——怀疑自己对自己的认识与别人对自己的印象是否一致；工作瘫痪——不能认识努力工作与预期效果之间的联系，对成就不抱期望，于是松劲或不坚持努力；两性混乱——不愿接触异性或乱搞两性关系；权威混乱——不了解领导和被领导的统一关系，产生对立或盲从。

6. 成年早期：亲密对孤独（young adulthood：intimacy vs. isolation，19—34 岁）。这一阶段的主要矛盾是亲密与孤独。这一时期是人们进行求爱和过早期家庭生活时期，在这一时期，个体往往十分关注镜像自我，关注印象管理，关注自身的前途和发展。过去所达到的同一性加上这个阶段从事工作、从事生产活动的特点，就出现了人与人之间的新关系，此时亲密的含义既包括爱情也包括友谊。

① 朱智贤. 心理学大词典［M］. 北京：北京师范大学出版社，1989：996.

个体乐于与人交往，建立友谊，分享苦乐，而在其中又不失掉自己；如果一个人不能在朋友之间、夫妻之间建立一种友爱关系，他/她就会产生孤独感，就不会产生与任何人分享苦乐、互相关心的感情，与此阶段密切联系的是友谊、性、竞争和合作中的伙伴。假若这一阶段的危机得到积极解决，就会形成爱的美德；如果危机消极解决，就会形成混乱的两性关系。

7. 成年期：发展对停滞（adulthood：generativity vs. stagnation，35—60 岁）。这一阶段的主要矛盾是发展对停滞。发展表现为对他人、对事业、对未来的关心和投入；反之，那种只关心个人的需要和舒适的人就陷入自我专注状态，产生停滞感。在这里，发展不仅指生育后代，还包括通过活动创造事物和思想，当然以前者为主。假若一个人能形成积极的自我同一感，并且过着充实和幸福的生活，他们就试图把这一切传给下一代，或直接与儿童发生交往，或生产和创造能提高下一代精神和物质生活水平的财富。假若这一阶段的危机得到积极解决，就会形成关心的美德；假若危机消极解决，就会形成自私自利。

8. 成年后期：完善对失望（late adulthood：integrity vs. despair，60 岁以上—死亡）。前七个阶段都能顺利度过的人具有充实幸福的生活，对社会有所贡献，他们有充实感和完善感，这种人不惧怕死亡，他们在回忆过去的一生时，自我是整合的、完善的；反之，当一个人回顾自己的一生时感觉到过去失去了很多机会，走错了方向，想重新再开始又感到为时太晚，就会经常体验到失望，他们对死亡没有思想准备。然而，当个体面临失望时，常常会从两个方面进行自我整合：一是，肯定自己一生中的成绩，以弥补失望之感；另一是，以洒脱的态度接受自己生命将走到尽头的事实，并产生将自己的知识传授给后人的责任感。假若这一阶段的危机得到积极解决（即整合成功），就形成智慧的美德；如果危机消极解决（即整合失败），就会形成失望、毫无意义甚至是绝望感①。这表明，在埃里克森眼中，智慧实际上是指个体对人生所持的一种内含爱心且超然脱俗的理智生活态度或生活方式。所以，通常情况下，一个人的智慧只有在其生命发展周期的第八个阶段才会出现，是个体成功解决因死亡威胁所产生的心理危机之后的产物。

（三）人格发展八阶段理论对道德教育的启示

1. 发展期中危机重重，自我成长不易

尽管埃里克森的阶段划分和发展任务是否切合实际还有待进一步的检验，但是，他将人的道德品质作为人格整体的一部分来考察，这种整体观值得重视，他尝试揭示心理、情绪、品德的发展，试图找出各阶段的主要矛盾，探索矛盾的产

① ERIKSON E H. Identity and the life cycle [M]. New York: International Universities Press, 1959.

生、解决及其与社会化、教育的关联，这不但与经典精神分析学家相比有明显进步，对于今人正确认识自我发展历程也有较大的启示意义。大家知道，关于儿童与教育的关系，过去主要有两种观点：一是儿童中心论，主张一切顺其自然；一是社会文化中心论（教师中心论），主张按社会要求严格训练。这两种取向都有失偏颇。埃里克森指出各时期的发展危机，无疑是跳出了以往这两种取向之争，改而从个体自身在自我发展时所产生的心理困境入手，提出了一种合乎实际的解释。根据埃里克森的观点，这些发展危机是事实性的，普遍性的，人人都能体验到的，当然，发展危机也就是发展转机。埃里克森的这一观点，用学术的语言将中国人的一句俗语阐释得颇为透彻：人生顺境十之一二，逆境十之八九。这表明，无论是从经验总结的角度看，还是从学术研究的角度看，人在一生的发展历程中是危机重重的，自我成长的确不容易，所以，每一个人既要善待自己的人生之路，也要帮助身边的人健康成长。

2. 教育既可能是发展的助力，也可能是发展的阻力

依埃里克森的解释，适当的教育是促进个体人格健康发展的助力，而错误的教育则会阻碍个体人格的健全发展。这一见解对于当代中国人正确认识教育在个体人格发展中所扮演的角色具有一定的启示意义。

四、吉利根的关怀道德取向理论

（一）吉利根关怀道德取向理论提出的背景

以皮亚杰和柯尔伯格为代表的道德认知发展理论的杰出贡献是，实证地发现了对道德现象如同对物理现象那样个体是按一定的结构图式去认识的，随着年龄的增长，个体的道德判断、推理呈现出一定的发展阶段。而这种发展阶段的变化则是围绕着“公正”观展开的。如，阶段一、二分别按是否获得奖惩和是否有利于自己作为公正的标准，阶段三、四分别按是否成为好孩子和遵守社会秩序作为公正的标尺；阶段五、六分别按是否根据彼此确定的契约行动和根据良心认定的原则行事作为公正的准绳。认知发展理论断言，归根到底，只有公正才是人们组织其道德思维的框架[①]。那么，“公正”真是人们唯一的道德取向吗？这一观点招来学人的质疑，其中最著名的批评者之一是吉利根。吉利根是柯尔伯格的弟子与同事之一，且是女弟子与女同事，她在参与柯尔伯格的研究过程中深深体会到，柯尔伯格两难故事讲的都是公正问题，两难故事中的主角都是男性，这有性别偏见。作为一位女性被试和女性研究者，对于柯尔伯格的两难故事中所提问题的反应可能与男性被试或男性研究者有不同的看法，说得直率些，假如说男性被试或男性研究者较为关注公正问题的话，那么女性被试或女性研究者就更为关注

① 岑国祯. 吉利根对道德认知发展理论的修正［J］. 心理科学，1992（4）：31－35.

关爱（caring）之类带有情感性的主题和对他人负责任的道德规范①。

首先，吉利根回顾了大量的经典著作，尤其是伦理哲学文献，指出人类社会一直存在着两种不同取向的伦理道德观，这就是公正取向的伦理道德观和关怀取向的伦理道德观。依据共同生活的原则、规则、权利、义务，人们应该如何相互作用、彼此相处，这是公正取向的伦理道德观涉及的问题。为了使每个人得到关心、照顾，至少不使个人在身体和心理上受到伤害，人们应该怎样相互作用、彼此相待，这是关怀取向的伦理道德观涉及的问题。传统上，公正的伦理取向常常被视为更加讲究客观性、逻辑性和理性，因而它更多地与道德思维有直接的联系。关怀的伦理取向常常被视为较多地凭借个人的直觉、较多地带有主观色彩和感情，不太讲究逻辑和理性，因而它与道德情感有较多的联系。吉利根认为，一方面，在关于一个人应该怎样对待别人和怎样被人对待的问题上，这两种不同的道德取向常常是复合缠结在一起的，另一方面，人们在作出对诸如两难情境的道德问题的回答反应中，这两种不同的道德价值观又是清晰可辨的②。

其次，"海因兹偷药"的故事是柯尔伯格理论和研究中使用的经典性测试材料，但吉利根在运用柯尔伯格的"海因兹偷药"故事进行研究时发现，被试除了有以"公正"为道德取向这一类反应外，也有以"关怀"为取向的另一类反应。有的被试在陈述海因兹不应该偷药的理由时说："因为如果他侥幸成功地偷到了药，也未必能救活妻子；若被抓住，我想他妻子更没希望用上这药；这两种选择都无助于海因兹的妻子。"表明该被试关注的是当事人的选择是否会解除海因兹妻子的痛苦，这是一种"关爱"而非"公正"的取向。吉利根发现，在女性被试的道德思维中就存在着这种关怀的道德取向③。吉利根又将"豪猪和鼹鼠的故事"呈现给11—15岁的美国儿童：

一只豪猪为了寻找避寒的地方，向一窝鼹鼠提出请求，希望能搬进鼹鼠们住的岩洞里来，鼹鼠们同意了。但是，岩洞很小，鼹鼠不久就发现，只要豪猪一动，它身上的刺就扎到它们。最后，鼹鼠要求豪猪搬走，可是豪猪不肯，说："既然是你们鼹鼠不满意，那你们搬走好了。"

吉利根发现，男孩子大多倾向于选择公正原则来解决问题，他们会说："那是鼹鼠的家，没有什么可说的，让豪猪离开。"不过，女孩子则不同，她们更倾向于寻找让双方都高兴与满意的解决方法，例如"用毯子将豪猪的刺裹起来"。④

① 吉利根．不同的声音——心理学理论与妇女发展［M］．肖巍，译．北京：中央编译出版社，1999：16－17.

② 陈会昌．道德发展心理学［M］．合肥：安徽教育出版社，2004：180.

③ 吉利根．不同的声音——心理学理论与妇女发展［M］．肖巍，译．北京：中央编译出版社，1999：27.

④ 库恩，米特雷尔．心理学导论——思想与行为的认识之路［M］．郑钢，译．北京：中国轻工业出版社，2004：130.

吉利根后来将她的这一看法不断加以系统研究，撰写出代表作《不同的声音》（*In A Different Voice*）一书并出版。

（二）吉利根关怀道德取向理论的主要观点

吉利根及其合作者经过一系列研究，提出了关怀道德取向理论，得出三点主要结论：

第一，在道德判断和推理中存在公正和关爱两种典型的道德取向，女性是典型的关爱取向，男性是典型的公正取向。

第二，男性更重视诸如公平和尊重他人权利这样的抽象、理性的道德原则，女性看待道德时更倾向于关注人类的幸福。

第三，女性关爱道德的发展具有自己的特点，它一般要经过自我生存定向、善良、非暴力道德三个发展水平。水平一：自我生存定向。当个体的道德发展处于这一水平时，自我是其关心的唯一目标，自我生存的观念最为重要。只有当自己的需要之间发生冲突时，道德思考才会产生，道德是对自己强加的约束力。水平二：善良。即自我牺牲，这是女性作为照顾者和保护者在习俗水平上的观点。道德判断起源于社会规范和大多数人的意见。关心他人尤其关心他人的情感，关心冲突伤害的可能性成为这一水平中人们所关注的中心。水平三：非暴力道德。个体利用非暴力原则解决自私和对他人负责之间的冲突，自己与他人之间的道德平等通过平等地运用避免伤害的禁令而获得，关爱成为普遍的义务。

（三）对吉利根关怀道德取向理论的简要评价

第一，关怀道德取向理论开创了道德心理学研究的新取向，丰富了道德发展理论的内容。自皮亚杰在道德发展研究领域进行了奠基性的工作以来，在近半个世纪的时间里一直认为公正是人类社会中个体唯一的道德取向，而吉利根却向“公正是唯一的道德取向”这一传统观念提出了挑战，吉利根等人的研究成功地证明了其如下理论假设是成立的：在不同个体身上存在公正和关怀两种道德取向，这两种道德取向分别与男女性别有关，且表现在个体的整个一生中，表现在各种道德情境中，它们之间存在明显差异，如表 3－3① 所示。

表 3－3　公正与关怀道德取向的比较

公正取向	关怀取向
人与人之间的关系是各自独立的，各人有自己的责任和义务，人们彼此应该是平等而互惠的。可见，公正的取向主要涉及平等、自主、权利、义务、互惠等问题。	人与人之间的关系是彼此联系和相互依存的。人们有共同的利害关系，也都需要积极的情感体验。人们应彼此理解、关心、照顾、相爱。可见，关怀的取向探讨互相依存、彼此关心、相互照顾等问题。

① 陈会昌. 道德发展心理学［M］. 合肥：安徽教育出版社，2004：188.

（续表）

公正取向	关怀取向
个体的道德品质与自己的责任、义务或承诺有关。	个体的道德品质与其维护和发展同别人积极良好的关系有关。
道德生活重视适应于客观的社会标准，追求平等和互惠；与人相处时要求自己像别人对自己那样对别人，也希望别人像自己对别人那样对自己。	道德生活重视从他人所处的情境及其历史发展来观察和理解他人；促进他人的福利，解除别人的痛苦和负担，至少不在身心两方面伤害别人。
道德问题表现于就个体与他人、社会之间的冲突、对立所得出的看法、判断、抉择。	道德问题表现于处理个体与他人、社会的关系，即如何从个体特定的地位作出反应。
道德问题的解决有赖于社会客观存在的、不偏不倚的原则、标准和规范。	道德问题的解决有赖于个体所表现的爱心、真情、关心，并从事这方面的活动。
道德评价时考虑作出了什么道德和抉择，其推理依据是什么，社会规范和价值观尤其是公正原则是否得到了维护。	道德评价时考虑问题是怎样产生的，已经发生了什么，将会发生什么，个体之间积极良好的关系是否得到了维护、发展或重建。

并且，吉利根的关爱道德取向理论证实了关怀道德取向的存在，关怀道德取向的发现大大丰富了道德发展理论的内容。结果，导致西方道德心理学的最新发展趋势之一是道德主题朝多向度发展，公正、关怀和宽恕成为当代道德心理学领域的三大研究主题。

第二，吉利根力图通过在人类发展理论的建构中包含女性的声音，来彻底打破认知发展心理学内外长期坚持男性主权的传统。吉利根的发现还有另外一层修正的意义，即，历来一般认为个体道德发展在性别之间基本无显著意义的差别，但吉利根发现的关怀取向基本上出现在女性的反应中，公正的取向基本上出现在男性的反应中，这说明道德发展在一定意义上是存在着性别差异的。吉利根的关怀道德取向理论在一定程度上揭示了道德发展的性别差异，提出了判断品德发展水平的第二个重要维度，这不仅是对传统道德发展理论的重要修正，也为人们针对不同性别学生开展道德教育提供了一条重要思路①。

第三，吉利根对道德认知发展理论的修正在方法学上也有一定的启迪意义：第一，吉利根指出了关于公正是人类唯一的道德取向这一理论假设未经验证，并提出了存在公正和关怀两种道德取向的理论假设，且通过研究进行了实证。这告诉我们，尽管理论假设对于任何问题的研究和理论的建构都是必不可少的，但更为重要的是对提出的理论假设必须加以科学实证。第二，吉利根指出了方法上的一些偏颇是造成公正成为唯一取向的一个原因，她在研究中竭力作了避免。这告

① 皮连生. 教育心理学［M］. 3版. 上海：上海教育出版社，2004：236.

诉人们，从被试取样、准备测试材料、实施操作、译解反应，到得出结论，道德发展研究中的诸环节都应仔细考虑，做到全面而严谨，以免出现“失之交臂”的遗憾①。

第四节　影响个体品德形成与发展的因素

一、从静态角度看影响个体品德形成和发展的因素

影响个体品德形成与发展的因素是多方面的，其中，来自家庭、学校、社会方面的因素属外部因素，来自个体自身方面的因素属内部因素。按照辩证唯物主义“外因通过内因而起作用”的原理，所有外部因素都必须通过内因才能真正对个体产生影响。

（一）影响个体品德形成和发展的外部因素

外部因素指个体自身以外的一切因素，一般包括家庭、社会、学校、班集体与同伴小群体等因素，它们对个体品德的形成与发展有重要影响。

1. 家庭教养方式

个体的品德受到个体所处家庭的教养方式的深刻影响，不同的家庭教养方式会对儿童的道德认知、道德情感、道德意志、道德行为与道德自我等产生不同的影响。美国心理学家佩克（R. Peck）等人的研究表明，学生的品德特征和家庭的教养方式紧密相关。如过分严厉与放任型的教养方式都会对儿童的品德产生不良影响，而信任与民主型的教养方式会对儿童良好品德的形成起促进作用。

2. 学校教育方式

学校教育方式对学龄儿童的品德发展也有重要影响。在教育过程中，教师可通过对学生道德行为的强化来进行调控与引导。合理的批评和鼓励会促进学生良好品德的形成。尤其是对于低年级学生而言更是如此。因为他们辨别是非的能力有限，他们的品德的形成更依赖于他们心目中权威人物的引导。教师所提倡、鼓励的人和行为常常成为学生模仿与学习的对象，而教师所反对与批评的不良行为往往成为他们努力克服的东西。所以，教师可通过批评和鼓励来塑造学生良好的品德。

3. 社会风气

假如说年幼儿童的品德主要受家庭教育的影响，那么伴随着儿童年龄的增长，社会风气对他们的影响将会越来越大。社会风气是由社会舆论、大众传媒、成人尤其是名人的榜样示范等构成的，学生的生活世界也不可能与社会相分离，他们的道德理想、信念与价值观正处于形成过程中，属于可塑性较强的时期，既容易接受良好社会风气的影响，也容易接受不良社会风气的影响。根据帕克

---

① 岑国祯. 吉利根对道德认知发展理论的修正［J］. 心理科学，1992（4）：31－35.

(Parke) 等人的研究，在其他生活条件相似的情况下，观看暴力电影的学生比其他学生有更多的攻击性行为出现。需要指出的是，青少年由于其自身道德自我的发展尚未成熟，较之成人更不善于作出正确的选择，所以容易受不良社会风气的影响，这样，教育者要特别重视社会风气对青少年学生的影响。

4. 榜样和同伴作用

青少年的态度和道德行为在很大程度上是由他们的同伴集体的行为准则和风气决定的。社会心理学称这种现象为模仿与从众现象。许多研究都表明，青少年的模仿能力比较强，他们的品德往往是通过模仿身边人（如家长、教师或同伴等）的行为而形成的。榜样对学生品德的形成起着潜移默化的作用，社会、家庭以及学校和班集体等方面的成员都可成为学生的模仿对象。从众，是指个人的意见、态度和行动因受多数人的意见、态度与行为的影响而改变。一个良好的班集体对学生优良品德的形成和不良品德的改变有极为重要的作用。如果一个班集体有共同的目标、严明的纪律约束，学生之间和师生之间关系和谐、融洽，集体成员奋发向上，那么个别品德不良的学生由于受到良好的集体气氛的感染，会很快变好，或者至少不敢调皮捣乱，因为他/她的这种行为极其孤立，得不到别人的附和（强化），久而久之，便会消退。

同时，青少年随着年龄的增长逐渐与父母疏远，他们喜欢和同伴交往，希望得到同伴小集体的认可和接纳。假若父母和教师的价值标准不符合他们同伴小集体的标准，他们宁愿冒犯教师和父母而不愿得罪“朋友”。青少年中的非正式团体在小学与初中阶段差不多是清一色的同性群体，即男生与女生分开的群体，到了高中，由于生理上成熟，当他们产生了异性爱的时候，就出现了男女混合群体。这些非正式的小团体无论是思想健康的或不健康的，都对青少年品德的形成和改变有重要影响。

（二）影响个体品德形成与发展的内部因素

影响道德学习的内部因素是指个体自身的各种因素，像智力水平、年龄、性别、教育程度以及其他各种心理因素。在各种内部条件中，影响道德学习最主要的有如下几个心理因素，其中智力水平因素在第七章会有所详论，这里只论余下的几个。

1. 个体拥有社会经验的丰富程度

综观中外学人对个体道德发展的研究可以发现，有许多学人都主张，促使个体的道德从他律水平向自律水平发展的重要条件之一就是个体拥有的社会经验的多少。如，在皮亚杰看来，对儿童而言，在社会经验方面，最重要的是与同伴的相互交往。同伴之间的相互交往，尤其是同伴之间的平等交往，有助于儿童削弱对成人权威的盲从，提高儿童的自尊，使儿童逐渐懂得规则是人们达成一致的结果，在多数人同意的情况下规则可以改变，这样，有助于将儿童引到一个富有灵活性、自律性较高的道德状态。而一个人自律道德的养成过程，从很大程度上说，也就是其品德的形成过程，因此，个体拥有的社会经验的丰富程度，对于个体品德的形成与发展具有一定的影响。一般而言，个体拥有的社会经验越多，越有助于个体品德的形成与发展，反之，个体拥有的社会经验越少，越可能会阻碍个体品德的形成与发展。例如，国外一些有关“情绪对人的亲社会行为的影响”的研究也表明，当一个人为自己的过失而感到内疚时，他们更愿意在未来提供志愿帮助，从而减少内疚。与此相类似，人们的感觉也影响他们的亲社会性。当个体回忆起他们曾经拒绝过别人的事实时，他们的情绪会变得更加消极（Williamson et al，1996）。当他们拒绝的人是一位好朋友、家庭成员或者浪漫爱人时，这一现象尤为明显①。

同时，受教育程度的高低一般与社会经验的多寡存在一定的正相关。这样，青少年的道德认识和道德判断不仅与其智能有关，也随着年级升高、教育水平的提高而进步。依柯尔伯格等人的研究，人的道德观念可以迁移到道德行为上，这就意味着教育程度是影响品德形成与改变的因素之一。低年级学生或文化水平不高的成人常常因道德观念水平低，为细小的事感情冲动，做出不道德的行为。当然，教育程度与品德发展水平之间的关系也是颇复杂的，在生活中文化水平低甚至一字不识的人展现出高尚的道德品质的例子也是比比皆是。

2. 认知失调

勒温（K. Lewin）、皮亚杰、费斯廷格（L. A. Festinger，也译作费斯汀格）和海德（F. Heider）等人的研究都表明，人类具有一种维持平衡和一致性的需要，即力求维持自己的观点、信念的一致，以保持心理平衡。当认知不平衡或不协调时，例如，新出现的事物和自己原有的经验不一致，或者自己的观点与他人的、社会的观点或风气不一致等，这时内心就会有不愉快或紧张的感受，个体就试图通过改变自己的观点或信念，以达到新的平衡。可见，认知失调是品德改变的先决条件。

3. 态度定势

个体由于过去的经验，对所面临的人或事可能会具有某种肯定或否定、趋向或回避、喜好或厌恶等内心倾向性。这种事先的心理准备或态度定势常常支配着一个人对事物的预料与评价，进而影响着是否接受有关的信息和接受的量。对教师有消极的态度定势，则教师的教诲和要求可能会成为耳边风，甚至引发冲突。帮助学生形成对教师、对集体的积极的态度定势或心理准备是使学生接受道德教育的重要前提之一。

---

① 格里格，津巴多. 心理学与生活［M］. 王垒，王甦，译. 16版. 北京：人民邮电出版社，2003：360.

4．道德认知发展水平

品德的形成与改变取决于个体头脑中已有的道德准则和规范的理解水平与掌握程度，取决于已有的道德判断水平。根据皮亚杰和柯尔伯格等人的研究，要改变或提高个体的道德水平，必须考虑其接受能力，遵循先他律而后自律的渐进的原则，否则，一味向他们灌输大道理，即使他们能够熟记这些大道理，也不能被他们的认知结构同化，自然也不能作为一种内在的道德信念来指导行为。实施道德教育时，不应只注意道德教育的形式进行道德说教，而应结合学生的实际生活和切身体验，晓之以理。

二、从动态角度看影响个体品德形成和发展的因素

根据“五因素交互作用论”①，假若引入“时间”因素，用发展的眼光看问题，就会发展这样一个事实：遗传等因素在个体不同年龄阶段所起的作用是不同的，大致而言，从受精卵诞生算起，可以分为三个阶段。

（一）遗传与成熟因素扮演最重要作用的时期

从受精卵诞生起，自此开始至青春期（世界卫生组织将青春期的年龄阶段规定为10—20岁）结束为止，此时虽然个体的心理发展也受到环境和教育因素以及个体主体性的影响，但从总体上看，个体心理发展受遗传与成熟因素影响最大。格塞尔（Gesell，1880　1961）的孪生子爬梯实验的结果就证明：成熟在婴儿的心理发展中扮演着决定性的作用。

（二）环境和教育因素扮演最重要作用的时期

个体自青春期结束起至自己的稳定人格（或叫价值观、人生观与世界观；或叫生活风格）形成之前，个体心理发展受环境和教育因素影响最大。这时，个体的心理包括品性都处于可塑性强的时期，因此，无论对个体进行什么样的道德教育，从总体上看一般都能取得较好的效果，并且，自个体进入幼儿园开始至其稳定的人格形成之前，个体的年龄越小，德育在其身上所展现出来的效果也越理想。当然，要想这种德育作用从性质上看是积极的而不是消极的甚至错误的，从时间上看是持久的而不是短暂的，从效果上看是事半功倍的而不是事倍功半的，就宜对这一阶段的个体进行适当的道德教育。所谓“适当”，就是在选择德育的内容和方法时要符合个体的心理发展特点，并且，所进行的德育也要符合教育的一般规律。

（三）主体性因素扮演最重要作用的时期

主体性，指个体的需要、兴趣、爱好、价值观、人生观和世界观，以及个体

---

① 汪凤炎．从五因素交互作用论看德育的作用［J］．南京师范大学学报（社会科学版），2006（6）：90－94．

根据它们对来自体内外的诸种刺激进行判断、选择、吸收、利用或改造的能力。自个体的稳定人格形成后起，个体的主体性首次在影响个体心理发展（包括品德发展）的诸因素上起第一重要的作用，而且将长期起最重要的作用，直至个体老死为止。具体地说，虽然个体自呱呱落地开始就具有了最低水平的主体意识，此后，随着个体年龄的增长，这种主体性在其中所起作用的比例越来越大，并且，遗传等因素对个体心理的影响说到底都要经由个体的主体性这一中间环节。不过，还是可以这样说，至个体形成稳定的人格之前，遗传、成熟、环境和教育对个体心理的影响要比主体性对个体心理的影响要大。正如中国人常说的“近朱者赤，近墨者黑”。这往往是针对稳定人格还没有形成的个体所说的。但是，个体一旦形成了稳定人格后，其心理发展受其主体性影响最大。只有到了这时，主体性对个体心理发展的影响才第一次超过了环境与教育对其心理发展的影响；也只有到了这时，环境和教育对个体心理（包括品德）有无影响，有什么样的影响或影响的大小，从根本上讲都要取决于个体自己的选择与决定。所以，当个体的稳定人格形成之后，其价值观、人生观、世界观和人格特征均已形成，对于主体性已形成的个体而言，他们愿不愿意接受某种道德教育，愿意在多大程度上接受某种道德教育，从根本上说都取决于其根据自己的需要、价值观、人生观和世界观等因素所作出的选择。认清对主体性已形成的个体进行道德教育的这一特点，对于一个从事以成人（如大学生、研究生等）为对象进行德育的教育者而言，假若其善于进行德育，他就知道应尽量根据成人的主体性特点，为成人提供一些容易被其认可的德育内容和德育方法，方可能会取得好的效果，否则，德育效果肯定不会好的。当然，这里只是用了一个“可能”，而不是“能”，这是由于成人的主体性已生成，假若其中有些人就是不认同教育者所开展的德育，那么，即使教育者做得非常好，也不可能取得理想的效果。对于这类人，假若其德性很低，那就只能先用规章制度或法律去约束他们的行为，而不能一味地指望道德教育的效果。

当然，各阶段之间并无明显的分界线，而是与“长江后浪推前浪”的情形类似：在前一个阶段未完全结束时，后一个阶段的特性已酝酿其中了。遗传、成熟、环境、教育和主体性等五因素对个体心理发展所起的影响依个体年龄的不同而呈现出不同的发展曲线：遗传与成熟对个体心理发展产生的影响从总体上看随个体年龄的逐渐增长而日渐减小。在个体稳定的人格未形成之前，环境和教育对个体心理发展所起的影响，随个体年龄的逐渐增长而日渐增大，并在个体的思维方式达到成熟水平后逐渐占据最重要的位置；不过，在个体稳定的人格形成之后，环境和教育对个体心理发展产生的影响又会逐渐下降。主体性对个体心理发展产生的影响随个体年龄的逐渐增长而日渐增长，至个体形成稳定的人格之后达到最高峰，在此之后个体的心理发展主要是受其主体性所控制，犹如练习曲线中所出现的“高原期”一样。如图 3 – 3 所示：

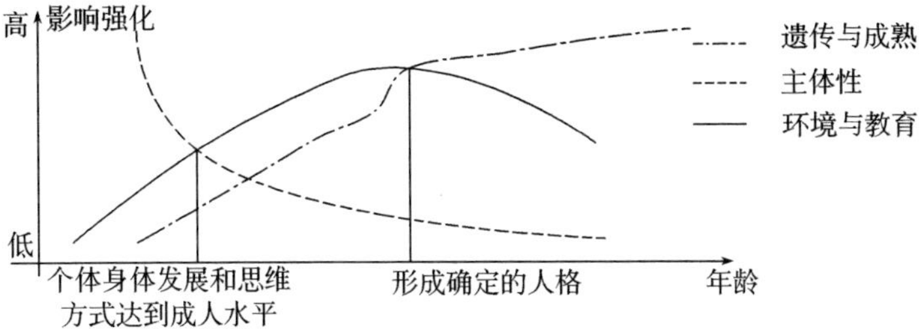

图 3 – 3　五大因素对个体身心的影响随年龄增长而有不同的变化

根据五因素交互作用论，要充分发挥德育在培育人的品质方面所起的重要作用，并使道德教育取得事半功倍的效果，就宜在个体稳定的人格形成之前妥善开展道德教育，这样往往能收到“少成若天性，习惯成自然”的良好效果，一旦错过良机，德育作用就会大打折扣甚至根本就不起作用①。

【建议参考资料】

1. 汪凤炎，郑红. 良心新论——建构一种适合解释道德学习迁移现象的理论［M］. 济南：山东教育出版社，2011.

2. 汪凤炎，郑红. 荣耻心的心理学研究［M］. 北京：人民出版社，2010.

3. 汪凤炎. 从五因素交互作用论看德育的作用［J］. 南京师范大学学报（社会科学版），2006（6）.

4. 科尔伯格. 道德发展心理学：道德阶段的本质与确证［M］. 郭本禹，向谨，黄小丹，等，译. 上海：华东师范大学出版社，2004.

5. 岑国桢，王丽，李胜男. 6—12 岁儿童道德移情、助人行为倾向及其关系的研究［J］. 心理科学，2004，27（4）.

【问题与思考】

1. 简要阐述内求说与外铄说的主要观点。怎样破解外铄说遇到的难题？
2. 如何准确理解道德教育和道德学习领域所讲的“真知”的内涵及其特点？
3. 请简要述评几种有代表性的道德内化观。
4. 道德的内化过程可以分为哪几个阶段？
5. 对偶故事法与道德两难故事法有何异同？
6. 皮亚杰的儿童道德发展理论与柯尔伯格的道德发展阶段理论有何异同？

---

① 汪凤炎. 从五因素交互作用论看德育的作用［J］. 南京师范大学学报（社会科学版），2006（6）：90 – 94.

第四章　品德发生作用的过程

【本章提要】

本章主要探讨品德发生作用的过程，其观点虽有所继承，却是首次明确地系统地探讨这个问题。本章内容共分五节：第一节细致论述了品德发生作用的认知观。所谓“品德发生作用的认知观”，其核心主张是：若能采取有效办法消除道德认知与道德行为之间存在的间隔，由某种道德认知就一定可以导出相应的道德行为。第二节阐述了品德发生作用的情感观。所谓“品德发生作用的情感观”，其核心主张是：在通常情况下，一旦一个人真心喜欢某种或某套道德规范，其按此种或此套道德规范来为人处世的概率就会增大；反之，如果一个人不喜欢某种或某套道德规范，甚至对其深恶痛绝，其按此种或此套道德规范来为人处世的概率就会减小，甚至根本就不会按此种或此套道德规范行事。第三节阐述了品德发生作用的意志观。所谓“品德发生作用的意志观”，其核心主张是：先通过某种或多种方式让人对某种或某套道德规范产生坚定的意志，将能有效地促使一个人坚定地按此种或此套道德规范行事。第四节阐述了品德发生作用的习惯观。所谓“品德发生作用的习惯观”，其核心主张是：先通过某种或多种方式将道德转化成人的道德行为习惯，由道德行为习惯可以导出道德行为。第五节阐述了品德发生作用的整合观。所谓“品德发生作用的整合观”，其核心主张是：是指综合考虑道德认知、道德情感、道德意志和道德行为习惯在激发道德行为中的作用的一种观点。

【学习重点】

1. 掌握品德发生作用的认知观的核心观点
2. 掌握品德发生作用的情感观的核心观点及其优缺点
3. 掌握品德发生作用的意志观的核心观点
4. 掌握品德发生作用的习惯观的核心观点及其优缺点
5. 掌握品德发生作用的整合观的理论模型及其核心观点

【重要术语】

外化　品德发生作用观　品德发生作用的认知观　品德发生作用的情感观　品德发生作用的意志观　品德发生作用的习惯观　品德发生作用的整合观

“外化”是指个体将已经内化了的道德品质主动或被动地转化为外在道德行为的过程。所谓“品德发生作用观”，也叫品德外化观，是指学人对“个体在其先前道德学习中习得的品德是怎样在其日后的生活里主动或被动地转化为外在道德行为”这个问题所提出的诸种理论解释。“品德”是怎样外化的？或者说，品德发生作用的过程或原理是什么？概括起来，在这个问题上，现有三种观点：第一，品德发生作用的良情观。中国先哲虽未明言之，但是，综观他们的有关言论，中国大哲一般都主张品德发生作用的良情观，重视良情的作用，强调道德判断的直接性。正如《孟子·公孙丑上》所说：“所以谓人皆有不忍人之心者，今人乍见孺子将入于井，皆有怵惕恻隐之心。非所以内交于孺子之父母也，非所以要誉于乡党朋友也，非恶其声而然也。”① 第二，品德发生作用的善良意志观。西人康德力倡品德发生作用的善良意志观，重视善良意志在品德发生作用中的重要作用。第三，品德发生作用的认知失调观。在学术界，至今很少有人自觉、深入地探讨“品德发生作用观”这个问题，但它却是一个不容忽视的问题。毕竟，如果不科学探究品德发生作用的心理过程，那么，品德就犹如一个“黑箱子”，其内运行的原理是什么就无从知晓，结果，道德教育是否能产生效果就只能靠“碰运气”了。有鉴于此，本章对品德发生作用的过程作一番探讨，以期起到抛砖引玉的作用。我们深知，将品德转化为人的道德行为是一项复杂的系统工程，“牵一发而动全身”。但是，为了准确而细致地把握它，就有必要先采取分析思维的做法，从知、情、意、行等四个切入点来对它做一细致的梳理；在此基础上，再采取整体思维的做法，本着“整体大于部分之和”的精神，将它们有机地统合起来，形成一个整合式的理论模型。

第一节　品德发生作用的认知观

一些学人有意或无意地认识到，虽然在道德认知与道德行为之间存在一定距离，一个人有了道德认知不一定会产生相应的道德行为，但是，鉴于道德行为是个体“在一定道德意识的指引下”、经过个体“自由选择”后才产生的行为，这就意味着，若想将外在的道德转化成人的道德行为，首先就必须采取一定的方式或方法让人“知道”这些道德规范，因为个体先对道德规范拥有某种程度的“认知”，是个体产生道德行为的先决条件；否则，一种行为即便就其结果而言是有益于他人或社会的，但如果此种行为并不是在道德认识的指引下做出来的，那它充其量只能算做是一种利他行为，决不能视做道德行为。同时，个体若掌握了丰富的道德知识，将其内化成自己的是非之心的有机组成部分之一，就可自觉地为自己的言行定下一定的规矩，而不必依靠外在的强制力量来迫使个体产生道

① 杨伯峻. 孟子译注（上册）[M]. 北京：中华书局，1960：79－80.

德行为。正如朱熹在《白鹿洞书院教条》里所说："苟知其理之当然，而责其身以必然，则夫规矩禁防之具，岂待他人设之而后有所持循哉？"于是，在品德发生作用的心理过程上，就有一些学人有意无意地主张"品德发生作用的认知观"，其核心主张是：若能采取有效办法消除道德认知与道德行为之间存在的间隔，由某种道德认知就一定可以导出相应的道德行为。

一、品德发生作用的认知观：西方学人的观点

在西方，当苏格拉底说出"美德即知识"的命题时，表明了他在某种程度上对"道德发生作用的认知观"的认可；当后世许多西方学人——典型者如柯尔伯格（L. Kohlberg，1927—1987）——都认可"美德即知识"的命题时，同样表明他们的思想里也蕴含有"道德发生作用的认知观"。

（一）"美德即知识"的精义

苏格拉底（Socrates，公元前469—前399年）认为人性是善的，人没有有意作恶的本性。既然如此，为什么又有人会为恶呢？在苏格拉底看来，这是因为无知。所以，苏格拉底反对快乐主义者将快乐或幸福视做最高的善，进而主张德性至善，而德性就是知识。"知"就意味着对事物有正确的观念，知道它们的目标或目的，知道它们对什么有好处。人知道什么事对他自己有好处就会去做这件事，就能实现他的愿望、利益和幸福。没有知识，一个人不可能得到幸福。当然，德性虽有益于幸福，但若德性与幸福发生了冲突，决不可为了幸福而牺牲德性。所以，知识是至善的。换言之，德性就是有关善与恶的知识及随后的行善避恶①。一个人只要具备相应的知识，就会做出合乎道德的行为，就会成为一个善人。这就是苏格拉底著名的"美德即知识"、"知识即美德"的思想。苏格拉底说："如果有任何一种的善是和知识有别的，美德就可能是那种的善；但如果知识包括了一切的善，那么我们认为美德即知识就将是对的。""美德整个地或部分地是智慧。"② 既然美德即知识，那么，人的具体德行诸如节制，正义，勇敢，敏悟，强记，豪爽等等，假若不以知识为指导，就会变成有害而无益的东西。例如："勇敢而不谨慎，岂不是一种莽撞？一个人若是没有理性，勇敢对他是有害的，但他若有理性，这对他岂不就有益了？"③同理，其他德行亦要以理性、智慧为指导，才能真正为善，否则就会为害。"如果在智慧的指导之下，结局就是

① 弗兰克·梯利. 伦理学概论［M］. 何意，译. 北京：中国人民大学出版社，1987：120－121.

②③ 北京大学哲学系外国哲学史教研室. 古希腊罗马哲学［M］. 北京：商务印书馆，1961：164－166.

幸福；但如果在愚蠢的指导之下，则结局就相反。”① 美德即是知识、智慧，那么，一个人一旦拥有知识与智慧，就可凭借自己的知识与智慧做出合乎道德的行动。

作为苏格拉底的学生与追随者，柏拉图（Plato，公元前427—前347）也认为，至善不是快乐，至善是一种理性生活。② 亚里士多德（Aristotle，公元前384—前322）认为，快乐虽是一种善，却不是至善。事实上，我们努力追求荣誉、快乐、德性和智慧，都是为了那由于自身的缘故而被追求的目的，那目的就是“幸福”。何谓“幸福”？既然每种生物的幸福都在于它的特殊性质的实现，自然而然地，人的幸福就在于实现那使人成为人的东西，这意味着，人的幸福在于训练理智的活动。人类存在的至善就是理性的训练③。既然“美德即知识”，从这个角度看，在道德教育中传授给人相应的道德知识就是很重要的一件事情。

（二）对“美德即知识”的常见误解及消除对策

对于苏格拉底的“美德即知识”、“知识即美德”、“无人有意作恶”，在学术界常见三种误解：

1.“美德即知识”虽强调知识却忽视了情感在成就个体品德中的决定作用

一些人仅从字面上看，然后望文生义，认为从“美德即知识”命题看，苏格拉底将知识与品德合二为一，认为无知识便不能为善，其所以恶，乃是由于不明了真正的善的概念。这好像只强调理性在成就个体品德中的决定作用，只要求人们去关心知识，而不重视情感在品德中的作用。

要正确消除对苏格拉底“美德即知识”这一命题存在的这一误解，关键在于要把苏格拉底的伦理道德思想和他的整个哲学思想联系起来考虑。苏格拉底的所谓“知识”，不同于感受，不同于流行的意见（哪怕是正确的意见），而是一种理性的、必然的真理。在他看来，这种知识是不可能从自然中得来的，因而不是自然的知识。因为自然界有质和量两个方面，可以从质与量两个方面来加以把握，这样，广义的“自然哲学”也就有两派：从质方面把握自然界的伊奥尼亚学派和从量的方面把握自然界的毕达哥拉斯学派。从柏拉图对话、特别是《费多》篇中关于“正”、“奇”、“大”、“小”等数的概念的讨论里可知，苏格拉底不仅对强调事物质的关系的伊奥尼亚学派持否定态度，而且对强调事物数量关系的南意大利学派也同样有所改造（这并不否认苏格拉底的“理念论”与毕达哥拉斯学派的渊源关系）。所以，在苏格拉底面前的既不是质的世界，也不是量的

① 北京大学哲学系外国哲学史教研室．古希腊罗马哲学［M］．北京：商务印书馆，1961：165．

② 柏拉图．柏拉图全集（第三卷）［M］．王晓朝，译．北京：人民出版社，2003：188．

③ 弗兰克·梯利．伦理学概论［M］．何意，译．北京：中国人民大学出版社，1987：123．

世界，既不是物理世界，也不是数学世界，而是目的（功能）的世界、伦理的世界，即人的世界、善的世界、理念的世界。在这个意义上讲，苏格拉底所谓“美德即知识”的“知识”就既不是自然的物理知识，也不是自然的数量知识，而是整个世界的理念的知识、善的知识、“自我”的知识①。既然如此，苏格拉底的“美德即知识”的命题中就潜藏有知情合一的因素。因为在苏格拉底看来，道德认知与纯粹的认知有一个显著的不同：道德认知本身就是知情合一的，而纯粹的认知则可以是“冷冰冰的”。例如，一个人看见桌子上摆着一个茶杯，从而产生了“桌上有茶杯”的认知，这种认知因其可以不带认知者的一丝情感，所以，它只是一种纯粹的认知。但是，当一个人看到善良的人在舍己救人，或者，看到一个坏人在损人利己，此时产生的认知本来“应该”自然地带有相应的情绪体验：看到善良的人在舍己救人，此时产生的认知里本应该自然地带有敬佩、惋惜之类的情感；看到坏人在损人利己，此时产生的认知里本应该自然地带有愤怒、痛恨之类的情感。正由于此种认知里“自然或天然地”带有一定的道德情绪，因而它才是一种有别于纯粹认知的道德认知；也正由于道德认知里“自然或天然地”带有一定的道德情绪，所以它才能做到知行合一。正是在此意义上，苏格拉底才说：“美德即知识。”从这个角度看，当代中国一些不佳的道德教育里存在的一个重大缺陷是：居然将本是知情合一的道德认知里的情感因素抽离掉，致使道德认知实际上变成了纯粹的认知。这是导致道德教育里出现“知行分离”以及出现“冷冰冰”的“伪道德认知”（因为它实际上只是纯粹的认知，而不是真正意义上的道德认知）的深刻根源之一。

其实，对于苏格拉底的上述观点，亚里士多德曾这样分析：

“儿童和野兽都具有某些自然的品质，如若没有理智就会成为有害的。一个强壮却失去视力的躯体，更是显而易见的，由于看不见，他在运动中就不免蹉跌，在道德领域内，情况也不两样。如若一个人有了理智，在他的行为中就大不一样了，在先前只是相似的品质，如今就成为主要德性。正如在意见方面有两类德性，聪明和明智，在伦理方面也有两类，即自然德性和主要德性。在这里没有明智，主要德性就不能生成。正是这一缘故，有的人就认为全部德性都是明智。苏格拉底的探索，有时是正确的，有时是错误的。在他认为全部德性都是明智的时，他是错误的，在他说德性离不开明智时，就完全正确。作为这一点的证明，就是现在所有的人，在对德性作规定时，除了所说的之外，总还要加上，它是合乎正确原理的品质。只有合乎明智，这种品质才是德性。不过这里须要作一小小的改动，这种品质不但要合乎正确原理，还要与它相伴随才是德性。而明智则是关于实践活动的正确原理。苏格拉底认为德性就是理性（因为全部德性都是知

① 叶秀山. 苏格拉底及其哲学思想［M］. 北京：人民出版社，1986：125.

识）。而在我们看来德性伴随着理性。从以上所说，可以明显看出，没有明智就不存在主要的善，没有伦理德性也不存在明智。

（通过这个道理也可解决有人所提出的辩证说法，在他们看来德性似乎是相互排斥的，谁也没有这种天生的福分具有全部德性。所以，他只能获得这种德性，而得不到那种德性。这种看法对自然德性来说是可能的，至于说到那些总括的、不受限制的德性则不是这样。人们只要具备了明智这一种德性，就具备了全部德性。）即使明智并无实践意义，它显然是必要的。因为它是德性的一个部分。同时，没有明智也就没有正确的选择，正如没有了德性一样。因为德性提供了目的，明智则提供了达到目的的实践。"①

这表明，虽不能简单地将美德与知识等同起来，说"美德就是知识"，但是，美德与知识也有密切关系，美德不能没有知识。因为道德认知意义上的"知"虽不同于事实的认知，不过，就其对善恶的分辨、人伦关系的把握、规范的理解等内容来讲，似乎也近于对"是什么"的探讨。拿善恶之知而言，知善知恶所要解决的也不外乎什么是善什么是恶的问题②。既然美德不能没有知识，那么，要想人的德性一步一步地生成，就必须在道德教育中适时地增加人的知识。

2. "美德即知识"否认了"知"和"行"之间的区别和矛盾

第二种误解是，苏格拉底"美德即知识"这一命题等同了"知"和"行"，否认了"知"和"行"之间的区别和矛盾。

要正确消除这一误解，关键在于准确把握苏格拉底看待问题的基本立场。苏格拉底是从自己的哲学基本立场——实践理性优先——来立论的，在最高的意义上，"理念"即是"善"或"德"，"理念"本身具有一种现实性的力量，所谓对"建筑师"之"德"的知识，就不仅是纸上的，而且还应是实际的，包括了把纸上的设计付诸实际的"技术"（包括组织人力去实现的技术）在内，"德"本身要求"发挥"（实际）作用，所以这种对"德"、"善"、"理念"的知识，不仅是理论的、静观的，而且是实践的。不实际盖房子的"建筑师"，按苏格拉底的哲学看，只是"像""建筑师"，不是"真"（现实的）"建筑师"，因为他对自己作为建筑师的职责、功能、作用——作为建筑师的本质——"德"，并无真知。在苏格拉底看来，"德"不是一个自然概念、理论概念，对"德"的知识也不仅是理论的知识，而是一个实践的概念，它不是静观的，而是能动的，这个概念在苏格拉底哲学体系中高于自然的概念。从这个意义上说，所谓"德"包

---

① 亚里士多德．尼科马科伦理学［M］//苗力田．亚里士多德全集（第八卷）．北京：中国人民大学出版社，1992：136－137.

② 杨国荣．道德系统中的德性［J］．中国社会科学，2000（3）：85－97.

括了人的一切优秀品质，包括了这些品质在现实中发挥作用这样一种能动性，因而也可以理解为“人”的本质。苏格拉底在《克拉底鲁》篇里说，“‘德’诸如明智、聪明、正义等一切（品质）”，可谓集人之优秀品质之大全，是为人之“理念”。这样，对于“德”的知识，就是对“理念”（对人的“理念”）的知识，就是人的自我认识，就是“认识你自己”。“自我”的知识，既是真理，又是道德，知识与道德就是在这个意义上统一了起来。反过来说，既然知识即美德，那么无知则是罪恶，用苏格拉底的原话说，知识为善（好），无知为恶（坏）。《拉克》篇中尼契阿斯说，他经常听到苏格拉底说“智慧与善是一回事，而无知与恶也是一回事”。如果“知识即善”常被批评为过于简单的话，那么“无知为恶”则可能被批评为违反常理。中国俗话说“不知者不罪”，似乎已成为普遍接受的道理。关键问题还在于这里的“知”有两种不同的哲学意义，成语中的“知”，是一种自然的知识、理论的知识，人非圣贤（或如希腊人说的，人非神），不能“全知”，不具备某种“自然”的知识，并无罪过；但如果按苏格拉底所理解的“知”，即作为一种对人的理性自我本质的道德意识，那么，有这种意识为“善”，无这种意识当然可以称做“恶”，于是，这里似乎就没有什么违反常理的地方了①。

3. 从“美德即知识”出发就要重视讲授法在道德教育里的作用

第三种误解是，既然苏格拉底的“美德即知识”命题有较大的合理性，那么，在道德教育里就要重视讲授法的价值，因为知识是可以通过讲授法来传授的。

要正确消除这一误解，关键在于准确把握苏格拉底所讲的“知识”的内涵。如上文所论，在苏格拉底看来，“德”不是一个自然概念、理论概念，对“德”的知识也不仅是理论的知识，而是一种实践的知识。因此，在向人尤其是年幼儿童传授这种知识时，讲授法虽有一定的价值，却不是唯一的，甚至不是最重要的传授方法，要想个体尤其是年幼的儿童有效掌握这种知识，想方设法让他们在亲身实践里去获取是颇有效的。正如卢梭所说，在达到懂事年龄之前，儿童只能了解物质世界，不能了解精神世界；只了解具体的东西，对抽象的东西缺乏概念；他们也不大懂得人与人之间的社会关系。所以，应当尽量避免使用表示这些东西的词，以免孩子给这些词加上一些谁也不懂或从此就难以纠正的错误含义。在儿童头脑中产生的第一个不正确的观念，将成为他/她身上滋生错误和恶习的病源，教育者应当注意的正是这头一步路。要尽量用可以感觉到的事物去影响儿童，让他/她所有的观念停留于感觉，他/她从各方面都只看到其周围的物质世界。不这样做，儿童就难以听从教育者的指导，或者对成人讲的精神世界产生一些荒谬的概念。于是，卢梭反对洛克所主张的用理性去教育孩子的观点，在卢梭看来，这

① 叶秀山. 苏格拉底及其哲学思想［M］. 北京：人民出版社，1986：125－132.

是不可靠的。据卢梭的观察，那些受过许多理性教育的孩子在行为方面其实并不是最好的，甚至是“很傻”的。在人的一切官能中，理智是由其他各种官能综合而成的，因此它最难发展，而且也发展得迟。一种良好教育的优异结果就是造就一个有理性的人。正因为这个缘故，人们就企图用理性去教育孩子。这是一种本末倒置——把目的当做了手段。假若孩子懂道理的话，他们就没有受教育的必要了。但是，由于你们从他们幼年时候起就对他们讲一种他们根本听不懂的语言，就使他们养成了种种习惯：爱玩弄字眼、爱打断别人的讲话、认为自己同老师一样高明、凡事总爱争辩……卢梭主张，不要对儿童进行任何口头教训，应该让他们从经验中去吸取教训。今天看来，虽然儿童心理学的研究证明，儿童的理解力和善恶观不像卢梭估计得那么低，但卢梭主张应让儿童在“做中获取做人的经验”的见解有一定的道理①，尤其卢梭主张对儿童的教育不要仅仅停留在对儿童进行口头教训的层面上，而应该让他们从经验中去吸取教训的观点与中国人重视“亲知”的思想是相通的。

二、品德发生作用的认知观：中国学人的观点

在中国，二程等人在论道德教育或道德学习时，极力主张“知先行后的知行合一观”②，也表明他们的思想里蕴含有“品德发生作用的认知观”。那么，怎样才能有效消除道德认知与道德行为之间存在的间隔呢？综观中国学人的思想与做法，最著名的观点有二。

（一）获取“亲知”是消除知行脱节的一个有效手段

早在先秦时期，中国学人就认识到，依个体获取知识或认知的方式不同，“知”有不同的类型。正如《墨子·经说上》所说：“知，传受之，闻也；方不障，说也；身观焉，亲也。”“传闻之知”指得自他人传授的认知或知识。“说知”指超越一般的可见之物或媒介，通过推论才获得的认知或知识。“亲知”指个体自己通过亲身观察事物或亲身实践而获得的认知或知识③。这些通过不同方式获得的知识，就其与“行”的关系而言，是有很大差异的。正如宋代著名学者二程所说：

“真知与常知异。常见一田夫，曾被虎伤，有人说虎伤人，众莫不惊，独田夫色动异于众。若虎能伤人，虽三尺童子莫不知之，然未尝真知。真知须如田夫乃是。故人知不善而犹为不善，是亦未尝真知。若真知，决不为矣。”④

---

① 陈会昌. 道德发展心理学［M］. 合肥：安徽教育出版社，2004：26－27.

② 汪凤炎. 中国传统德育心理学思想及其现代意义（修订版）［M］. 上海：上海教育出版社，2007：341－345.

③ 燕国材. 心理学思想史·中国卷［M］. 长沙：湖南教育出版社，2004：88.

④ 程颢，程颐. 二程遗书（卷二上）［M］. 上海：上海古籍出版社，2000.

据《二程遗书》卷十八记载：

问："忠信进德之事，固可勉强，然致知甚难。"曰："子以诚敬为可勉强，且恁地说。到底，须是知了方行得。若不知，只是觑却尧学他行事。无尧许多聪明睿知，怎生得如他动容周旋中礼？有诸中，必形诸外。德容安可妄学？如子所言，是笃信而固守之，非固有之也。且如《中庸》九经，修身也，尊贤也，亲亲也。《尧典》'克明峻德，以亲九族'。亲亲本合在尊贤上，何故却在下？须是知所以亲亲之道方得。未致知，便欲诚意，是躐等也。学者固当勉强，然不致知，怎生行得？勉强行者，安能持久？除非烛理明，自然乐循理。性本善，循理而行是须理事，本亦不难，但为人不知，旋安排著，便道难也。知有多少般数，煞有深浅。向亲见一人，曾为虎所伤，因言及虎，神色便变。傍有数人，见佗说虎，非不知虎之猛可畏，然不如佗说了有畏惧之色，盖真知虎者也。学者深知亦如此。且如脍炙，贵公子与野人莫不皆知其美，然贵人闻著便有欲嗜脍炙之色，野人则不然。学者须是真知，才知得是，便泰然行将去也。某年二十时，解释经义，与今无异，然思今日，觉得意味与少时自别。"①

从"有诸中，必形诸外"一语看，二程实际上已触及了品德的外化问题。根据上述两段话可知，在二程看来，"知"可以分为"真知"（相当于墨家所讲的"亲知"，为了避免与下文所讲的"真知"相混淆，下面就多用"亲知"来指称二程所讲的"真知"）与"常知"两种类型，这两种"知"与"行"之间的关系是不一样的："亲知"指个体亲身经历而知。由于此"知"的内容均来自个体自己的亲身经历，个体对它有着非常真实的亲身体验，故而它对亲历者而言既是真真切切的"知"，也是"亲切"的"知"，能让个体刻骨铭心，不但能让个体终身不忘，而且能直接诱导个体生发出相应的行为，即"知行合一"。这说明"亲知"的显著特点有二：一是"真切"，它与虚假相对；二是"亲切"，这实际上是一种情绪或情感，这表明"亲知"里面"天然地"就含有某种情绪情感因素。正由于"亲知"具有这两个显著特点，所以，"亲知"与"行"之间关系紧密，有某种"亲知"就能生发出相应的"行"。"常知"指个体通过道听途说得到的"知"。由于此"知"的内容主要来自传闻，是间接得来的，个体对它没有任何亲身经验，这样，"常知"是一种隔靴搔痒式的"知"，个体自然对它知之不深，也就难以对它真正理解，结果，由此种"知"也就不可能有效地导出相应的"行"，甚至会"知而不会行"或"知而不愿行"。这表明，"常知"与"行"之间关系松散，有某种"常知"不一定会产生相应的"行"。因此，让个体对相关道德规范产生"亲知"，是消除其在道德修养中知行脱节的有效手段。

---

① 程颢，程颐. 二程集（上册）[M]. 王孝鱼，点校. 2 版. 北京：中华书局，2004：187－188.

在道德教育或道德学习里，怎样才能有效地让人获得“亲知”呢？大量证据表明，最有效的做法就是：做中知。因为有关做人的知识，其中虽有些是可以“说得清，道得明的”，但更多的是“只可意会，不可言传”，“如人饮水，冷暖自知”。英籍哲学家波兰尼（M. Polanyi，1891—1976）特别强调：“当我说到不可表达的知识时，应从字面意义上去理解，而不应被视为神秘经验的名称。……我所说的‘不可表达’只是意味着我知道并能描述的某种东西，尽管这种描述比通常的情形更不准确甚或非常模糊。”① 正由于此，中国许多优秀的教育家大都主张通过“做中知”的方式来培育个体的品行，因为“做”中得来的“知”是“全面的知”，自然容易消除“知而不会行”的弊病。正如《孟子·离娄上》所说：“君子深造之以道，欲其自得之也。自得之，则居之安；居之安，则资之深；资之深，则取之左右逢其原，故君子欲其自得之也。”同时，“做中”得来的“知”更易让个体产生“认同”，从而更易消除“知而不愿行”的弊病。简言之，“做”中得来的“知”才是“真知”，才易“知行合一”。正如王守仁在《传习录·中·答顾东桥书》里所说：“知之真切笃实处，即是行；行之明觉精察处，即是知。知行工夫本不可离，只为后世学者分作两截用功，失却知行本体，故有合一并进之说。真知即所以为行，不行不足谓之知。”

虽然个体通过“亲知”所获得的“知”的确很“真切”，并且通过“做中学”的方式的确有助于个体获得“默会知识”，从而有助于个体产生相应的“行”。但是，无论从理论还是从实践的层面讲，一种“知”即便很“真切”、很完整（既包括明确知识，也包括默会知识），假若个体从内心抵制它，仍不能有效地促使个体产生相应的“行”，这是“通过获取‘亲知’来帮助个体消除知行脱节”这一手段的一大不足。

（二）获取“信仰知”是消除知行脱节的最有效手段

信仰是指“对某种宗教或主义极度信服和尊重，并以之为行动的准则”。② 相应地，“信仰知”，指个体对某种知识或认识达到信仰程度的知。在道德教育或道德学习中，一般意义的道德认知与道德行为既能合一，也可分离，其间不存在固定的“合一”关系；但是，假若一个人对某种道德规范的“知”达到了信仰性认同，就绝不会再有知行不一的情况发生，恰恰相反，此种“信仰知”是一定会产生相应的道德行为的，换言之，达到信仰程度的道德认知与相应的道德行为之间存在固定的“合一”关系。所以，如果个体对某一（套）道德规范的认知达到非常深刻的程度尤其是信仰的高度时，就能让其形成稳定、牢固的是非

① 波兰尼．个人知识——迈向后批判哲学［M］．许泽民，译．贵阳：贵州人民出版社，2000：129－130.

② 夏征农，陈至立．辞海［M］．第六版彩图本．上海：上海辞书出版社，2009：2556.

之心，这往往能收到知行合一的功效。正如《二程遗书》卷十五所说："知之深，则行之必至，无有知之而不能行者。知而不能行，只是知得浅。"在现实生活里，像颜回之类的孔门弟子，由于对孔子学说达到了信仰性认知水平，在践行孔子思想时不但能够做到知行合一，而且以此为乐。正如孔子称赞颜回所说："贤哉，回也！一箪食，一瓢饮，在陋巷，人不堪其忧，回也不改其乐。贤哉，回也！"① 一些虔诚的宗教信徒能按自己所信仰的教义来处世，且是知行合一。由此可见，采取有效方法促使个体"将'知'转化为'信仰知'"，是消除知行脱节的最有效手段。

三、小结

综上所论，若要做到既妥善汲取"亲知"和"信仰知"的精义，又剔除二者自有的弱点，可以用"真知"（与二程所讲的"真知"不尽相同，详见第三章相关内容）来统称它们。从道德认知的层面看，要将道德高效地转化为道德行为，最有效的办法就是采取多种方式让人对某一套道德规范产生"真知"，形成正确、稳定、牢固的是非之心。从这个意义上说，陶行知说得好，道德教育或道德学习的真谛，是"千教万教，教人求真"、"千学万学，学做真人"。② 个体一旦对某一套道德规范产生了"真知"，当其依自己内心的这个是非之心去行事时，就会体验到恬静、愉快、自豪之类的积极情绪。当其因"一念之差"而做出了违背自己是非之心的事情时，随即就会产生认知失调，并伴有羞愧、内疚之类的负面情绪，随后，个体一般就会采取相应的措施去重新恢复内心的平静。

第二节　品德发生作用的情感观

一、"品德发生作用的情感观"的核心观点

当代普通心理学一般将情绪（emotion）界定为：一种由客观事物与人的需要相互作用而使人产生的躯体上和精神上的复杂的变化模式，包括相应的生理唤醒、主观体验、认知过程以及行为反应，这些都是个体对其知觉到的环境的反应，也是个体的需要是否获得满足的反映。既然"情绪"的定义中就已包含"生理唤醒"与"行为反应"，毫无疑问，"情绪"与"行为"之间就"天然"地存在高度的一致性：一旦某种情绪尤其是某种强烈的情绪被激发出来，往往随即就会产生相应的行为。有鉴于此，在品德发生作用的心理机制问题上，中西方学人有一种观点是共通的，即道德情感不但是一个人将外在的道德规范内化为自己的德性的关键因素之一，也是促使一个人愿意将自己习得的道德规范展现在自

① 杨伯峻．论语译注［M］．2版．北京：中华书局，1980：59．

② 陶行知．陶行知全集（第三卷）［M］．长沙：湖南教育出版社，1985：608．

己的行为中的重要因素之一。因此，先通过某种或多种方式让人对某种或某套道德规范产生道德情感，将能有效地促使一个人乐意按此种或此套道德规范行事。换言之，在通常情况下，一旦一个人真心喜欢某种或某套道德规范，其按此种或此套道德规范来为人处世的概率就会增大；反之，如果一个人不喜欢某种或某套道德规范，甚至对其深恶痛绝，其按此种或此套道德规范来为人处世的概率就会减小，甚至根本就不会按此种或此套道德规范行事。这种相信由真良情可以导出道德行为的观点，可以将之概括为“品德发生作用的情感观”。

（一）品德发生作用的情感观：中式观点

在中国，早在先秦时期，孔子在与学生宰我讨论“父母死了，子女是否要守孝三年”这个问题时，有下面一段对话。

宰我问：“三年之丧，期已久矣。君子三年不为礼，礼必坏；三年不为乐，乐必崩。旧谷既没，新谷既升，钻燧改火，期可已矣。”

子曰：“食夫稻，衣夫锦，于女安乎？”

曰：“安！”

“女安，则为之。夫君子之居丧，食旨不甘，闻乐不乐，居处不安，故不为也。今女安，则为之。”

宰我出。子曰：“予之不仁也！子生三年，然后免于父母之怀。夫三年之丧，天下之通丧也。予也有三年之爱于其父母乎？”①

当宰我主张“只需守孝一年”时，孔子问宰我：“你这样做会感到心安吗？如果感到心安，你就去做吧！”“心安”指的就是一种道德情感。常言说：心安则理得。一个人的行为只有做到既不受自己良心的批评，也不受别人谴责，才能感到心安。老子相信：高尚情感是促使人们产生道德行为的动力。《老子·六十七章》说：“我有三宝，持而保之。一曰慈，二曰俭，三曰不敢为天下先。慈，故能勇；俭，故能广；不敢为天下先，故能成器长。今舍慈且勇，舍俭且广，舍后且先，死矣！夫慈，以战则胜，以守则固。天将救之，以慈卫之。”对于“慈，故能勇”一语，韩非子在《解老》里的解释是：

“爱子者慈于子，重生者慈于身，贵功者慈于事。慈母之于弱子也，务致其福，务致其福则事除其祸，事除其祸则思虑熟，思虑熟则得事理，得事理则必成功，必成功则其行之也不疑，不疑之谓勇。圣人之于万事也，尽如慈母之为弱子虑也，故见必行之道；见必行之道则其从事亦不疑，不疑之谓勇。不疑生于慈，故曰：慈故能勇”。

许多事实也表明，一个对自己孩子特别慈爱的父母，当看到其子女可能会受到伤害时，往往会奋不顾身去救自己的孩子，显示出为人父母者最大的勇敢。

① 杨伯峻. 论语译注［M］. 2版. 北京：中华书局，1980：188.

“慈，故能勇”的命题告诉人们，人的情感尤其是高尚情感是能激发人的善良与勇敢之类品质，并使其发生实际的效用的①。其后，孟子将道德归源于人的恻隐之心、是非之心、好恶之心和羞耻之心，坚信由良情可以导出道德行为。孟子的这一观点与下文将讲的休谟（D. Hume，1711—1776）的见解有相通之处②。孟子坚信由良情可以导出道德行为的思想为后人所继承。如《淮南子·缪称训》也说：“君子见过忘罚，故能谏；见贤忘贱，故能让；见不足忘贫，故能施。情系于中，行形于外，凡行戴情，虽过无怨；不戴其情，虽忠来恶。”

（二）品德发生作用的情感观：西式观点

在西方，也有一些学人——如亚里士多德、约翰·洛克、休谟、边沁、密尔、卢梭和亚当·斯密等——将“同情”、“爱”或变化万千的幸福感（不同的人有不同的幸福感）之类的道德感作为道德的最高原则，非常强调正当的感情和道德精神，就是因为它们容易导致正当的行为。心灵是道德的城堡，纯洁的心灵容易引向纯洁的行为。一个人的感情的调整必然影响到他的行为，反之亦然。劝导一个人不要恨他的兄弟，会使他减弱他对兄弟的加害；而说服他不要加害自己的兄弟，同样也就把他的憎恨限定在某一范围内③。例如，约翰·洛克曾说：

“我想，寻求幸福和避免不幸对人来说是正当的事情。幸福在于心灵的快乐和满足，不幸则是心灵的纷扰、不安和痛苦。所以我所要做的就是尽可能地寻求满足和快乐，尽可能地避免不安和苦恼。但是有一点是我必须注意而决不能忽略的，即假若我喜欢暂时的快乐更甚于长久的快乐，那么显然我是在取消自己的幸福。……生活中最持久的快乐是：1. 健康，2. 声望，3. 知识，4. 行善，5. 对来世永恒无限的幸福的期望。”④

既然“行善”是生活中最持久的快乐之一，而寻求幸福和避免不幸对人来说是正当的事情，所以，在洛克看来，寻求幸福就是导致人行善的重要心因。休谟明确主张：“道德的区别不是从理性得来的”⑤，“道德的区别是由道德感得来的……因此，道德宁可以说是被人感觉到的，而不是被人判断出来的；不过这个感觉或情绪往往是那样柔弱和温和，以致我们容易把它和观念相混，因为依照我们平常的习惯，一切具有密切类似关系的事物都被当做是同一的。”⑥ 进而，休谟说道：

---

① 高觉敷. 中国心理学史［M］. 2版. 北京：人民教育出版社，2005：72.

② 王锟. 义务乎？幸福乎？爱乎？——康德、孔子和休谟的对话［EB/OL］. http://www.confucius2000.com/confucius/ywhxfhahkdkzxmdh.htm，2009.

③ 梯利. 伦理学概论［M］. 何意，译. 北京：中国人民大学出版社，1987：96.

④ 梯利. 伦理学概论［M］. 何意，译. 北京：中国人民大学出版社，1987：109.

⑤ 休谟. 人性论（下册）［M］. 关文运，译. 北京：商务印书馆，1980：495.

⑥ 休谟. 人性论（下册）［M］. 关文运，译. 北京：商务印书馆，1980：510.

“同情是人性中一个强有力的原则。……同情对于我们的美感有一种巨大的影响。我们发现，当同情单独发生作用，而无任何其他原则与之协作时，它就有足够的力量，可以给我们以最强的赞许情绪，正如在正义、忠顺、贞操和礼貌等方面就是那样。我们可以说，在大多数的德的方面，都发现有使同情发生作用的一切必要条件；这些德大部分都有促进社会福利的倾向，或是有促进具有这些德的人的福利的倾向。如果我们比较一下所有这些条件，我们将不会怀疑，同情是道德区别的主要源泉；特别是当我们考虑到，在一种情形下对这个假设所提出的反驳总是可以推广到一切情形的。正义之所以得到赞许，确实只是为了它有促进公益的倾向：而公益若不是由于同情使我们对它发生关切，对我们也是漠不相关的。对于凡有促进公益的相似倾向的其他一切的德，我们也可以作同样的假设。那些德所以有价值，都一定是因为我们同情那些由它们而获得任何利益的人，正如那些有促进本人福利倾向的德，是由于我们对他的同情而获得它们的价值一样。”①

由此可见，休谟的伦理学的基础是道德感，他主张道德感是人们区别道德善恶的直接依据。在诸种道德感中，“同情”是人性中一个最强有力的法则。任何一种德目之所以有价值，都一定是因为我们同情那些由它们而获得任何利益的人。因此，人们赞许某一种德性，一定是出于心中的同情之故。当然，休谟也不反对人们因某种德性对自己或他人有用而赞许它，不过，即便在此时，仍有同情的功劳。正由于此，休谟也常被后人看做情感主义伦理学与功利主义伦理学的双重前驱者。

二、“品德发生作用的情感观”的优点与缺陷

（一）“品德发生作用的情感观”的优点

结合孔子、孟子和休谟等人的见解以及生活中无数实例看，在许多时候，道德情感的确能够有效地激发个体产生出道德行为。假若人类没有同情、仁爱之类的道德情感，假若人们都不希望与自己的同胞生活在一起，不希望通过仁慈的利他主义联合在一起，那么，人类的社会生活就无法存在，人类社会就不会发展到今天；假若没有同情、仁爱之类的积极道德情感去推动人们行善，没有羞愧、内疚、畏惧之类的消极道德情感去引导人们远离罪恶或促使犯错误的人改过自新，那么，人类可能早就自我毁灭了②。从这个意义上说，品德发生作用的情感观看到了道德情感对道德行为的重要作用，这是有道理的。

（二）“品德发生作用的情感观”的缺陷

品德发生作用的情感观只强调道德情感对道德行为的作用，这种单因素论因

① 休谟．人性论（下册）［M］．关文运，译．北京：商务印书馆，1980：661－662．

② 弗兰克·梯利．伦理学概论［M］．何意，译．北京：中国人民大学出版社，1987：179．

其过于简单，自然也带来一些缺陷。

1. 道德情感不一定能时时产生出道德行为

用心理学的眼光看，情绪情感有性质上的差异，从性质上可以将情绪情感区分为道德情感、无善无恶之情（非道德情感）与恶情（不道德情感）等三种。所谓“无善无恶之情”，指与一定社会道德规范无关的情绪情感，如，婴儿对人表现出来的情绪。所谓“恶情”，指那些能从正面或反面诱导个体趋恶避善的情感，如妒忌（嫉妒）等。

由无善无恶之情生出的行为是非道德行为，因为在此行为之前没有相应的道德情感，而之所以没有相应的道德情感，很显然是因为没有相应的道德认知，毕竟“情”由“知”生，正所谓“世界上没有无缘无故的爱，也没有无缘无故的恨。”由“恶情”生出的行为一般都是不道德行为，因为其包含了不道德的认知因素在内。如，由妒忌（嫉妒）生出妒忌行为，此种行为就是一种不道德行为。

但是，道德情感与行为之间的关系却要复杂得多。这是因为，由道德情感生出的行为既可能是一种道德行为，也可能是一种不道德行为。前者如战士因爱国情感而在战场上英勇杀敌，这就是一种典型的由爱国之情激发出来的道德行为；后者如一个人好心做坏事，之所以叫“好心”，说明其中包含道德认知和道德情感，而一旦做出来的事情是“坏事”，那就绝不能叫道德行为。例如，生活中某些身居要职者，不正是由于溺爱子女，才走上了犯罪的道路吗？身为父母者，真心关心自己的子女，这本是一种人间真情，自然也是一种合乎道德的情感，但是，如果没有理智的引导，不能把握其度，对子女太过爱护，产生溺爱之情，就容易做出一些不道德的行为。这说明，即便是善情，也需要“理智”的引导，否则也很难帮助个体导出真正的道德行为。因此，道德情感只“可能”帮助个体导出道德行为，而不是“一定”或“必然”帮助个体导出道德行为。

2. 有时难以直接从情绪本身判定何谓道德情感

有些情感本身很难判断其是道德的还是不道德的，必须与其所指向的对象联系起来才能作出正确的判断。以“怒”为例，陈确说得好：“所谓怒亦不同，有公怒，有私怒。私怒决不可有，公怒决不可无。公怒为天下国家，私怒只为一己。”① 再以“仇恨”为例，一个人很难抽象地说“仇恨”是一种道德情感，还是一种不道德情感，必须联系“仇恨的对象”来考察，才能作出正确判断。例如，在抗日战争时期，一个中国人对侵占中国领土和屠杀中国人民的日本侵略军表示出仇恨之情，这就是一种高尚的爱国情感，由此而生发出英勇抵抗日本侵略军的行为，就是一种高尚的道德行为。而大学生马加爵只因与同学在玩纸牌时发生争论，就对四名同学生出仇恨之心，并残忍地将他们四人全部杀死，这就是一

① 陈确. 陈确集·别集［M］. 北京：中华书局，1979.

种因不道德的仇恨而生出的不道德行为。

3. 过弱的道德情感往往难以激发人们产生道德行为

从学理角度看，情绪情感与行为之间的间隔远比认知与行为之间的间隔要小，但这并不意味着情感与行为之间就毫无间隔可言，因为从强度上讲，情绪情感具有两极性，即“强—弱”。这样，从强度上看，只有那些达到一定强度的道德情感才有助于激发人的道德行为。例如，一些抗日英雄满怀高昂的抗日救国之情，不惜抛头颅、洒热血，英勇抵抗日本侵略军的侵略行径，这就是一种由强大的爱国情操而导出的道德行为。但是，如果一个人心中的这种善情不能达到一定的强度，往往很难激发此人产生相应的道德行为，更不用说让其持久地产生道德行为。例如，一个人在遇到一个需要救助的乞丐时，若心中只生发出来一丝淡淡的同情心，此时可能就不能让其做出捐钱给此乞丐的道德行为来。进一步言之，在预知需要自己付出较高或极高代价的情境下，强度不大的道德情感更是难以诱导个体产生相应的道德行为。例如，在抗战年代，有一些人若要他捐款捐物以抗战救国，是可以做得到的；但是，若要他冒着生命危险救助受伤的八路军或新四军战士，他就可能会委婉拒绝。

4. 道德情感往往不能让人们产生持久的道德行为

道德情感毕竟只是一种情感，只要是情感，往往就具有一定的情境性。这意味着，当个体身处这种情境时，往往能激发个体产生相应的道德行为；可是，一旦“时过境迁”，这种道德情感的动力性质就会逐渐减弱，甚至最终消失；更糟糕的是，受某种欲望或非理性的诱导，还有可能由善情变成恶情。这两种情况一旦出现，自然就难以再激发个体产生相应的道德行为。因此，道德情感往往不能让人们产生持久的道德行为。例如，2008 年 5 月 12 日下午四川汶川地区发生 8 级大地震，造成人员与财产的巨大损失，在这种突如其来的巨大天灾面前，13 亿中华儿女乃至于世界上一切善良的人民的同情心与博爱心都被激发了起来，于是，人们纷纷捐款、捐物，无私奉献。不过，毋庸讳言，这种大爱情怀随着时间的逐渐后移，其强度也渐有“慢慢减弱”之势。又如，许多中国人在 2008 年北京第 29 届奥运会期间形成的良好做法和习惯——像开放、文明、包容、守信、活力、和谐、自信、进取等——能否长期持续下去？

第三节 品德发生作用的意志观

一、“品德发生作用的意志观”的核心观点

意志是意识的能动作用，是人为了一定的目的，自觉地组织自己的行为，并与克服困难相联系的心理过程。较之知、情与行的关系，意志与行为之间的关系最密切，二者是完全合一的。一个人没有将其意志贯彻到其行为中，只能说明其意志不坚定，这本意味着其没有意志，而不能说明意志与行为之间有间隙。从这

个意义上说，意志只有“有”或“无”之分，而没有程度大小之分。换言之，一个人“有意志”，就意味着其“有坚定且持久的意志”；评价一个人时，说其“一时有意志”或“有一点意志”之类的话语，实际上都是说明其“没有意志”或“意志不坚定”。于是，中西方都有学人坚信：先通过某种或多种方式让人对某种或某套道德规范产生坚定的意志，将能有效地促使一个人坚定地按此种或此套道德规范行事。这种主张由道德意志可以导出道德行为的观点，可以将之概括为“品德发生作用的意志观”。

（一）品德发生作用的意志观：康德的见解

在西方，品德发生作用的意志观以康德为代表。康德既反对神学的宿命论式的道德说教，因为它将人当做完全没有意志自由的“木偶”，这就于无形中消除了人理应担负的道德责任；也反对情感主义伦理学将道德原则置于先天的道德情感上，因为这实际上是让人屈从于“人欲”的控制，这就于事实上丧失了意志的自由。同时，康德认为，最理想的情况是一个人所得的幸福和他所有的德性在程度上相一致。无功之赏，不劳之获，不应得到的幸福是无价值的；得不到报偿的德性本身虽可贵，而伴随着幸福的德性却最为理想。康德说：“一个有理性而无偏见的观察者，看到一个纯粹善良意志丝毫没有的人却总是气运亨通，并不会感到快慰。这样看来，善良意志甚至是值不值得幸福的不可缺少的条件。”① 可见，康德也赞赏“德福一致”的思想，不过，他却反对功利主义者将功用或幸福作为道德的最高原则，认为这样做会抹杀善良意志的作用，会降低道德的神圣性，因为“幸福的规范往往夹杂着一些爱好的杂质”②。在康德看来，一种行为只有出于责任，以责任为动机，才有道德价值；如果仅仅是其结果合乎责任，而以爱好或其他个人目的为动机的行为，则没有什么道德价值。并且，“（善良）意志虽然不是唯一的善、完全的善，但却定然是最高的善，它是一切其余东西的条件，甚至是对幸福要求的条件。”③ 所以，与上述诸观点不同，康德主张将“善良意志”视做“最高的善”，力倡“善良意志”而不是“同情”、“爱”或幸福感之类的道德情感或功用作为道德的最高原则④。要理解康德的这一思想，须要作一番层层递进式的剖析。

在《道德形而上学原理》一书的开篇，他并未首先向人们提供一个关于善的定义，而是直接对善良意志直截了当地下了一个著名论断：

“在世界之中，一般地，甚至在世界之外，除了善良意志，不可能设想一个无条件善的东西。理解、明智、判断力等，或者说那些精神上的才能勇敢、果

① 康德. 道德形而上学原理［M］. 苗力田，译. 上海：上海人民出版社，1986：42.

② 康德. 道德形而上学原理［M］. 苗力田，译. 上海：上海人民出版社，1986：48.

③ 康德. 道德形而上学原理［M］. 苗力田，译. 上海：上海人民出版社，1986：45.

④ 康德. 道德形而上学原理［M］. 苗力田，译. 上海：上海人民出版社，1986：94.

断、忍耐等，或者说那些性格上的素质，毫无疑问，从很多方面看是善的并且令人称羡。然而，它们也可能是极大的恶，非常有害，如若那使用这些自然禀赋，其固有属性称为品质的意志不是善良的话。这个道理对幸运所致的东西同样适用。财富、权力、荣誉甚至健康和全部生活美好、境遇如意，也就是那名为幸福的东西，就使人自满，并由此经常使人傲慢，如若没有一个善良意志去正确指导它们对心灵的影响，使行动原则和普遍目的相符合的话。

……

善良意志，并不因它所促成的事物而善，并不因为它期望的事物而善，也不因它是善于达到预定的目标而善，而仅是由于意愿而善，它是自在的善。并且，就它自身来看，它自为地就是无比高贵。任何为了满足一种爱好而产生的东西，甚至所有爱好的总和，都不能望其项背。如果由于生不逢时，或者由于无情自然的苛待，这样的意志完全丧失了实现其意图的能力。如果他竭尽自己最大的力量，仍然还是一无所得，所剩下的只是善良意志（当然不是个单纯的愿望，而是用尽了一切力所能及的办法），它仍然如一颗宝石一样，自身就发射着耀目的光芒，自身之内就具有价值。”①

根据上述论断可知，康德将“善”分为两大类：一是“无条件的善”，另一是“有条件的善”。

所谓“无条件的善”，是指某物之为善绝不是由外在关系决定的，而在于其自身的内在属性；换言之，假若某物在任何环境关系中都永远是善的，那么它就是“无条件的善”。所谓“有条件的善”，是指只有在一定的环境条件下，享有这些东西的人利用它们去实现某种善良目的，并且，这些东西作为手段对实现该善良目的是有价值的，人们才能够说它们是善的；一旦超出了这个条件，它就会变成恶的东西。

在康德看来，在世界之中，甚至在世界之外，能够被设想为无条件的善的东西只有善良意志，即，善良意志是唯一的无条件的善。作为“无条件的善”的“善良意志”的“善”并不是基于行为的最佳效果，而是基于行为所依从的动机——意志善良的意志。意志之所以是善良的，是因为善良是意志本身的性质。正因为善良意志是通过自身而善的，是本身内在的善，它并不涉及效果，所以，善良意志具有独立的、内在的价值的，是自由的。善良意志是无条件的善，它与有条件的善不同，它不是在某种关系、环境和条件中是善的，而一旦这种关系或条件发生变化，它就不是善的，甚至是恶的；相反，善良意志的善良是根植于意志自身而不是外在的环境关系，自然也就不会随着环境关系的变化而变化，即在任何环境里它都是善良的。可见，善良意志的善只与意志活动本身相关，而独立

① 康德. 道德形而上学原理［M］. 苗力田，译. 上海：上海人民出版社，1986：42－43.

于任何与意志相异的东西，甚至于包括意志的结果。这表明，康德对善的规定不同于西方宗教伦理学中善的概念，后者是以上帝存在为前提条件的，而上帝的存在，进而上帝的意志不仅与人的意志相异，而且成为决定人的东西，这就使人的意志失去了自由；同时，康德对善的界定也不同于西方伦理学中的功利主义，后者将“行为能否获得最佳效果”作为判决善的标准。康德的善的概念的理论价值在于说明如下事实：善是通过意志活动或自由而成为可能的，这意味着，在这个世界上，唯有人的责任、自由才是真正意义上的善。由此，康德的道德哲学里的三个核心概念——“善良意志”、“责任”与“自由”——便在学理上成为可以互通互释的概念①。

在康德看来，人是有理性的存在，人天生就具有一种“纯粹理性”（pure reason），它支配着人的意志，使人不以环境为转移，这种受“纯粹理性”支配的意志叫“善良意志”。“一个彻底善良的意志，它的原则必定表现为定言命令，包含着意志的一般形式，任何客体都不能规定它，它也就是作为自律性。由于它，一切善良意志，才能使自己的准则自身成为普遍规律，也就是每个有理性的东西加于自身的，唯一的规律，不以任何动机和关切为基础。”② 因此，善良意志是人据以辨别行为的善恶与责任强制性强弱程度的准绳和标尺，是保证人们正确使用一切有条件的善的东西和正确做出道德行为的唯一因素，任何道德行为都是以善良意志为根据，而不是以行为结果所派生出来的功用或愉悦为根据。

（二）品德发生作用的意志观：中式见解

中国先哲虽没有像康德那样在学理上明确而系统地倡导善良意志的作用，不过，他们却在实际行动中强调（善良）意志在修德中的作用。因为中国先哲有意无意地认识到，面对外界的种种诱惑，一个人若想长久地依其志向来做善人善事，没有坚定（善良）意志的保证几乎是不可能的。

孔子告诫人们：“君子喻于义，小人喻于利。”“见利思义。”“仁远乎哉？我欲仁，斯仁至矣。”这类话的意思是：“义”与“利”既可统一也可分离，一个人在处理“义”与“利”的关系时，要坚持“义本利末”、“见利思义”的原则，若想获取某种物质利益，一定要先看它是否符合一定的道德原则。真正道德的行为首先考虑的是“义”，看它合不合道德规律，而不是“功利”。发自内心的仁爱是道德的源泉，仁爱虽主要是一种道德情感，但在某种程度上与康德所讲的善良意志也有相似之处，因为“仁”也是独立的、自由的、有内在价值的。

---

① 张继选. 论康德的善良意志概念［EB/OL］. http://www.phil.pku.edu.cn/zxm/show.php? id=70.

② 康德. 道德形而上学原理［M］. 苗力田，译. 上海：上海人民出版社，1986：98－99.

“克己复礼为仁。一日克己复礼，天下归仁焉。为仁由己，而由人乎哉?”① 所以，个体必须按照礼来行事，做到“非礼勿视，非礼勿听，非礼勿言，非礼勿动。”②这意味着个体必须遵守道德律。

“非礼勿听，非谓掩耳而避之，天下之物不足以干吾之聪也；非礼勿视，非谓掩目而避之，天下之物不足以乱吾之明也；非礼勿言，非谓止口而无言也，天下之物不足以易吾之辞也；非礼勿动，非谓止其躬而不动，天下之物不足以干吾之气也。”③

可见，对于孔子的非礼勿视、听、言、动，假若不能正确把握其实质，而简单地将之教条化，就会成为吃人的礼教，束缚人的心灵。经王安石的解释后，将“四勿”之说中潜藏的让人消极躲避外物的思想去掉了，变成了鼓励人们去看、去听、去言、去动外物，只是要凭“品德”去看、去听、去言、去动外物，不要被外物（即贪欲）迷惑了自己的心智。④ 进而，孔子要求人们要做到“己所不欲，勿施于人”,⑤ “己欲立而立人，己欲达而达人”。⑥ 这明确要求人们：对别人采取你希望他对你采取的那种态度吧！做那些大家都应当做的事吧！这不正与康德所讲的“善良意志”有一定的暗合之处吗?⑦

当“王子垫问曰：‘士何事?’孟子曰：‘尚志。’曰：‘何谓尚志?’曰：‘仁义而已矣。杀一无罪非仁也，非其有而取之非义也。居恶在? 仁是也。路恶在? 义是也。居仁由义，大人之事备矣。’”⑧ 可见，孟子所讲的“志”是一种坚守儒家所讲的仁义的意志，这当然是一种善良意志。张载在《正蒙·至当篇》里说：“志久则气久、德性久。”认为道德意志保持的时间越长久，道德品质保持的时间也就越长久。

在《二程遗书》里，二程对人面临两难情境时内心产生道德动机冲突的情景有过精彩的描述：

“有人胸中常若有两人焉，欲为善，如有恶以为之间；欲为不善，又若有羞恶之心者。本无二人，此正交战之验也。持其志，便气不能乱，此大可验。”

此处胸中的“二人”相当于德育心理学里所讲的两种道德动机：一种是想为善的道德动机，另一种是想为恶的道德动机。二程主张，若这两种道德动机相冲突时，必须以高尚的道德意志去进行调解，弘扬好的道德动机，抵制不好的道

---

①②⑤　杨伯峻. 论语译注［M］. 2 版. 北京：中华书局，1980：123.

③　王安石. 荆公论议·张子正蒙［M］. 上海：上海古籍出版社，1992：28.

④　贺麟. 文化与人生［M］. 北京：商务印书馆，1988：288－293.

⑥　杨伯峻. 论语译注［M］. 2 版. 北京：中华书局，1980：65.

⑦　王锟. 义务乎？幸福乎？爱乎？——康德、孔子和休谟的对话［EB/OL］. http://www.confucius2000.com/confucius/ywhxfhahkdkzxmdh.htm.

⑧　杨伯峻. 孟子译注（下册）［M］. 北京：中华书局，1960：315－316.

德动机；并认为，假若有人不相信这一说法，可以用事实进行检验。这表明在二程心目中，道德意志扮演“调解人”的重要角色。二程与朱熹等宋明理学家曾就“天理”与“人欲”问题进行过长时的争论，如上文所论，他们所讲的“天理”也具有普遍性、绝对权威性，类似于康德的善良意志，从这个意义上说，宋明时期理学家就“天理”与“人欲”展开的争论，实也是探讨善良意志在个体修德中的作用问题。可见，虽然表达方式不尽相同，中国实也有学人强调善良意志在修德中的重要作用。

二、对“品德发生作用的意志观”的简要评价

（一）品德发生作用的意志观的优点

品德发生作用的意志观看到善良意志在促使人们展现善心与善行时的作用，毫无疑问是有一定道理的。因为，从某种意义上说，是人的意志使行为成为善的。一个行为的善是由于它所实现的目的或目标，这个目的是人所想达到的。这个目的自身是善的，是绝对的善，即：它的善是不需要任何解释这个意义上的善的。所以，一个特殊行动的善依靠它自然倾向要产生的效果，一个特殊动机的善依靠它在行动中倾向要产生的效果，但是效果本身之所以是善的，是因为它是人们意志的目的。在这个意义上解释就不能躲过康德的观点，在这个意义上世界除了善良意志就没有别的善了，一个善良意志之所以善仅仅是由于意志自身。①

（二）品德发生作用的意志观的不足

第一，意志何以“善良”或“邪恶”？这个问题意志本身是无法解决的。在这一点上，我们不赞成康德“意志的善是一种‘无条件的善’”的先验论的观点，与康德相反，我们相信，个体的善良意志主要是通过后天的道德教育和道德学习获得的，在这一过程中，道德认知与道德情感的习得起着非常重要的作用。换言之，只有在道德认知的指导下，在道德情感的滋润下，人的意志才能变成善良意志，而不至于沦落为邪恶意志。从这个意义上说，善良意志并非像康德所说的那样，是“无条件的善”，而是“有条件的善”。要充分发挥善良意志的作用，前提条件之一是必须先培育个体的道德认知与道德情感。

第二，依康德的观点，善良意志是保证人们正确使用一切有条件的善的东西和正确做出道德行为的唯一因素，不过，善良意志之为善不是由于它的效果，所以，即使它选择的行为引起了伤害，但它作为意志依然是善的。这表明，善良意志只能保证行为的动机是绝对善的，却不能保证行为的结果一定是善的，因此，康德所讲的善良意志仅是产生道德行为的必要条件，却不是充要条件。从这个意

① 弗兰克·梯利. 伦理学概论［M］. 何意，译. 北京：中国人民大学出版社，1987：96－97.

义上说，康德割裂了动机与效果之间的辩证统一关系，是一种片面的主观唯心论的动机说[①]。同时，康德的此观点实际上犯了一个错误：误将本可融会贯通的"责任"和"爱"对立了起来，这也是我们不能认同的。事实上，后来康德对自己的这种偏见也有一定程度的修正。

第三，意志主要通过克服困难集中表现出来，并且，意志与个体的信念、抱负水平、动机冲突等有密切关系，这导致自古以来，意志的培养都是一个非常棘手的问题，中国人为此提出了"艰苦环境磨炼法"、"追求高级需要法"和"保持恒心法"[②]，用以培养个体的意志。与此相类似，如何有效地培育个体的善良意志，也是一个需要进一步探讨的问题。

第四节　品德发生作用的习惯观

一、"品德发生作用的习惯观"的核心观点

从心理学角度看，"习惯"（habit）指人在一定情境下自动化地去进行某种动作的需要或特殊倾向。习惯是完成某种自动化行为的需要。习惯了的自动化行为已经变成了人的需要，如果这种需要得不到满足，就会引起不愉快的情绪。一个人一旦养成了某种道德行为习惯，自然就能在其后相似的情境里展现出相似的道德行为。毕竟，道德行为习惯是一种稳固的动力定型，它可以使人的道德行为达到自动化、经常化；尤其重要的是，达到在习惯化的道德情境中仍能主动地表现出良好的行为。正是在这个意义上，俄国教育家乌申斯基说，良好的习惯是存放在神经系统中的道德资本，这个资本不断增值，人的一生都会享受它的利息。苏霍姆林斯基认为："由道德概念通向道德信念的甬道是以行为和习惯为起点的，而这些行为和习惯则是充满深切情感并含有孩子对待他所做的事和他周围发生的事情的个人态度。"可见，良好的道德习惯不但是由不经常的道德行为转化为某种品德的关键因素，也是一个人将自己习得的德性外化的机制之一。正由于此，先通过某种或多种方式将道德转化成人的道德行为习惯，由道德行为习惯可以导出道德行为，这种观点可以将之概括为"品德发生作用的习惯观"。

（一）品德发生作用的习惯观：西式见解

在西方，也有许多人相信通过持久的道德教育而让人养成良好的道德习惯，能够使人性向善的方向发展。如，古希腊著名学者德谟克利特（Democritus，约公元前460—约前370）认为，教育不仅可以改变人性，而且可以创造出人的第

① 贺麟. 黑格尔著《法哲学原理》一书评述［M］//黑格尔. 法哲学原理. 范扬，张企泰，译. 北京：商务印书馆，1961：13.

② 汪凤炎. 中国传统德育心理学思想及其现代意义（修订版）［M］. 上海：上海教育出版社，2007：152－153.

二本性。他说："本性和教育有某些方面相似：教育很可以改变一个人，但这样做了它就创造了一种第二本性。"① "大部分天性不能干的人由于练习而变成能干。"② 德谟克利特非常重视教育，他要"人们留心听"他的"箴言"，这样"就会去做许多配称一个好人的行为，而避免坏的行为。"③同时，他认为，教育要从儿童时代做起，否则约定俗成，形成了恶性就难改变，所以必须舍得花工夫，用气力对儿童施行教育。他说："儿童教育是一件充满不确定性的事。如果教育成功了，这只有经过很大的努力和操心才能达到。"④

亚里士多德曾说：

"德性分为两类：一类是理智的，一类是伦理的。理智德性大多由教导而生成、培养起来的，所以需要经验和时间。伦理德性则是由风俗习惯沿袭而来，因此把'习惯'（ethos）一词的拼写方法略加改动，就有了'伦理'（ethike）这个名称。由此可见，对于我们，没有一种伦理德性是自然生成的。因为，没有一种自然存在的东西能够改变习性。例如，石块的本性是下落，不能让它习惯上升，即使你把它向上抛一万次也不行，同样不能使火焰下降。凡是自然如此的东西，都不能用习惯改变它。所以，我们的德性既非出于本性而生成，也非反乎本性而生成，而是自然地接受了它们，通过习惯而达到完满。"⑤

在亚里士多德看来，人们无法通过后天的努力来改变自然界中事物的本性，但却可以通过习惯来改变人的本性，使其向善的方向发展。

其后，更有一些思想家不满足于亚里士多德的上述"保守"观点，而是相信"习惯"具有更大的力量。如培根就说：

"在我看来，亚里士多德的意见似乎是一个粗疏的意见，他以为由自然发生的那些事物是不能借习惯改变的；他举了一个例说，如果一块石头向上投掷一万次，它也不会学得上升；而且我们虽然常常在看在听，我们也学不会视听得更好一些。因为这个原则在性质难改易的事物方面虽然是真实的（其理由我们现在不必讨论），可是在性质可以有某程度改变的事物方面，则不是这样，因为他原可以看到一只直的手套用惯了就容易带到手上；一根杖用久了也可反着它原来生长的方向弯曲回来；借着练习嗓音，我们说话的声音就可较高而有力些；耐惯了冷

①③ 北京大学哲学系外国哲学史教研室．古希腊罗马哲学［M］．北京：商务印书馆，1961：107．

② 北京大学哲学系外国哲学史教研室．古希腊罗马哲学［M］．北京：商务印书馆，1961：119．

④ 北京大学哲学系外国哲学史教研室．古希腊罗马哲学［M］．北京：商务印书馆，1961：122．

⑤ 亚里士多德．尼科马科伦理学［M］//苗力田．亚里士多德全集（第八卷）．北京：中国人民大学出版社，1992：27．

热，我们就较容易忍受冷热，如此等等；后面这些事情比他所举出的那些例证，更类似于他所探究的那个品格题材。但是我们如果承认了他所说的德性和失德都成立于习惯的那个结论，那么，他就更该以养成那种习惯的方式教人。"①

培根认为，人的天性虽然对人的影响很大，可是教育、习惯却能改变人的气质，约束人的天性，主宰人的生命，因为天性的约束不如习惯有力。所以培根主张：

"既然习惯是人生的主宰，人们就应当努力求得好的习惯。习惯如果是在幼年就起始的，那就是最完美的习惯，这是一定的，这个我们叫做教育。教育其实是一种从早年就起始的习惯。"②

在培根看来，人只要经过长期坚持不懈的努力，从小就养成良好的习惯，终究会变成一个有德性的人。一个人只要将诚实善良选作自己的人生目标，并能持之以恒地予以修养，就将成为一个有德性的人。培根说："给一个人自己选择并阐明他力所能及的那些良善有德的人生目标。因为假使能做到这两件事，即一个人既然立定诚实良善的目标，又能坚定有恒，忠于那些目的，那么，必然的结果就是，他将同时把自己陶冶得契合于一切德性。"③

同时，一些西方人坚信：假若你正确地训练一个孩子，将道德的习惯输入他的本性，唤起他对所有人的同胞之情，那么，你可以放心让他到世界上去。可是，假若你告诉他必须服从道德法则只是因为那是上帝的意志，那么，一旦他丧失对上帝的信仰，他的道德就失去支持，他就可能仅仅是为了证明他的自由与醒悟而无视法律与道德④。

简言之，很多西方人的内心深处实也蕴含有"道德习惯"能改变人的品性的思想，从而特别重视通过持久的道德教育来让子代形成良好的道德习惯，生成相应的道德品质与道德行为。

（二）品德发生作用的习惯观：中式见解

在中国，至少自孔夫子开始，许多学人都坚信，由道德行为习惯可以导出道德行为，于是，他们特别强调个体在生活中去做，以便通过生活的潜移默化而形成良好的道德行为习惯。如，据《论语·学而》记载，孔子主张弟子要于日常的生活中去践履德行，为此，他要求"弟子，入则孝，出则悌，谨而信，泛爱众，而亲仁。行有余力，则以学文"。此思想为后世许多学人尤其是大儒所继承。如，《荀子·劝学》说：

"君子之学也，入乎耳，箸乎心，布乎四体，形乎动静，端而言，蝡而动，

---

① 周辅成．西方伦理学名著选辑（上卷）[M]．北京：商务印书馆 1964：569.

② 培根．培根论说文集 [M]．水天同，译．2 版．北京：商务印书馆，1983：145.

③ 周辅成．西方伦理学名著选辑（上卷）[M]．北京：商务印书馆 1964：572.

④ 弗兰克·梯利．伦理学概论 [M]．何意，译．北京：中国人民大学出版社，1987：76－77.

一可以为法则。小人之学也，入乎耳，出乎口。口耳之间则四寸耳，曷足以美七尺之躯哉！”

从上述这段话可知，荀子把一个完整的道德学习过程分为道德认识、道德内化、道德行动三个阶段：个体先通过耳闻目见获得道德知识及相应的道德认知，然后通过一系列的内化过程而将之转换为个体的道德品质并内存于心，最后个体身上所具备的道德品质自然会支配人的一切行动，使之合乎社会所认可的道德规范。因此，一个人若通过道德学习，仅知道和能说出一些道德规则，而没有内化，那根本算不上真正意义上的道德学习，自然只能制造出“知而不行”或“空话连篇”的伪君子①。

《礼记·大学》中有一段名言：

“大学之道，在明明德，在亲民，在止于至善。……古之欲明明德于天下者，先治其国；欲治其国者，先齐其家；欲齐其家者，先修其身；欲修其身者，先正其心；欲正其心者，先诚其意；欲诚其意者，先致其知；致知在格物。物格而后知至，知至而后意诚，意诚而后心正，心正而后身修，身修而后家齐，家齐而后国治，国治而后天下平。自天子以至于庶人，一是皆以修身为本。”

自格物致知到治国平天下，既是一个认识的过程，更是一个实践的过程，这样，《大学》中的三纲领八条目实也是一个重行的知行统一的过程。所以，《礼记·中庸》在论述为学之方时，提倡“博学之，审问之，慎思之，明辨之，笃行之。”将学、问、思、辨和行五者结合起来考虑，并将“行”视做最重要的环节，此思想对后人修德产生了深远影响。

朱熹也非常注重从儿童的日常生活方式入手来对儿童实施早期的行为训练，以便让儿童从小就养成良好的道德行为习惯。所以，朱熹提倡在对个体进行德育时，应做到从小“教人以洒扫、应对、进退之节，爱亲、敬长、隆师、亲友之道，皆所以为修身齐家治国平天下之本，而必使其讲而习之于幼稚之时，欲其习与知长，化与习成，而无扞格不胜之患也。”等等。

同时，在中国历史上，尽管不同流派不同阶层的人对何谓善的看法不一，但大都认为知行必须是统一的，否则就谈不上善，正如《朱子语类》卷十三所说：

“善在那里，自家却去行他。行之久，则与自家为一；为一，则得之在我。未能行，善自善，我自我”。②

“善在那里”是一个知的问题，“自家却去行他”是一个行的问题，只有先知，然后再“行之久”，使之成为自己的习惯，即变成自己的“第二天性”，才可获得至善的品德，这时，善才能与“自家”为一，变成个体的内在品质。假若“未能行”，则“善自善，我自我”。

---

① 刘丽．荀况的道德社会化思想［J］．心理科学，2001（3）：379.

② 黎靖德．朱子语类（一）［M］．王星贤，点校．北京：中华书局，1994：222.

二、“品德发生作用的习惯观”的优点与缺陷

“品德发生作用的习惯观”看到了道德习惯在导出道德行为中的重要作用，这颇有道理。但是，由于道德行为是指个体或团体在一定的道德意识的指引下，主动或被动地从有益于绝大多数人、仁爱且正义的社会以及自然界健康生存与可持续性发展的动机出发，并且从长远的眼光看，其行为结果的确有益于绝大多数人、仁爱且正义的社会以及自然界的健康生存与可持续性发展的行为。这样，一种行为若配称道德行为，它就必须满足三个标准：第一，它是一种自愿行为；第二，它内含一定的道德认识与道德情感，是在一定道德认识的指引下而做出来的行为；第三，从长远的眼光看，其行为结果有益于绝大多数人、仁爱且正义的社会以及自然界的健康生存与可持续性发展。很显然，有一些由道德习惯导出的行为是不能满足道德行为所特有的上述三个标准的。因为无论是“在无意中通过简单重复而形成”的习惯（包括道德行为习惯），还是通过“刻意反复练习而形成”的习惯（包括道德行为习惯），某种行为方式一旦“自动化”，即一旦成为“习惯”，往往就成了人的一种“无意识心理与行为方式”，在这种情况下，这种“无意识且自动化的心理与行为方式”既可能是一种“内嵌有认知因素的心理与行为方式”，也可能是一种“没有认知因素、单纯机械且自动式的行为方式”。从德育心理学角度看，假若一个人养成的道德习惯属于“内嵌有道德认知因素且自动式的心理与行为方式”，那此种道德习惯实已转换成此人的道德素质，由此种道德素质外化的行为，当然也就是一种道德行为；可是，如果一个人养成的道德习惯属于一种“没有认知因素、简单机械且自动式的行为方式”，由于这种道德习惯之前没有清晰的道德认知，结果，从这种道德习惯导出的行为，即使是利他行为，也不是道德行为。

综上所论，由道德习惯导出的行为虽“可能”是道德行为，却并非“注定”是道德行为。这就致使“品德发生作用的习惯观”存在一个明显的缺陷：不能确保由道德习惯导出来的行为一定是道德行为。

三、确保由道德习惯导出道德行为的做法

（一）注意将道德习惯与不道德习惯和非道德习惯区分开来

一般而言，一个人在其“漫长”的生活岁月里会养成很多习惯，按习惯与道德要求的关系而言，可以将习惯分为三种不同的类型：道德习惯、不道德习惯和非道德习惯。所谓道德习惯，指个体养成的，合乎一定社会道德规范的习惯。以中国社会为例，一个中国人养成自觉孝敬父母的习惯就属于道德习惯。所谓不道德习惯，指个体养成的，违背一定社会道德规范的习惯。像喜欢占人便宜、喜欢说脏话等习惯就属不道德习惯。所谓非道德习惯，指个体养成的，与一定社会道德规范无关的习惯。像一个人习惯用右手或左手、饮食习惯等就属于非道德习

惯。这样，只有由道德习惯导出的行为才“可能”是道德行为，由不道德习惯导出的行为是不道德行为，由非道德习惯导出的行为不具道德性质，属非道德行为。

虽然道德行为可以由道德习惯导出来，但是，不道德的行为也可以由不道德的习惯导出来。为了保证将道德高效地转化为人的道德行为，一定要采取有效方式，提醒修德者注意将道德习惯与不道德习惯和非道德习惯区分开来，不能“一锅煮”。

（二）高效率地帮助学生养成良好的道德行为习惯

在教育中一般主要采取下列几种形式，高效率地帮助学生养成良好的道德行为习惯。

1. 从小做起，持之以恒

道德行为习惯的培养要从个体小时候做起，切实贯彻“蒙以养正”的原则。鉴于年幼儿童的认知发展水平、知识储备水平和人生阅历等都有一定的局限性，对于年幼儿童而言，向他们灌输一些做人的大道理的效果可能是不太明显的，因为他们不能准确加以理会，不如结合儿童的日常生活来训练他们的道德行为习惯来得实在。正如《朱子语类》卷七所说：“古者初年入小学，只是教之以事，如礼乐射御书数及孝弟忠信之事。自十六七入大学，然后教之以理，如致知、格物及所以为忠信孝弟者。”于是，德育的开始点应是训练个体的日常生活习惯，从此入手来训练他们的道德行为习惯，并强调要根据个体的不同身心发展水平采取相应的行为训练方式，将践履视做德育的起点与重要载体，以使德育贯穿于个体心理发展过程的始终。经过这样的反复强化，必将有助于提高育德的效果。

2. 有意训练或练习

组织各种有益活动，创设道德情境，让学生的某种良好行为经常重复发生，经过多次重复练习，培养良好的行为习惯。在活动中要注意让学生明确练习的目的与要求，不间断地坚持下去；还要让学生了解练习的效果或成绩，分析成功或失败的原因。同时，经常提供良好的道德榜样，让学生进行行为模仿。当然，要注意不能让学生模仿不良行为。

3. 时刻与不良行为习惯作斗争

修德者平日要时时注意提醒自己，既不能于无意中养成不道德的习惯，更不能刻意养成不道德的习惯；对于自己已经形成的坏习惯，要通过自我心性修养或道德学习等方式及时加以克服。同时，教育者（如教师或父母等）要注意及时纠正个体在日常生活中习染的某些不良习气，使之不至于进一步恶化为坏习惯；要注意帮助个体杜绝不良行为重复发生的机会。此外，家长要注意营造良好的家庭环境，教师要注意营造良好的班集体环境与学校环境，社会要注意营造良好的社会环境，政府与相关职能部门要逐渐建立起健全的管理制度，多管齐下，引导个体逐渐养成丰富的道德习惯，尽可能地去除不道德的习惯。

（三）将一定的道德认识与道德情感内化到个体的道德习惯中

平日注重采取恰当的方式，将一定的道德认识与道德情感内化到个体的道德习惯中，以帮助个体杜绝缺乏道德判断的“歪打正着”式利他行为、“巧合”式利他行为或“空心”式利他行为的发生，使个体从道德行为习惯里生发出真正的道德行为来。“歪打正着”式、“巧合”式或“空心”式利他行为等三种行为“貌似”道德行为，实非道德行为，因为这类行为之前缺乏一个道德判断。

第五节 品德发生作用的整合观

一、“品德发生作用的整合观”的理论模型

上文所讲的四种观点分别只强调“道德认知（兼有道德情感）”、“道德情感（兼有道德认知）”、“道德意志（兼有道德认知与道德情感）”或“道德行为习惯（兼有道德认知或道德情感）”在激发个体产生道德行为中的作用，这有一定的合理性。因为，当人们说“他之所以做这件善事，是因为其良心有所触动的结果”时，有时的确只是此人的“道德认知”、“道德情感”、“道德意志”或“道德行为习惯”发生了作用，而并不是其整体品德都有所触动的结果。当然，上述四种观点也有一定的片面性。因为它不能更好地解释人的复杂多样的道德行为，在很多时候人们（包括做出道德行为的主体本身）也很难区分到底是道德认知或道德情感还是道德意志或道德行为习惯起主导作用，毕竟，在多数情况下，道德认知、道德情感、道德意志和道德行为习惯是共同发生作用的。可是，如果采取融会贯通的观点，将四者整合起来，不但能够更好地解释个体道德行为的发生，还能很好地避免上述难题。所谓“品德发生作用的整合观”，是指综合考虑

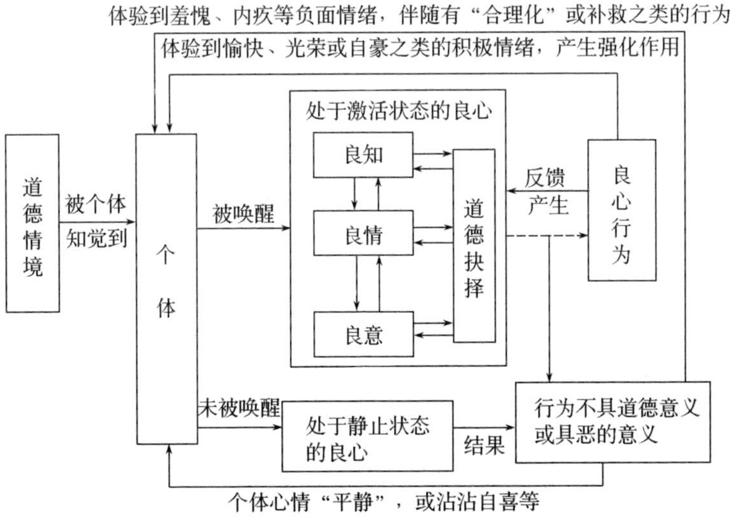

图 4－1 品德发生作用的心理过程示意图之一

道德认知、道德情感、道德意志和道德行为习惯在激发道德行为中的作用的一种观点。其理论模型如图 4 - 1 所示。

二、"品德发生作用的整合观"的核心观点

美国心理学家莱斯特曾指出，凡是知行合一的道德行为必定包括以下四个成分过程：成分 I，其内主要包括"对人的知觉、观点采择与推测行动的结果等"（C-I includes person perception, role taking, and imagining consequences of action, etc.）；成分 II，其内主要包括"对各类道德诉求的评价"（C-II involves assessing the relative strength of competing moral claims）；成分 III，其内主要包括"选择道德行为的途径"（C-III entails actually choosing to do the moral line of action instead of doing other actions that serve other values）；成分 IV，其内主要包括"实施意图时需要的技巧和自我调整策略"（C-IV involves self-regulation and executive skills to carry out the intention）①。根据上文所论，若从"过程"（process）而不是"成分"（component）的角度看（事实上，莱斯特在其文中并不严格区分"过程"与"成分"两个词，而是交互使用它们），莱斯特所讲的成分 I 类似于"理解道德情境阶段"，成分 II 类似于"做出道德判断或道德抉择阶段"，成分 III 类似于"寻找出适当的道德行为途径"阶段，成分 IV 类似于"采取实际行动阶段"。

根据图 4 - 1 所示，再结合美国心理学家莱斯特的上述见解，品德发生作用的过程大致可以分为以下四个阶段：道德认知阶段、良心觉醒阶段、道德抉择阶段和展现出道德行为的阶段。品德发生作用的这四个阶段相互联系和相互制约，它们犹如串联电路的四个开关（如图 4 - 2 所示），只有当它们同时被接通时，"电流"才能顺利通过，与此同理，只有四个阶段顺利完成，品德才能充分发挥作用，完整的道德行为才会顺利展现出来；缺少其中的一个或多个阶段，道德行为最终是无法展现出来的。

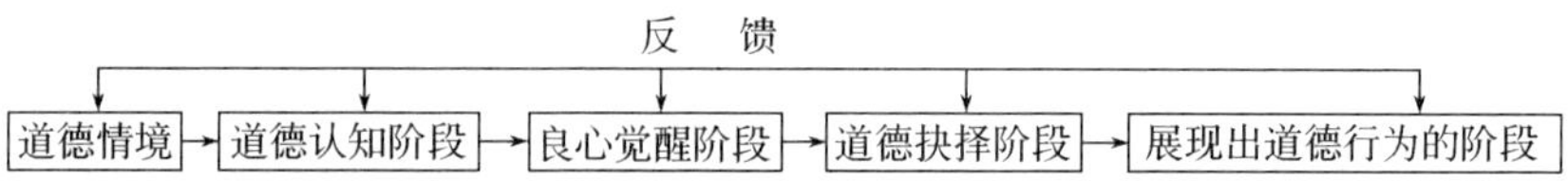

图 4 - 2　品德发生作用的心理过程示意图之二

当然，这四个过程不是一种线性的决策模型，每一过程因为正负反馈的作用会相互影响。下面根据图 4 - 2 所示，再结合图 4 - 1 以及美国心理学家莱斯特的见解，将品德发生作用的四个阶段详细阐述如下：

---

① REST J R. Research on moral development: implications for training counseling psychologists [J]. The Counseling Psychologist, 1984, 12 (3 - 4): 19 - 29.

（一）道德认知阶段

品德发生作用的第一个阶段是道德认知阶段。一个人面临某个具体的情境，首先必须理解这个情境，即弄清面前发生了什么、当事人有哪些？当事人当时的身心状况怎样？当事人当时的心情或意图是什么？自己能做些什么？各种行动可能带来的后果是什么？等等。假若这时个体能在身临一个具体情境时考虑到上述这些问题，那么，他/她就已进入了道德认知阶段，这是个体品德能否发生作用的第一个关键阶段。假若个体没有将此情境知觉成道德情境，或者，即使将其知觉成一个道德情境，但没有产生正确的道德认知，那么，就无法真正进入道德认知阶段，后面的心理过程也就无从谈起了。

（二）良心觉醒阶段

当个体已知觉到眼前的情境是一个道德情境时，个体的良心是否被唤醒，这是个体品德能否发生作用的第二个关键阶段。

如果个体的良心没有被唤醒，那么，个体的良心就处于“静止”的状态，自然就没有进入这个阶段。于是，个体自然也就对眼前的道德情境无动于衷，结果，个体自然无法做出道德行为；更有甚者，不但不会展现出道德行为，反而会做出恶的行为来。此种情况若经常发生，个体的良心由于经常得不到触动，就会使个体的良心更加沉沦，甚至最终完全丢失。

假若个体的良心被激活，个体的良心就处于觉醒的状态。此时，个体就会产生程度高低不一的道德敏感性（敏感到自己的行为对别人权益产生什么影响的能力）和道德推理能力（推断别人思想情感的能力），而这种道德敏感性和道德推理能力的高低对于此人形成相应的行为动机起着一定的作用。研究表明，一个人对道德情境的理解能力越强，对情境的道德敏感性越高，对情境的道德推理能力越强，他就越会敏感地意识到自己的行动对他人带来的影响，这会促使他去突出情境的某种道德意义，这对形成行为动机起一定的作用，结果，他产生道德行为的可能性就越大；反之，一个人对道德情境的理解能力越差，对情境的道德敏感性和道德推理能力越低或越缺乏，他就越不能敏感地意识到自己的行动对他人带来的影响，这会导致他无视情境的某种道德意义，结果，他产生道德行为的可能性就越小。品德心理学的两项研究成果证明了这一点：一是，对情境含混不清的被试较对情境有清晰了解的被试的助人行为要少；另一是，移情在品德中是一个重要因素①。

当个体的道德敏感性与道德推理能力达到一定的程度时，个体的良知（狭义）、良情或良意就处于激活状态，它们引导个体进行一定的道德抉择，于是品

① REST J R. Research on moral development: implications for training counseling psychologists [J]. The Counseling Psychologist, 1984, 12 (3-4): 19-29.

德活动就进入了第三个阶段：道德抉择阶段。

（三）道德抉择阶段

在对情境作出判断后，个体进而要决定是否按道德判断行事去作出道德行动计划，这时，个体的良心就进入了道德抉择阶段，这是一个道德决策的过程，它要考虑的主要问题之一，是采取哪一种行为显得更加有爱心或更加公正。在抉择时，个体据以作出判断的价值取向有时并不占优势，而另一些非道德的价值观念可能极有诱惑力，这些会影响个体作出相应的道德抉择，从而使个体不能把对情境的理解和判断付之于行动。可见，道德抉择主要是与各类动机斗争的过程，这种斗争有时会很激烈。具体地说，当一个人意识到许多不同的可能行为结果时，许多动机就被激活了，但是不同的动机可因具体情况改变而相互取代。在动机取代过程中，个体甚至会出现这样的情况：宁可牺牲自己的利益或忍受痛苦，也要选择道德动机。这里必然会出现一个问题：什么东西激发个体的道德行为？结合莱斯特的研究与我们自己的观察与研究，这些因素可以概括为如下的四个方面①：

1. 良知

此处指狭义的良知，它包括个体对道德、法律法规的理解，对合作意义或人际关系的理解，由于进化使利他主义变成了可遗传的东西进入良知之内（即与生俱来的、作为德之端绪的是非之心），等等。强大良知产生的力量常常是推动个体做出道德行为的重要因素之一。当然，若个体的良知尚不稳定、尚不清晰或者产生的力量不够大时，从此类良知里一般是难以产生相应的道德行为的，尤其是当个体预测需要付出较大代价甚至极大代价才能完成一个道德行为时更是如此。

2. 良情

它包括羞愧感，内疚感，罪过感，对法律、苍天或上帝等的恐惧；由于进化使利他主义变成了可遗传的东西进入良情之内（即与生俱来的、作为德之端绪的恻隐之心），移情或同情心（它是利他动机的基础），对那些比自己更伟大的事物的敬畏和遵从，如对国家或集体的献身精神，对神的尊敬，对自我完整的关心和对个人社会地位的体验，等等。这些良情一旦积累到足够的强度，并且在良知（狭义）的指导下，往往能够有效地激发起个体产生相应的道德行为。当然，若个体的良情尚不稳定、强度较小或者没有良知（狭义）的指导时，从此类良情里一般也是难以产生相应的道德行为的，尤其是当个体预测需要付出较大代价甚至极大代价才能完成一个道德行为时更是如此。

3. 善良意志

---

① REST J R. Research on moral development: implications for training counseling psychologists [J]. The Counseling Psychologist, 1984, 12 (3 – 4): 19 – 29.

善良意志一旦激活，常常也是推动个体做出道德行为的重要因素之一，对于那些对善持坚定信仰的人更是如此。当然，若个体的善良意志尚不稳定或产生的力量不够大时，从此类善良意志里一般也是难以产生相应的道德行为的，尤其是当个体在艰难环境里尝试做道德行为时更是如此。

4. 道德行为习惯

个体以往经过多次强化或模仿而形成的道德行为习惯，一旦遇到适合它的情境，马上就会被自然唤醒，促使个体做出相应的道德行为①。当然，若个体的道德行为习惯尚不稳定，或者，其内并没有包含相应的道德认知时，从此道德行为习惯里一般也是难以产生相应的道德行为的。

（四）展现道德行为的阶段

在道德抉择基础上，个体要把道德意向变为具体的道德行为，实施道德行动计划，如果一切顺利，个体就进入展现道德行为的阶段。道德行为的实施不仅需要个体明确具体的行动步骤，而且要求个体对实施中的困难有充分的估计，并以坚定的意志去加以克服，完成道德行动。所以，这一阶段虽主要是实施道德行动，但个体对这个行为的认识（道德认识）程度以及由此产生的相应情感（道德情感）的强度大小与相应的意志（道德意志）的持久程度，往往会对道德行动产生较大的影响。因此，在这一阶段，个体的自我力量或自我调节技能的大小是一个重要的影响因素。研究表明，同处于柯尔柏格道德发展第四阶段“法律与秩序”实验的被试中，测得自我力量较强的人比较弱的人更少欺骗行为，因为自我力量强者具有信念的力量，反之，自我力量弱的人虽有同样的道德信念，但不能照自己的信念行事②。当个体意识到自己已做出相应的道德行为时，个体一般就会体验到愉快或自豪之类的积极情绪，进而产生强化作用，个体的品德水平会得到一定程度的提升。假若个体最终因“一念之差”而没有做出相应的道德行为，那么，个体的品德虽曾发生一定的作用，但最终仍是“功亏一篑”，结果，个体一般会体验到羞愧、内疚等负面情绪，并伴随有“合理化”或补救之类的行为。

【建议参考资料】

1. 汪凤炎，郑红. 良心新论——建构一种适合解释道德学习迁移现象的理论［M］. 济南：山东教育出版社，2011.

2. 施铁如. 良心及其作用和培植的心理机制［J］. 心理学动态，1998（3）.

3. 亚当·斯密. 道德情操论［M］. 蒋自强，钦北愚，朱钟棣，等，译. 北京：商务印书馆，1997.

4. 康德. 道德形而上学原理［M］. 苗力田，译. 上海：上海人民出版社，1986.

①② REST J R. Research on moral development: implications for training counseling psychologists［J］. The Counseling Psychologist, 1984, 12 (3-4): 19-29.

【问题与思考】

1. 什么是品德发生作用观？主要有哪几种观点？
2. 简要述评品德发生作用的认知观。
3. 简要述评品德发生作用的情感观。
4. 简要述评品德发生作用的意志观。
5. 简要述评品德发生作用的习惯观。
6. 简要述评品德发生作用的整合观。

第五章　培育个体品德的方法

【本章提要】

本章主要阐述了培育个体品德的方法，共分为两节。第一节主要阐述他育法，主要包括化育法、觉悟法、情育法、赏识与惩罚。第二节主要探讨自育法，主要包括寡欲法、自我育情法、慎独法和培育良知法。本章的亮点主要是：对化育法、觉悟法、赏识、惩罚、培育羞耻心等提出了一些独到见解。

【学习重点】

1. 掌握各类他育法的内涵与心理学原理等要点
2. 掌握各种自育法的内涵及其操作要领

【重要术语】

育德方法　他育法　自育法　暗示　灌输　赏识　赏识教育　罗森塔尔效应　皮格玛利翁效应　奖励　惩罚　剥夺式惩罚（负惩罚）　施予式惩罚（正惩罚）　慎独　养气法

德性可以教吗？这在西方学术界是一个争论不休的话题，并产生了四种典型观点：1. 德性既可教也可学；2. 德性既不可教也不可学；3. 德性可教但不可学；4. 德性可学但不可教。在中国，人们一向重视道德教育。正如《孟子·滕文公上》所说："庠者，养也；校者，教也；序者，射也。夏曰校，殷曰序，周曰庠；学则三代共之，皆所以明人伦也。人伦明于上，小民亲于下。"① 于是，在西学未东渐之前，几乎没有人会提出"德性可以教吗"这个问题。因为中国人坚信，人的德性既然不是与生俱来的，自然是既可以教也可以学的，关键是"怎样教"、"怎样学"、"教什么"、"学什么"、"谁能教"……这就涉及师资、德育内容、育德方法和学习方法等问题。限于本书旨趣，本章只论育德方法。所谓育德方法，指道德主体人格建构过程中，受教育者与教育者采取的诸种方法的总称②。根据教育者与受教育者是否同一个人进行划分，可将育德方法分为他育

① 杨伯峻. 孟子译注［M］. 北京：中华书局，2005：118.
② 班华. 现代德育论［M］. 2 版. 合肥：安徽人民出版社，2010：217.

法与自育法两大类。所谓他育法，指教育者运用种种教育手段来培育他人品行的一类方法。与此相对，所谓自育法，指个体自己运用种种教育手段来培育自己品行的一类方法。由于他育法与自育法常常可以互换，即一种育德方法若用来培育他人的品德时，就是他育法，若用来培育自己的品德时，就是自育法，因此，本章既将它们作一定的区分，偶尔在论述某一具体方法时又将它们合在一起论述。同时，本章在探讨培育个体品德的方法时，注重揭示其心理学规律。

第一节　通过他育法培育个体的品德

他育法的种类很多，下面探讨常用的几种，并剖析其心理学依据。

一、化育法

中国人尤其是中国古人大都认为德育不必完全依靠知识的传授，既然如此，采用什么方法来培育人的品德呢？对于这个问题，综观儒、道、释诸家的言论，发现他们有类似的观点：都推崇身教、环境陶冶与潜移默化在育德中的作用，主张用化育的方法来育德①。

（一）“化”的含义

何谓“化”？据《说文解字》解释：“化，教行也。从匕，从人，匕亦声。”

朱芳圃在《殷周文字释丛》里说：“化象人一正一倒之形，即今俗所谓翻跟头。《国语·晋语》：‘胜败若化。’韦注：‘化，言转化无常也。’《荀子·正名》：‘状变而实无别而为异者谓之化。’”从字义上看，“化”的含义众多，有近20种，不过，作为育德方法的一种的“化”，含义主要有以下几种：1. 感化；转变人心、风俗。《说文·匕部》：“化，教行也。”2. 变化；改变。《易·恒》：“日月得天而能久照；四时变化而能久成。”《淮南子·氾论》：“法与时化，礼与俗成。”高诱注：“化，易。”3. 随顺；仿效。《吕氏春秋·大乐》：“天下太平，万物安宁，皆化其上。”4. 教化。《诗·周南·关雎序》：“南，言化自北而南也。”5. 消化。宋代杨万里的《庸言》曾说：“学而不化，非学也。”② 可见，化的内涵包含了四个要点：第一，化的落脚点是放在人“心”上的，人心真的得到转变，化就收到效果；人心未转变，化也就没起作用。第二，化的结果不但能使受教育者的心理发生变化，而且可使其行为方式乃至于整个气质都发生改变。第三，化是在不知不觉中进行与完成的。因受教育者是在不知不觉中接受了教育者或环境的影响，从而于不知不觉中在心理与行为方式上发生了变化，这就是俗话说的潜移默化之义。第四，化的功效不是短时间所能取得的，要经过一个

① 韦政通. 中国的智慧［M］. 北京：中国和平出版社，1988：110－111.

② 徐中舒. 汉语大字典［M］. 武汉：湖北辞书出版社，1992：46.

较长的过程。化作为一种育德方法，虽难以收到立竿见影的速成效果，但它对人的影响一旦产生，却使人无论在心理上还是在行为方式上都能产生较深刻而持久的变化。正由于化具有上述特点，特别适用于育德的方法，这正是本书力倡将化育法作为育德的首要方法的重要内在原因。

（二）化育法的心理学原理

从教育心理学角度看，化育既是一种利用人的无意识心理、暗示心理和模仿学习来转变人心的过程，也是一种以塑造理想人格为目的的人格教育，其实质是以人格教育统率道德与知识教育，注重个性的培养与塑造；化育的做法之所以常常能收到理想的效果，是由于“化”的心理机制主要是模仿与暗示。

模仿是指个体依照别人的行为样式，自觉或不自觉地进行仿效，做出同样或类似的动作或行为的过程，是学习的重要形式①。古希腊亚里士多德认为模仿就是学习，儿童一开始就有模仿的本能，他们因模仿而获得最初的知识。詹姆斯和摩尔根等人认为模仿是一种先天的本能。霍布豪斯（L. T. Hobhouse）和霍尔特等人认为模仿是后天习得的。

暗示是指通过言语或非言语手段，使人不自觉地接受某种观点、信念、态度或行为模式的影响，从而产生心理或行为的相应变化的过程。根据暗示的方法可将暗示分为直接暗示和间接暗示。直接暗示是利用言语表述影响受暗示者的心理与行为，这些言语表述成为受暗示者的心理与行为的积极因素；间接暗示是利用隐蔽的形式传达信息，其特点是掌握信息的无意识性、不明显性和不随意性。根据暗示者与受暗示者是否为同一人，可将暗示分为外来暗示和自我暗示。自我暗示是指暗示者和受暗示者为同一人的暗示；外来暗示指个体或群体对他人或其他群体产生的暗示②。

模仿与暗示之所以能产生效果，是因为它们恰恰符合人们的这样一种心理：人们尤其是有一定自我意识的人往往都有一定程度的自尊，从而一般不太喜欢别人当面教他/她怎样做人，因为假若一旦接受别人的“教导”，往往意味着自己先前的做人方式存在缺陷，从而伤及自尊；所以，德育工作者若天天跟学生讲诸如“你应该这样做”之类的话，必会引起学生的反感。但是，你若采取身体力行的示范法或暗示的方法间接告诉他/她该怎么做人，他/她可能更乐于接受，至少接受起来心理没有那么大的抵抗力。

（三）“化”的具体方法

为了将化育美德的思想落到实处，在具体实施过程中可以采用如下具体做法。

---

① 夏征农，陈至立．辞海［M］．第六版缩印本．上海：上海辞书出版社，2010：1322．

② 夏征农，陈至立．辞海［M］．第六版缩印本．上海：上海辞书出版社，2010：31．

1. 身体力行法

也就是中国先哲常说的身教法或不言之教法。它是依据暗示和观察学习等心理学原理，教育者（如家长、老师等）不直接向受教育者提出做人的要求，而是自己先真心诚意、悄无声息、持之以恒地身体力行某种做人方式，久而久之，就会使身处教育者身边的人于不知不觉中认可了教育者的做人信念，并按他的做人风格去待人处事的一种育德方法。正如《论语·子路》所说："其身正，不令而行；其身不正，虽令不从。"

在中国传统文化里，各家各派大都注重身教的作用，在重身教思想的影响下，中国自古向有人师与经师之分，经师所教的仅是"记问之学"，是"不足以为人师"的，人师主要通过其全部人格力量去感化学生，变化学生的气质，较经师更易得到学人的尊重①。此种言教不若身教的传统对当代中国人仍有深刻的影响，直至现在的道德教育，仍十分推崇身教范法的重要作用。这样，为了保证身体力行法能获得高效的育德效果，在运用过程中至少要注意三点事项：

第一，教育者在身体力行某一做人方式时，要让子女或学生感觉到你是真心诚意地按这种做人方式去做人，其中并无半点勉强自己之意。若教育者当面一套，背后一套，一旦被子女或学生识破"庐山真面目"，可能会适得其反。

第二，教育者在身体力行某一做人方式时，要悄无声息地去做，自然而然地做，一点一滴地做，不要让子女或学生感觉到你是在做给他/她看的，否则，就会让子女或学生"心存戒心"，严重者还会觉得你是在"演戏"给他/她看，自然收效不佳。

第三，教育者在身体力行某一做人方式时，要持之以恒地做，不能只偶尔地做，或是一时心血来潮就去做，热情减退就将之束之高阁，若如此，自然收不到理想效果。

2. 榜样示范法

它指教育者通过向受教育者提供某种学习榜样，利用榜样人物的高尚言行向受教育者示范之，以引起受教育者情感上的共鸣，激发受教育者有意无意地接受并模仿示范者（榜样），使受教育者逐渐产生与示范者相类似品行的一种育德方法。通过榜样人物的言行、思想活动，将较抽象的道德标准人格化、具体化，使个体在富于形象性、感染性与现实性的范例中得到难忘的印象，受到深刻教育，往往可收到理想的教育效果。

榜样示范法与身体力行法的一大区别在于：榜样示范法是公开进行的，而身体力行法是隐蔽进行的。榜样示范法因是采取公开的方式，直截了当地进行的，所以，假若运用得当，它往往具有目的明确、影响力大、感染力强的特点，对学

① 韦政通. 中国的智慧［M］. 北京：中国和平出版社，1988：111.

生有良好的激励、示范和导向作用。那么，怎样做才能充分发挥榜样示范法的育德效果呢？这里关键是要注意三点：

一是，根据德育目标与教育对象的具体特点，选择适当的榜样。大家知道，榜样本是多种多样的，如伟大革命领袖、劳动模范、身边的先进人物、具有一个或几个闪光点的平凡人物，等等。而依班杜拉的社会学习理论，假若榜样人物的所作所为与受教育者的实际生活距离很远，相差太大，以至于受教育者即使愿意按榜样人物的做人方式去待人处世，自己也没有能力去做，那么，这种榜样人物是不可能真正给受教育者起到榜样作用的。这样，在给受教育者选择榜样人物时，不能机械地认为榜样人物的形象越高大越好，而宜根据德育目标与教育对象的具体特点，选择适当的榜样。

二是，榜样人物的榜样行为应是真实可信的。无论是通过榜样人物本人还是通过教育者的转述，在给受教育者呈现榜样行为时，一定要让受教育者感觉到这些榜样行为都是真实可信的，的确是榜样人物已经做过或仍正在做的行为，不能杜撰出一些假的榜样来欺骗受教育者，否则，一旦被受教育者所识破，就会产生一种被愚弄的感觉，若果真如此，榜样人物在受教育者心中就会大打折扣。

三是，利用好五种榜样的示范作用。在现实生活中，人们可以有效利用五种榜样的示范作用来育德：一是教育者本人对其学生或弟子的示范作用；二是单位领导对下属的示范作用；三是各类明星（包括影视明星、体育明星、科技明星等）对普通百姓的示范作用；四是各类道德楷模对普通百姓的示范作用；五是长辈对晚辈的示范作用。

3．环境陶冶法

它指通过利用或创设良好的环境来熏陶个体的性情，使个体的心灵和行为受到感染、陶冶与熏陶，并导致个体的德性逐渐获得提升的一种育德方法。用教育心理学的眼光看，环境陶冶法实际上是一种习见习闻法：通过反复、习以为常的方式，让受教育者在耳濡目染中获得一套合乎要求的道德规范与行为方式，以此来提升受教育者的品德。运用环境陶冶法育人，具有非强制性、愉悦性、隐蔽性和无意识性等特点①。依环境的性质不同，它主要包括自然环境陶冶法和社会环境陶冶法两大类，前者如利用田园风光或观赏名山大川等陶情冶性，后者如利用家风、族风、社会风气、同伴的影响等方式来冶性陶情。据《论语·里仁》记载，孔子说："里仁为美。择不处仁，焉得之。"表明孔子已认识到社会风气对个体品德具有重要影响。据《论语·季氏》记载，孔子也注意到个体的品行受其周围伙伴的影响巨大，曾告诫弟子说："益者三友，损者三友。友直，友谅，友多闻，益矣。友便辟，友善柔，友便佞，损矣。"墨子从人性如素丝说的角度

---

① 班华．现代德育论［M］．2 版．合肥：安徽人民出版社，2010：233．

出发，认为人性“染于苍则苍，染于黄则黄”，要求人们要慎其所染。等等。

对家长而言，在物理环境方面，宜根据自家的具体情况（如住宅所处的地理位置、住宅面积的大小、住宅的结构、家庭经济状况和子女年龄大小与兴趣爱好等），尽可能地将家庭布置得温馨、美观、雅致、整洁，让子女感觉到生活于其中能体会到舒适、温馨的感觉。在人文环境方面，家长宜努力给子女创造一个家庭团结、充满爱意、温馨幸福、自律自强、喜爱学习的气氛，使子女在家庭中体验到归属感和幸福感等积极情绪。

对学校而言，校长和教职工至少应抓好“大、中、小”三种环境的建设，它们从大到小依次是：（1）校园环境建设。在物理环境方面，可以在校园内的适当位置贴一些内容健康、形式新颖的标语、图画，在校园内的醒目位置建立校训牌，及时更新橱窗、画廊的样式与内容，装修校园景点，加大绿化面积，增加图书藏书量等，使校园的物理环境越来越适宜净化人的心灵。在人文环境方面，可以采取种种措施，充分调动每一位师生员工的积极性，激发每一位师生员工的爱心，使学校形成团结、友爱、积极向上的良好校风。（2）班级环境建设。在物理环境方面，可以通过设立班级图书角、布置板报、张贴名人画像或警句等，在班级中创造一个良好的物理环境；在人文环境方面，可以通过加强师生之间以及同学之间的互动合作等方式，在班级中培育出团结、友爱、积极向上的良好班风。（3）宿舍环境建设。如，可以要求学生围绕某一健康向上的主题对自己的宿舍进行设计与布置，开展诸如“创建美丽环境，爱我美我宿舍”的征文比赛或摄影比赛。

对社会而言，一方面要抓好物理环境的建设，注重环境熏陶，使学生在所生活的城市与乡村里处处都能受到善的启迪，美的教育。另一方面要抓好文化环境的建设，建立民主和谐的人际关系，形成尊老爱幼、互帮互助、互信互爱、尚荣知耻的良好社（指社区）风、街（指街道）风或邻（指邻里）风，这对陶冶学生的心灵无疑是有益处的。

环境陶冶法既看到了环境因素又看到了主观能动性对个体品德形成与发展的影响，它较之一味强调外在环境对个体品德的影响而未看到个体在面临环境时具有一定的主观能动性的观点更有合理之处。18 世纪法国唯物主义哲学家爱尔维修（Helvetius，1715—1771）为了强调环境对人的巨大影响，曾说：“人是环境的产物。”在中国，同样表明环境对人有重要影响的“孟母三迁”的故事历代相传。“风气影响于实际生活，具体化为典章制度，深入人心，积久而不变，是为风俗。”① 它必系积久而形成，深入至人的心灵深处，自发于人的行为，并最终形成习惯，成为人的第二天性。

---

① 贺麟. 文化与人生［M］. 北京：商务印书馆，1988：236.

4. 文艺熏陶法

文艺熏陶法本是环境陶冶法的一种，因其重要，故单独阐述。文艺熏陶法指借助文艺作品来熏陶个体的性情，以此提升个体品德的一种育德方法。中国向有通过文艺熏陶法来培育人的德性的做法。如据《论语·泰伯》记载，孔子就提倡通过“兴于《诗》，立于礼，成于乐”的过程来修养道德品质。用教育心理学的眼光看，文艺作品之所以能熏陶人的性情，是因为它能以情感人，经过耳濡目染，潜移默化，可以影响、改善和充实人的心灵。这样，在育德过程中，宜善于借助于文学作品的艺术形象，借助于音乐，借助于棋、书法和绘画等来化育学生，从而使本具情感的道德、道德教育进一步充满情调，有利于提高化育的效果。

二、觉悟法

（一）觉悟的含义与特点

在当今知识爆炸、信息高速公路飞速发展的时代，任何一个人单凭死记硬背是难以跟上时代发展潮流的。德育也是如此。面对各种众说纷纭的德育理论，面对瞬息万变的环境，一个长于进行德育的教师只有善于启发学生，才能使学生掌握点石成金的点金术；一个长于自我育德的人，也只有善于觉悟，才能触类旁通，收到举一反三的功效。正如刘壎所说：“人患不能入悟境耳，果能妙悟，则一理彻万理融，所谓等级固在其间，盖一通而万毕也。”为了实现“为迁移而教”的目标，提高道德教育的实效性；同时，为了让学生能灵活应对复杂多变的情境，不死守道德规范，在道德教育中要适当运用觉悟法。

什么是“觉悟”？觉悟是一种身心方面的活动，它以来自生活中的诸种信息（如语言文字）为媒介，敲开心灵的混沌，激发个体的道德潜能，将诸种信息中所包含的价值观和道德信念化为行动，进而全面提升个体的道德人格。也就是中国先哲一向所注重的修身之学，用《荀子·劝学》的话说，就是“入乎耳，箸乎心，布乎四体，形乎动静”的君子之学。正如朱熹在《论语集注·学而》中所说：“学之为言效也。人性皆善，而觉有先后，后觉者必效先觉之所为，乃可以明善而复其初也。”① 觉悟作为一种育德方法具有六个主要特征。

第一，觉悟无需形式上的逻辑分析，而是直接把握某种“做人的道理”，就可突然觉悟。

第二，通过觉悟获得的“做人的道理”是完整的做人道理，不像分析思维或逻辑思维那样是分阶段、分步骤地把握“做人的道”。

第三，通过觉悟获得的做人道理易作正迁移，可触类旁通。这表明觉悟对做人道理的掌握是一种“面”的掌握。正如晋人傅玄在《傅子·正心》里说：“古

① 韦政通. 中国的智慧［M］. 北京：中国和平出版社，1988：1-3.

之君子，修身治人，先正其心，自得而已矣。夫能自得则无不得矣，苟自失则无不失矣。”这与分析思维对做人道理的掌握是一种“点”的掌握有很大的区别。

第四，通过觉悟获得的东西可终身“受用”。用现代心理学术语讲，通过觉悟获得的东西进入了人的长期记忆，不易遗忘，可以随时提取出来使用。这样，通过觉悟得到的东西不同于通过“记闻”获得的东西，因后者会随着年龄的增长而慢慢忘记。正如王廷相在《慎言·潜心篇》里说：“自得之学可以终身用之，记闻而有得者，衰则亡之矣，不出于心悟故也。故君子之学，贵于深造自养，以致其自得焉。”

第五，通过觉悟获得的东西可增加自己的兴趣，能自得其乐。像张载在《经学理窟·义理》中就说：“须是自求，已能寻见义理，则自有旨趣，自得之则居安矣。”这表明觉悟带有一定的情感色彩，用现代心理学的术语看，个体觉悟的过程本身就是一种很好的内强化，所以，个体能从中自得其乐。

第六，觉悟是一种内化的技术，需经由自身的内化过程，所以，它与体有关，这样，人们又多提体悟，典型者如老庄和佛家的内心体验论，内心体验论与荀子的经验论和孟子的唯悟论既有区别又有一定的相通之处。

（二）觉悟法的心理学原理

从教育心理学角度看，觉悟法之所以常常能收到理想的效果，是由于觉悟作为一种认识手段，从思维方式上看属于直觉，不是逻辑思维或分析思维，后者是一步一步地推向真理。既然从思维方式上看觉悟属于直觉，这样，觉悟与一般意义上讲的感性、知性甚至理性等认识手段有区分，因一般意义上讲的感性、知性甚至理性等认识手段多是以逻辑思维和分析思维为基础的。严格地讲，觉悟是指顿悟，而不是指渐悟，因为渐悟并未真正觉悟。犹如说一个圈圆不圆一样，严格地说，任何人画一个圈，要么圆，即圈上的每一点到圈的中心的距离都相等；要么不圆，即圈上的每一点到圈的中心的距离长短不一；在圆与不圆之间，并无较圆或较不圆的说法，因后两种情况都是不圆的。不过，在习惯上人们认定某一个圈圆不圆时，并不作如此严格的二分式处理，而是分为圆、较圆、较不圆、不圆等多个种类。基于同样的理由，本书所讲的觉悟也不专指顿悟，而包括渐悟在内。同时，这里强调觉悟本指顿悟，也无忽视渐悟的意思。顿悟与渐悟的关系，犹如质变与量变的关系，没有渐悟的积累，顿悟是不会从天而降的。觉悟特别适合用作掌握做人道理的方法，是因为有些做人的道理只可意会，难于言传。如据《传习录》（卷上）记载，当弟子问王守仁：“仁者以天地万物为一体，何墨氏兼爱反不得谓之仁？”王守仁答道：“此亦难言。须是诸君自体认出来始得……”禅宗弟子也强调一个人学禅是否果有心得，恰如人饮水，冷暖自知。最后，“做人”的道理说起来容易，做起来难，强调体验（行中知）在育德中的重要作用。

（三）觉悟的培育

道德教育主要是一种“成人”教育，这样，在德育中培育人的悟性的途径或方法虽与智育中培育人的悟性的途径或方法有一定的相通之处，如都要因材施教与启发诱导，等等。但是，也有根本的不同：在德育中培育人的悟性的关键途径之一是开启人的良心。具体地说，培育觉悟的方法有五。

1. 存心养性法

本书所讲的觉悟多是指一种道德直觉，而不是指理性分析（逻辑分析），此种道德直觉的产生，在很大程度上讲，要依靠个体良心的自觉。如孟子所说："今人乍见孺子将入于井，皆有怵惕恻隐之心。非所以内交于孺子父母也，非所以要誉于乡党朋友也，非恶其声而然也。"认为任何人突然看到一个小孩子要跌到井里去，都会有惊骇同情的心情，都会想到要去救他（直觉），并不必先通过理性思考落井之人值不值得救、怎样救和为什么要救等问题之后，再来决定救不救他。既然如此，在道德教育中，培育个体觉悟能力的首要方法就是存心养性法，个体通过存心养性以保持自己心中的良心不致"泯灭"或"丢失"，自能觉悟。

2. 践履法

"实践"（主要是道德实践）也是一种培育领悟力的有效方法。如据《传习录》（卷上）记载，王守仁的弟子徐爱主要是通过"反身实践"，然后始信王守仁的学说"为孔门嫡传"："爱……始闻先生之教，实是骇愕不定，无入头处。其后闻之既久，渐知反身实践。然后始信先生之学，为孔门嫡传，舍是皆傍蹊小径，断港绝河矣。"因践履法在第三章已有详细阐述，这里不多讲。

3. 真诚说理法

也叫说理教育法或"点化法"，它指教育者通过恰当的、合情合理且真诚的言说，以理服人，以发展、激活或唤醒受教育者良心，培育个体品德的方法。正如《朱子语类》卷九所说："若讲得道理明时，自是事亲不得不孝，事兄不得不弟，交朋友不得不信。"例如，可以想象，当任何一个人听到1979年度诺贝尔和平奖获得者特蕾莎修女（Mother Teresa，1910—1997）下面的自白时，其内心或多或少都会油然而生一种浩然正气，其良心也会或多或少有所触动：

"孩子，你听我说，如果守规矩，讲良心，有道德会让你吃亏，会使你蒙受损失遭到打击，那不是你错了，而一定是这个社会出了问题。但不管怎样，你要守规矩，讲良心，有道德。如果你做善事，不一定会有善报，或许还有人说你虚情假意，说你别有用心，但不管怎样，你要做善事。如果你功成名就，身边不一定会簇拥着鲜花和掌声，或许还会招来虚假的朋友和真实的敌人，但不管怎样，你要成功。诚实和坦率会让你受到伤害、受到攻击，但不管怎样，你要诚实和坦率。破坏比建设容易得多，你多年来营造的东西，有人在一夜之间就把它摧毁，但不管怎样，你还是要去建设。只要你努力，犯错是难免的，有些错失令你刻骨铭心，伤痛难愈，但你仍要努力。将你最好的东西奉献，你反倒可能被踢掉牙齿，但你仍然要将你最好的东西奉献。我看着你幼小的身影跌跌撞撞地行走在人生路上，我看着你被人世人心的险恶暗礁绊得头破血流，我的心也会流血的。但我知道，幸福和心痛，都是母亲这个词汇中的应有词义。”

真诚说理法不但可以有效地培育个体的道德认知（是非之心），还有助于培育个体的善良情感，因为“由知生情”本是情感产生的一般规律。关于这点，将在下文“以理育情法”里详论，此处不多讲。

也许有人说，“说理教育法”不就是“灌输”（indoctrination）吗？这就涉及对“灌输”的界定。根据《辞海》的解释，“灌输”含义有三：（1）犹灌溉。把水引导到需要水的地方。（2）流通。（3）输送；传授。[①] 列宁在《怎么办》一文中说：“工人本来也不可能有社会民主主义的意识，这种意识只能从外面灌输进去。”[②] 列宁所使用“灌输”一词，其含义有“输送；传授”之义。1990 年 11 月 5 日的《人民日报》刊载《求是》杂志评论员所著《论灌输》，该文明确指出：“我们所讲的灌输，就是进行社会主义的宣传教育。也就是用马克思主义的立场、观点和方法去宣传群众、教育群众、武装群众，使人民群众知道社会主义发展规律，认清工人阶级的根本利益和历史使命，坚定社会主义信念，树立共产主义远大理想，并为此而努力奋斗。”可见，在中国思想政治工作领域，“灌输”有特定的内涵，是进行马克思主义思想和社会主义路线方针政策宣传教育的一种重要方法。但在德育领域，人们在使用“灌输”一词时，显然不是用上述有特定内涵的“灌输”，而往往认为“灌输”是从外面注入，是像灌香肠那样地硬灌；当然，也有少数人认为“灌输”是对人晓之以理的教育。不过，在当代中国德育界，“将灌输等同于硬灌”的观点占主流。其实，“灌输”是个不太容易界定的概念，根据黑尔（R. M. Hare）等人的见解，大致而言，有两种观点：一是“内容”观，即，灌输被看做是任何一套信念的三番五次的重述，而在这么做时，这些信念的根据却没有受到充分的公开检查。这里的一个主要思想是，被教授的学科的内容乃是一个既定的教条、一种价值倾向或一种世界观，而这些教条、倾向和世界观都是建立在某种没有理性根据的基础之上。使教育沦为灌输的正是学科内容的教条性。如果人们把那种从根本上讲仅仅是建立在一些没有事实根据的假设基础之上的知识或见解当做真理而加以教授，那么他们就是在灌输。或者反过来说，只有当人们把那种被理性证明为正当的东西当做可靠的知识来教，人们才能避免灌输。这个观点的主要缺陷在于，人们往往不能确定某套信念是否确有根据，以及从理性上讲是否可靠。另一是“意图”论，即，灌输者

① 夏征农，陈至立．辞海［M］．第六版缩印本．上海：上海辞书出版社，2010：639.

② 列宁．列宁选集（第一卷）［M］．中共中央马克思恩格斯列宁斯大林著作编译局，编译．3 版．北京：人民出版社，1995，317.

需要人们接受他三番五次地重述的那些信念，而同时又不允许人们批评这些信念。在这种情况下，灌输就是教授一门学科的方法的事情，而不是内容的合理性问题。如果一个人所受到的教育说服他相信或接受教给他的东西，但不允许（或不是充分地鼓励）他探询这些东西背后的根据，人们就可据此说这个人在被人灌输。或者反过来说，如果人们看到学生在自由考虑任何信念或理论的赞成意见和反对意见，那就避免了灌输。这个观点也有不足之处：假若说一个正在进行灌输的教师必须要有一种使他的学生不加批判地接受某些信念的意图，那么，任何实际上没有这种意图的教师就不能说是在进行灌输。然而，人们一般又相信，不管教师的意图如何，某些教育的努力就构成了灌输。这表明灌输这个概念还涉及除此之外的其他东西。综合上述观点的长处，“灌输”的含义是：将特定的一套信念或教条当做必然的真理来加以教授，并且不容许受教育者的怀疑；反过来说，如果内容是人们普遍同意的，或者鼓励受教育者的质疑精神，那么就不是灌输①。根据上文对“灌输”的界定，给予年幼儿童一些合理合宜的道德训练不能完全称为灌输。早在儿童达到他们能够接受我们所说的道德教育，即学习作出他们自己的道德决定这一发展阶段之前，他们应该而且必须由他们的父母来教会许多行为。早期儿童的训练既是必须的，也是不可避免的。人们不是在道德的真空中长大的，他们是在家庭、学校和社区里成长的，而这些地方普遍地存在着一定的行为规范（有时称之为习俗）。父母向他们的孩子传递他们自己的生活方式，同时也传递有关他们行为的感情和信念。教师反复传授这种对于课堂的社会组织来说是必需的行为——他们这样做是正确的。当青年人开始有意识地为自己作出决定并承担责任时，他们往往并不超过（或反对）这一早期训练的经历。虽然对于不同的人来说，这种早期学会行为的重要性也是不同的，但人们却不应低估它的影响，正如克伯屈（W. H. Kilpatrick）所说：我们不能等到儿童成熟得足以为他自己作出决定的时候才进行教育。这样，将所有对儿童的训练都说成是“灌输”，这是一种不必要的混淆。合理的说法应如黑尔所说：只有当我们试图停止发展我们的儿童为他们自己进行思考的能力时才算灌输②。

4. 因材施教法

根据不同学生的资质特点进行因材施教，无疑是培育学生觉悟能力的有效方法之一。正如王守仁在《传习录》（卷下）里所说：“与人论学，亦须随人分限所及。如树有这些萌芽，只把这些水去灌溉。萌芽再长，便又加水，自拱把以至合抱，灌溉之功，皆是随其分限所及；若些小萌芽，有一桶水在，尽要倾上，便

---

① 霍尔，戴维斯. 道德教育的理论与实践［M］. 陆有铨，魏贤超，译. 杭州：浙江教育出版社，2003：18－32.

② 霍尔，戴维斯. 道德教育的理论与实践［M］. 陆有铨，魏贤超，译. 杭州：浙江教育出版社，2003：19－20.

浸坏他了。”

5. 启发诱导法

通过启发诱导可以培育学生的领悟力。中国的教育大家本一向注重启发诱导法。如据《论语·述而》记载，孔子曾说：“不愤不启，不悱不发。举一隅不以三隅反，则不复也。”此中包含的运用启发诱导法来育人的思想在朱熹的集注中看得尤为透彻。朱熹在《论语集注·述而第七》里说：

“愤者，心求通而未得之意。悱者，口欲言而未能之貌。启，谓开其意。发，谓达其辞。物之有四隅者，举一可知其三。反者，还以相证之意。复，再告也。”

《朱子语类》卷三十四也说：

“学者至愤悱时，其心已略略通流。但心已喻而未甚信，口欲言而未能达，故圣人于此启发之。举一隅，其余三隅须是学者自去理会。举一隅而不能以三隅反，是不能自用其力者，孔子所以不再举也。”

可见，“不愤不启，不悱不发”隐含有这样一层意思：启发诱导法在运用时要掌握好时机，只有当受教育者内心有“求通而未得之意”时，再对他予以指导，才可以收到良好的效果。孔子开出的这一优良传统为后人所承继。如《学记》说：“君子既知教之所由兴，又知教之所由废，然后可以为人师也。故君子之教喻也，道而弗牵，强而弗抑，开而弗达。道而弗牵则和，强而弗抑则易，开而弗达则思。和易以思，可谓善喻矣。”

6. 循序渐进法

为了有效地提高受教育者的觉悟水平，在培育学生的觉悟力时，应遵守循序渐进的次序。如《学记》说：“善问者如攻坚木，先其易者，后其节目，及其久也，相说以解；不善问者反此。”《二程遗书》卷八说：“君子教人有序。先传以小者、近者，而后教以大者、远者，非是先传以近、小，而后不教以远、大也。”

（四）觉悟的条件

觉悟的关键在于心要能开悟，这样，要想提高学生觉悟的速度与水平，除了老师要按一定方式来培育学生的领悟力外，还有多种因素制约学生的觉悟能力，换句话说，一个人要想在修德过程中有所觉悟必须具备一定的条件：首先，沿着资禀→志向→状态→学习这条逻辑线索看，先要有一定的智商，这是不言而喻的，这里不多讲。其次，志向要远大。修养道德是一个漫长过程，不可能一蹴而就，为此，志向高低就成为影响觉悟的重要因素之一。一个人若志向远大，在修德过程中自能有所觉悟。正如张载在《经学理窟·义理》中所说：“人若志趣不远，心不在焉，虽学无成。”再次，要去除欲望和陈见。为了避免已有的陈见或欲望干扰人的思维，受教育者一定要先使自己的心处于“虚”或“静”的状态。像儒家提倡为学者要慎独和内省、道家提倡学道者要心斋和坐忘、佛家要求弟子修习禅定功法，他们的一个共同目的，都是为了让人们去掉自己心中已有的陈见或欲望，让心处于清静的状态，这样才能自悟。可见，善于学习的人一定是懂得该放弃什么选择什么的人。最后，不断积累经验与知识。一个人的觉悟能力不是天生的，而是通过积累大量的经验与知识之后才取得的，这样，为学者在道德学习过程中要做到持之以恒，不断积累。正如《荀子·劝学》说：“锲而舍之，朽木不折；锲而不舍，金石可镂。”俗话说：“只要功夫深，铁杵磨成针。”

三、情育法

（一）为什么要以情育德

“人非草木，孰能无情。”人作为一种有血有肉、有情有义的高级“动物”，在其成长过程中可以说寸步不离情。在育德中如何做好这个情的文章，便成为古今中外学者煞费苦心的一件事情。大致说来，对于这个问题的解决，在西方文化传统中向来有理性主义与感性主义两种进路。前者以苏格拉底、柏拉图和亚里士多德等人为代表，主张以理智治理情感；后者以普罗泰戈拉等为代表，赞成将个体感官的快乐视做幸福和善的追求。西方学者对情与智作这样二元对立式的处理后，给西方人现世的生活带来了严重后果：由这种感性与理性的二元对立冲突带来的情感困扰主要靠在宗教的人神关系中得到情感的满足与升华。西方感性和理性的二元对立，造成现代西方育德心理中，认知主义流派偏重于培养道德认知能力而忽略培养道德情感，非理性主义流派放纵感性欲望而贬低理性思维①。与西方文化传统不同，中国传统文化对人的情感的认识没有明显的理性与感性的对立，原因在于中国传统文化走了一条中间道路，既承认善情与良好品德之间有相统一的一面，如爱心与浩然正气本身就体现出一种德性，因为爱心里包含“爱”这一德目，浩然正气里蕴含正义这一德目，又看到了恶情与良好品德之间有相冲突的一面。同时，假若说西方道德文化自古希腊以来由于主张“美德即知识”和“公正是一切德性的总汇”，从而呈现出明显的理智德性的特色，那么，中国传统道德文化自先秦以来由于力倡“美德即仁爱”，从而呈现出明显的情感德性的特色，进而相信品德中本包含道德情感，切不可将情抽掉。并且，育德的关键是让受教育者心里能产生共鸣，这就要有“情”，否则就做不到。受此文化传统的深刻影响，在中国的道德教育里，许多大教育家对情与德的关系问题采取了颇具辩证色彩的态度：既主张要通过“达情”来育德，又主张对情要适可而止，不可任情而行。

（二）怎样以情育德

如何以情育德呢？以下是几种常用的情育方法。

1．顺导性情法

---

① 鲁洁，王逢贤．德育新论［M］．南京：江苏教育出版社，1994：73－74．

它指根据受教育者的性情特点来选择适宜的德育方式，以提高受教育者品德修养的一种育德方法。只有根据学生的性情来选择适合的育德方式，才能提高情育美德的效果。正如王守仁在《传习录·中·训蒙大意示教读刘伯颂等》中所说：“大抵童子之情，乐嬉游而惮拘检，如草木之始萌芽，舒畅之则条达，摧挠之则衰痿。今教童子，必使其趋向鼓舞，中心喜悦，则其进自不能已。譬之时雨春风，霑被卉木，莫不萌动发越，自然日长月化；若冰霜剥落，则生意萧索，日就枯槁矣。……”这段短文词浅义丰，今日读来真觉得是在读一篇教育心理学专文，其中所揭示的道理是深刻的：德育要想取得良好的实效性，就必须顺导人的性情去施教，通过“歌诗”等多种方式来诱导人生发出良好的品行；假若违背人的性情去强行开展德育，其后果将是适得其反。

2. 榜样激励法

它是一种通过道德高尚的榜样人物来激发个体产生一定道德情感的育德方法。道德高尚的榜样人物本身是作为社会道德规范的体现者而存在的，通过这些榜样人物可以使人们更好地认识到一定社会的道德要求及其社会意义，扩大个人的道德经验；再者，榜样人物的一言一行具有生动性和感染性，易引起人们心理上的共鸣，于是，利用榜样人物来激起人们的道德情感，无疑是一种有效的育德方法。像舍身炸碉堡的董存瑞、宁死不屈的刘胡兰、甘作孺子牛的焦裕禄、甘于奉献的雷锋，等等，都是当代道德教育中活生生的榜样人物，可以适当借助他们来激励学生的高尚道德情操。

3. 以理育情法

情感是在认识的基础上产生的，道德情感是在道德认识的基础上产生的，并随道德认识发展而发展。这正如毛泽东同志所指出的：“世界上绝没有无缘无故的爱，也没有无缘无故的恨。”一般说来，只有对某一道德规范认识深刻，对某一类道德概念掌握牢固，才有可能在此基础上产生丰富的心向往之的道德情感，这正所谓“知之深，爱之切”。许多道德情感的产生往往是以一定的道德理论为基础的。反之，如果缺乏对某些道德现象、道德原理的深刻认识，缺乏对某一类道德概念的深刻领会也就不可能产生深厚丰富的情感。比如一个对祖国的过去、现状了解甚微、缺乏常识的人，就不可能产生深厚的爱国主义情感。因此，丰富学生的知识，提高他们的道德认识水平是促使道德情感不断升华的一条重要途径。

4. 以情育情法

情感的一个特点是具有感染性，一个人的情感可以感染其他人，使其具有同样的情感，并与自己产生感情上的共鸣。马克思有句名言：“用爱来交换爱。”无数教育实践证明，师生之间具有良好的情感基础是教育成功的前提。师生之间的情感交流是教育力量的源泉。教师对学生真挚的爱会激起学生对教师的信任感，亲切感，从而乐于接受教师所讲的道理，即所谓“亲其师而信其道”。教师的爱又是学生获得积极情感体验的重要来源。学生取得进步时能得到教师的及时肯定和表扬，遇到困难时能得到教师的关心和帮助，这些都会引起学生积极的情感体验。这些体验可激励学生奋发向上，也有利于他们的身心健康。因此，要培养学生高尚的道德情感，教师自己必须具有这种情感，要学生激动，首先就要教师感动，真情才能换取真情。

5. 通过提供一套感情词汇来培养个体的良好道德情感

同时，假若希望孩子们能对他人富有同情心，对道德情境具有敏感的意识和觉悟，这就需要对他们进行教育。一种有效的方式是，给孩子提供一整套与道德情感有关的词汇，并且鼓励他们经常使用这些词汇。一旦他们通过实践理解了这些词汇的意义，就会产生较强的道德意识，能够懂得自己的感情，其同情心就会增强，相应地，其优良道德品质就向前发展了。美国华盛顿大学心理学家约翰·戈特曼通过对120个家庭长达10年的研究发现，父母担任“感情教练”，运用感情辅导方法，就能使孩子更好地识别和掌握自己的感情。这样培养出来的孩子也更加有自信心，身心健康，其数学和阅读的成绩也很突出，社交技巧和能力很强。这种感情辅导方法的具体做法是：

（1）注意孩子的感情，并且怀着同情心倾听他们诉说。家长用眼睛、耳朵和心灵，满怀兴趣和热情地倾听孩子的诉说，不时地用“真的”、“哦”或“哎呀”等话语，以鼓励孩子说下去。同时，要注意孩子的肢体语言，发现它所表达的是压抑、高兴、愤怒还是沮丧，在孩子出现不愉快的感情时，最好的方法是用话语淡化孩子的不良情感，例如：“这件事没有什么值得生气的”，或者说“你长大了，别那么不开心”。

（2）认识和了解孩子产生某种感情的原因。孩子也是人，自然也会出现某些感情问题，这时，家长不应不问青红皂白就予以训斥，或根据自己的理解随意地满足孩子。合理的做法是：通过耐心地询问孩子，有时甚至需要交谈好几个问题才能把事情搞清楚。例如，孩子说“我不想上学了”，这时父母要耐心地询问原因，如“你在上课时回答问题很紧张，因为你对这些问题还不太懂吗？”“因为你的学习成绩不好，你的老师经常批评你吗？”“你和同学的关系不融洽吗？”等等，最后，父母要询问孩子：“我说得对吗？”

（3）理解孩子当时的感受，并提供反馈。对孩子所表露出来的情绪，父母要用言语来进行描述，这样做证明你能理解孩子的感情，有时候父母的理解本身就能使孩子感到很舒心。这样还能帮助孩子掌握许多有用的感情词汇。例如：“你好像有些紧张”，“你生气了”，“你感到沮丧吗？”等等。

（4）传授孩子解决自己感情需要的方法。父母在知晓导致孩子出现感情问题的原因之后，要用话语说明自己同情他的困难。例如：“我能理解你产生这种想法的原因”，“要是我处在那种情况下，我也会有同样的感受”。有时，父母可以帮助孩子想出一些解决问题的方法，但更多时候，孩子只需要你理解他就足够了，最好让孩子自己想出如何解决问题的方法。但父母必须说类似这样的话：“你想要我告诉你一些解决问题的办法吗?”以上的这些方法和例子从一个侧面表明，孩子能否正确地辨别感情，能否获得较强的同情心，关键取决于他们是否掌握了较多的感情词汇。以下三个活动设计可帮助孩子逐渐掌握丰富的感情词汇。

●使用能帮助孩子认识感情的词汇和问题。例如，“你好像对这件事情有些紧张（焦虑，担忧），发生什么事情了?”或者“你的朋友真的很不高兴（生气、愤怒），你认为是什么事情使他这样的?”等到孩子掌握了这些词汇之后，就会经常提问：“你怎么感觉呢?”“你认为他怎么感觉呢?”

●带着感情吃饭。这个活动能帮助家庭成员在谈话时相互协调，同时学会表达自己的感情。例如，每周有一两次在吃饭时谈一谈最近的感情问题，例如“骄傲”，然后问：“这个星期里，你什么时候感到最骄傲?”之后每个人轮流讲述自己的经历，开始时必须说：“我这个星期最感到骄傲的时候是……”有些家庭甚至选出谁的经历最有趣（不同寻常、激动人心、与众不同等）。

●制作感情扑克牌。用剪刀把卡片剪成扑克牌大小，上面写上一些感情词汇，开始时先写基本的感情词汇，如开心、伤心、生气、惊讶、害怕、讨厌等，学会后再逐渐增加。然后帮助孩子从报刊杂志或网上找一些适当的图片来描述这些感情词汇，把图片贴到相应的卡片上。用这些卡片让孩子看图片，并猜出感情来。再以后，父母用语言说出这个感情词，让孩子用面部或身体表演出来；或者当孩子有这类感情体验时，和他一起讨论一下。年龄大些的孩子可以使用更多的感情词汇。每周制作几张卡片或做感情游戏，帮助孩子扩大感情词汇量。例如，想想同义词（怒气冲冲、怒火中烧、怒形于色），说出反义词（快乐、悲伤），说出你生气时的身体表现（双颊发烧、心跳加快、紧握双拳），叙述你曾经见到别人生气的样子。

6. 通过促进儿童对别人感情的道德敏感性来培养儿童的良好道德情感

道德敏感性是人的道德发展中的一个重要成分。虽然一些心理学家把它看做是道德认知的四种主要成分之一，但它同样也是道德情感产生的一个重要基础，是良心觉醒和做出道德行为的一个前提条件。与道德敏感性相反的是“道德冷漠”，即对现实社会中一些不道德现象视若无睹，或者即使心里痛恨某些缺德行为，也采取“事不关己，高高挂起”的应对方式；更有甚者，一些人把这些不道德现象当做模仿的对象，发展到极端就会触犯法律。因此，从小培养孩子具有敏感的道德感受，看到别人痛苦时就视为自己的痛苦，并给予别人真诚的帮助，这对儿童的道德发展包括儿童良心的发展是非常重要的。培养儿童道德敏感性的方法有：

（1）对儿童的敏感善良行为进行表扬。行为主义学习理论告诉人们，及时强化常常是一种颇有效的教育方法。当家长或教师注意到孩子有敏感善良的道德行为时，要及时给予表扬，让他知道家长或教师对他的行为感到高兴。“王芳，你对小弟弟这么关心，我很高兴。你轻轻地拍拍他，帮他除去衣服上的脏土，你这样做很好。”

（2）对孩子的道德行为进行及时反馈。儿童从小形成敏感善良的行为，将会对他的一生产生重大的影响。因此，应告诉孩子他们的道德行为所引起的实际效果。“小宇，你刚才主动给奶奶打电话，关心她的近况，奶奶非常开心。”

（3）引起儿童对非语言感情线索的注意。非语言线索指人的面部表情、身体姿势和行为。在可能的情况下，向儿童指出你所关心的问题，可以使儿童敏感地注意到别人的感情。“小宇，今天你在草坪上和老爷爷说话时，你注意到他的面部表情了吗？我觉得他有点困惑，好像是听力有些不太好。你以后和他讲话时，能适当大声点吗？或者靠近他的耳朵说话，行吗？”“今天你和小吴一起玩的时候，你看见她脸上的表情了吗？她好像有心事。因为她老愁眉苦脸的，也许你该问问她有什么事情。”

（4）让孩子设身处地地思考别人的感受。充分利用书本、电视、报纸和现实生活中的情境，让孩子站在别人的立场上来体会一下别人的感受。“2008 年 5 月 12 日下午发生在四川省汶川的大地震，将当地一些村镇的许多房子都摧毁了，造成严重的人员伤亡和巨大的财产损失。在地图上，在这儿，看见了吗？你认为那里震后余生的人们会怎样感受呢？”“当那个妈妈刚知道女儿已通过钢琴 10 级的考试时，她有什么感受呢？”……这些问题会促使儿童定下心来考虑别人的感受，久而久之，就能培养儿童对别人需要的敏感性。

（5）通过提问，让孩子发现他人的需要和感受。结合现实，给孩子提出问题，可以帮助他们发现别人的需要和感情。“你看那个躺在床上哭泣的小姑娘，你认为她怎么啦？”“我看她是不高兴了。”“你认为怎样才会让她高兴些呢？”这样的提问式对话有助于儿童形成道德敏感性，能吸引他们关注别人的感情，并且猜测别人需要什么样的帮助。

（6）让孩子知道你有某种感受的原因。利用各种情境，告诉孩子你对某些事物的看法，以及产生这种感受的原因，既有助于让孩子知道你的感受，又有利于培养儿童的道德敏感性。“我很沮丧。今天我在班上参加考试时，看到一些同学作弊，而我又没有办法制止他们。”“我很高兴，经过 5 个星期的努力，终于把暑假作业全部做完了。”

7. 以境育情法

情感不仅具有感染性，而且具有情境性，情感总是在一定情境中产生的，道德情感也是在一定的道德情境中产生的。因此，创设良好的道德情境是诱发和培养学生积极健康道德情感的有效途径。比如，学校举行列队、升旗仪式，游览名胜古迹，革命圣地，有助于培养学生的爱国主义情感。组织班级和团队活动，有利于培养集体主义情感。组织学生访问科学家、参观现代化工厂、实验室，能培养学生热爱科学、向往祖国昌盛发展的情感，等等。总之，创造良好的道德情境是学校教育中培养学生道德情感不可缺少的措施。

8. 以行育情法

道德行为及行为效果对道德情感具有检验、调节作用。培养学生的道德情感，也应该引导学生尽可能多地参加实践活动。用良好的道德行为来培养和巩固道德情感。如教师要引导学生在行为上尊敬父母、师长，待人有礼貌，关心和帮助他人，从事家务劳动和力所能及的社会公益劳动，培养热爱劳动和劳动人民的情感。通过这些有目的有组织的活动，让学生身体力行，有助于培养学生健康、积极的道德情感①。

同时，通过角色扮演法，先让人产生身临其境的感觉，产生类似体验，然后才可能使其体验到他人的难处，从而产生同情心，才能使个体在遇到具有道德韵味的情境时作出合宜的道德判断乃至于道德行为。所谓角色扮演法，它指让受教育者临时扮演某一角色，从而于切身的体会中知觉到处于此角色中的他人的心境，逐渐生发出自己对处于此角色中他人的同情与理解，由是而激活或唤醒受教育者良心的方法。角色扮演使人们能够亲身体验他人的角色，从而可以更好地理解他人的处境，体验他人在各种不同情境下的内心情感。心理学研究表明，只有一个人内心世界之中具有了与他人相同（或类似）的体验时，他才知道在与别人发生相互联系时该怎样行动与采取怎样的态度。这样，角色扮演在发展人们的社会理解力与改善人际关系方面有着重要作用。不仅如此，心理学研究还表明，由于扮演中真实、直接的情感体验的支持，所扮演的角色的某些特征最终能被“固定”在人们的心理结构当中，从而使人们的个性发生实质变化，这样，较长时间的角色扮演经验可以改变人们的心理结构，从而使人们的个性发生实质变化。基于这种理念，学者们提供了几种常用的做法。

(1) 进行角色互换，讨论对方的感受。当孩子之间，或父母与孩子、教师与学生之间发生冲突时，可以要求当事人暂时停下来，要求他们站在对方的立场上来考虑问题。例如，两个孩子吵架了，家长可以说：“假如你是亮亮，你认为亮亮总是欺负别人的原因是什么?”答：“很可能他的自我感觉很不好，欺负别人也许会使他感觉好些。”这样的角色转换可以使孩子站在不同的视角看问题，

① 汪凤炎，燕良轼. 教育心理学新编［M］. 3版. 广州：暨南大学出版社，2011：420－421.

进而增强孩子的同情心。

（2）设身处地地为他人着想。如，当孩子和同学一起玩，忘记告诉妈妈自己在哪里，妈妈找不到孩子感到非常焦急。一般情况下，妈妈见到孩子后就会大发雷霆，而孩子可能会感到委屈。我们不妨让孩子设身处地地想一想："假如你是妈妈，天渐渐黑了，不知道自己的孩子在哪里，你会怎么想，怎么做?"这样做比简单地发火和生气要有效得多。

（3）先让孩子体验到自身的快乐与不幸，然后再让孩子去想象别人的感受，这时，孩子往往更易以同情心或同理心去对待他人的快乐与不幸。因为一个人只有先体验到自身的快乐与不幸，然后才能通过想象等路径体验到他人的快乐与不幸。这样，平日要注意适度让孩子亲身去品尝人间的快乐与痛苦，不能一味地为孩子创设一个只有"阳光"的环境。同时，假若孩子遇到一件快乐的事情，如在儿童节时收到舅舅寄来的礼物时，父母可以鼓励孩子给舅舅写一封感谢信，并让孩子想象舅舅在收到感谢信时的心情："现在假设你是舅舅，当你收到这封信，读到上面的话时，你有什么感受呢?"以后还可以将这种方法运用到其他情境中。"假如你是一位新来的同学，刚来到这个班级，谁也不认识，你会有什么感受?"经常对孩子这样提问，就能帮助孩子了解和体验别人的需要和感受，进而产生同情心。

四、赏识

"以人为本"的思想在当代中国教育中的一大体现就是，学生的主体人格越来越受到学校教育的细心呵护，于是，赏识教育成为当代中国教育界普遍认可的一种教育形式。

（一）什么是赏识与赏识教育

何谓"赏识"？指认识到人的人品、才能或作品的价值而加以重视或赞扬①。赏识教育是指这样一种教育方式或方法：教育者在教育过程中运用欣赏、鼓励的态度去看待、评价受教育者的一言一行，承认受教育者的个体差异，允许受教育者的失败，以重塑受教育者的自信，发现和发挥受教育者的长处和潜能，使其最终走向成功。

（二）赏识教育的功能

1．赏识教育的积极功能

赏识教育的积极功能可用美国著名心理学家罗森塔尔（R. Rosenthal，1933—）提出的罗森塔尔效应（Rosenthal effect）——也叫"皮格玛利翁效应"（Pygmalion effect）或"期望效应"——加以说明。罗森塔尔效应最早由美国心理学家罗森塔尔等人于1968年在《课堂中的皮格玛利翁》一书中提出。认为教

① 夏征农，陈至立．辞海［M］．第六版缩印本．上海：上海辞书出版社，2010：1635.

师对学生的期望，会在学生的学习成绩等方面产生效应。例如，教师寄予很大期望的学生，经过一段时间后测得其学习成绩比其他学生有显著性改善。因此效应与希腊神话中皮格玛利翁的故事相似，故又名皮格玛利翁效应。罗森塔尔效应揭示出赏识之所以能够产生积极功能的心理学原理在于：赞美、信任和期待具有一种强大的心理能量，它能改变人的心理与行为，并使其向好的方向发展。当一个人获得另一个人的信任、赞美时，他便感觉获得了社会支持，获得了一种积极向上的动力，从而增强了自我价值，使自己变得更加自信、自尊；与此同时，为了达到对方的期待以维持这种社会支持的连续性，避免对方对自己的失望，他会努力朝着对方期待的方向前进，结果就使自己变得越来越优秀了。这意味着，自尊心和自信心是人的精神支柱，是成功的先决条件之一，对一个人传递积极的期望，就会使他进步得更快，发展得更好；反之，向一个人传递消极的期望则会使人自暴自弃，放弃努力。

2. 赏识教育的消极功能

假若运用不当，赏识教育也可产生某些消极功能。例如，易让学生产生虚荣心；易让学生的自尊心盲目夸大，变得更加脆弱，不能接受他人合理的批评；等等。

（三）正确开展赏识教育必须遵循的原则

在汉语中，“奖励”（reward）与“奖赏”基本同义，其含义有二：一是作为动词，亦作“奖厉”，指劝勉鼓励。二是作为名词，亦称“正强化物”，与惩罚相对，是指为增加某种期望的行为再次出现的可能性而在此行为发生后所跟随的愉快刺激。按其来源分为外部奖励和内部奖励，前者指外在的任何使个体满意并强化其反应的刺激；后者指内在的任何使个体满意并强化其反应的观念、意识或情感①。这样，根据行为主义学习理论中有关正强化思想的精神，再适当借鉴认知派学习理论和人本主义学习理论的精义，若想最大限度发挥赏识教育的积极功能，一般而言，实施赏识教育或奖励要遵循以下十个原则②。

1. 坚持先教后奖的原则

适当奖励有助于使孩子遵守良好行为规范，不过，与惩罚教育类似，在实施赏识教育之前，家长或教师应对孩子进行细致、耐心、全面、认真的交谈，以便让孩子清楚知道自己应该做什么、不应该做什么、应该怎么做、应达到什么要求或标准，等等。只有这样做，才能使孩子充分了解奖励的行为标准，知道怎样做才会得到奖励或赏识；也只有这样做，才能使孩子知道奖励自己是为了鼓励自己表现得更好。

---

① 夏征农，陈至立. 辞海［M］. 第六版缩印本. 上海：上海辞书出版社，2010：899.

② 奖惩孩子十大忠告［N］. 参考消息，2003-5-30.

2. 奖励或赏识要做到实至名归

奖励要与孩子实际付出的劳动相一致，做到实至名归，使孩子体验到“一份付出，一份收获”的道理。为此，家长或教师要尽量避免因自己一时“心血来潮”就无端给孩子奖励的做法。

3. 灵活使用正常奖励与意外奖励

在正常情况下奖励应该是学生可以得到的，而不能总是可望而不可即。不过，对于孩子有可能做到、但需要费很大力气才能做到的事情来说，意外的奖励会产生十分积极的效果。

4. 物质奖励与精神奖励宜交替使用

对孩子来说，最大的奖励往往是得到他人的称赞或肯定，尤其是得到自己心目中的权威人物——如教师或父母等——的赞赏；并且，精神奖励既不需要什么成本，还能帮助孩子树立尊严与自信，减少甚至防止孩子对物质的贪求。因此，不要总是考虑给孩子物质奖励，实际上，感情和精神上的鼓励——如父母的拥抱和祝贺等——对孩子往往是最合适且有效的。当然，有时恰当的物质奖励对孩子的健康成长也有一定益处，尤其是当孩子年幼而不甚了解某些精神奖励的内涵时更是如此。

5. 自我奖励与外在奖励相结合

所谓自我奖励，指自己给自己奖励的一种奖励形式。所谓外在奖励，指机构或他人（如家长或教师等）给予个体的奖励。一般而言，外在奖励虽然能够增强获奖者的荣誉感，但也存在让获奖者养成他律取向的做人方式和处事方式以及过于重视奖励本身的弊病；自我奖励虽然不太适合自律取向过弱的个体（如年幼儿童），不过，它却具有易让个体养成自律取向的做人方式和处事方式以及重视学习或健康成长本身的长处。所以，正确的做法是，灵活使用自我奖励与外在奖励，切不可偏执一端。

6. 结合“过程”与“结果”来实施奖励

家长或教师宜结合过程与结果来对孩子实施奖励。在一般情况下宜优先考虑“过程”，只要孩子为实现某一积极目标而做出了自己的努力，无论结果成功与否，家长或教师都宜对孩子实施恰当的奖励。当然，如果孩子通过自己的努力而获得了成功，哪怕是一点点成功，家长或教师也宜对孩子进行恰当的奖励。

7. 使用奖励应考虑学生的个性差异

使用奖励应考虑学生的个性差异。例如，有的学生家庭经济条件较差，若其表现好，适当给予物质奖励而不是口头表扬之类的“空头支票”，可能更易调动学生学习的积极性；相反，有的学生家境颇富裕，若其表现好，适当给予精神性奖励，可能更易调动学生学习的积极性，若给予物质性奖励，他/她不太在乎，就达不到激励其学习动机的作用。

8. 赏识教育尤其适合身心有缺陷的个体

身体有缺陷、心理有缺陷或身心均有缺陷的个体，在日常生活中较之身心正常的个体更易遭受挫折或遇到困难，也易受到来自他人有意或无意、或大或小的“伤害”；同时，他们的每一个成功，都往往会付出比正常人更多的艰辛。所以，赏识教育尤其适合身心有缺陷的个体①。

9. 切勿因奖励或表扬某些人的同时而伤害了其他人

教师在奖励或表扬某些人的同时，切勿伤害到其他人。例如，假若老师在夸奖人时用如下之类的说法：“同学们，在这次期末考试中，我们班除了张三和李四同学外，其他人都取得了优秀成绩，为班级赢得全年级第一立下汗马功劳！”那么，虽然班上其他同学得到了奖励，但张三和李四却受到了伤害，这对他们二人的成长极有可能产生负面影响。

10. 赏识或奖励要做到公平、公正

根据第三章所讲的公平、公正的定义，任何一个学生取得同样的成绩都给予同样的赏识或奖励，那是公平。对于同等程度的进步（例如都是考了满分），为了最大限度地促进学生的发展，针对不同学生的具体努力情况而给予不同程度的赏识或奖励，那是公正。

五、惩罚

（一）惩罚的得与失

据《辞海》的解释，惩罚（punishment）的含义有二：一是惩戒处罚；二是与奖励相对，指为减少、减弱或消除某种不良行为再次出现的可能性而在此行为发生后所跟随的不愉快刺激②。奖赏与惩罚本都是教育学生所用的手段。奖与惩的实施都是在学生表现过某种行为之后，但二者的目的是不一样的：奖赏作用在学生的良好行为之后，目的在肯定他的行为，鼓励他继续表现该类行为；惩罚作用在学生的不当行为之后，目的在否定他的行为（一般为不适当的行为），制止他继续表现该类行为。当前，关于制止体罚或变相体罚的呼声一浪高过一浪，各级教育部门也是一而再、再而三地强调禁止体罚、变相体罚学生。一些学生在家长和社会对他们的宠爱下，渐渐丧失经受挫折及各类打击的能力，变得太脆弱，脆弱得经受不了一点点惩罚。教师们一句不经意的言语、一个细小的动作，都有可能让孩子出现一系列心理问题。于是乎，赏识教育、无批评式教育的提法越炒越热，社会舆论也在大声疾呼“尊重学生，善待学生”，似乎一批评学生就伤害

---

① 汪凤炎，燕良轼. 教育心理学新编［M］. 3版. 广州：暨南大学出版社，2011：210－211.

② 夏征农，陈至立. 辞海［M］. 第六版缩印本. 上海：上海辞书出版社，2010：234.

了学生，一惩罚学生就违背了教育规律，以至于一些教师在工作中左右为难，如履薄冰，唯恐背上“缺乏职业道德”之类的罪名。虽然关心、爱护学生是教师的天职，但这并不意味着教育手段只能是鼓励、奖励或赏识，惩罚也是一种重要的教育手段，教育中不能没有惩罚，没有惩罚的教育是不完整的教育。完整的教育本就需要“十八般武艺”，表扬、批评、奖励、惩罚，等等，古今中外的教育实践也有力地证明了这一点。回避或否认教育中惩罚的作用是不明智的，常常造成广大教师和家长育人工作的茫然和无奈。

惩罚至少具有两大积极功能：一是矫正功能。当孩子的行为与学校或家长的要求不一致时，教师或家长对其惩罚，使其懂得行为界限，明确是非观念和权利与义务的关系，懂得为自己的过失负责，从而增强责任感，这是惩罚的矫正功能。另一是威慑功能。孩子的认识、态度、观念和行为方式等的形成并不一定非要得之于自己亲历奖惩的直接体验，观察模仿学习也是孩子的重要学习方式之一，这样，孩子可以通过观察别人的行为表现方式及行为结果间接学到很多东西。孩子在看到某人做了某件事情后受到惩罚，他/她自己就会“学乖”，不去做这件事情。如，某个学生上课玩小动作，教师惩罚该学生，其他学生便不敢再玩小动作。这就是惩罚的威慑功能，也就是中国人常说的“杀鸡儆猴”，其心理机制就是班杜拉所说的观察学习。

当然，惩罚是一把双刃剑，能育人也能毁人。因为惩罚有自身的弱点：第一，它并不能去除不良反应或使不良反应不再存在，而只是使某种不良行为减少或延缓发生。第二，它常常只是消极地限制某些行为，而不能向人们指出适合该情境的正确行为，尤其是当受罚者不能明确从自己的受罚行为中推导出正确行为时更是如此。具体地说，在一个简单的受罚情境中，受罚者一般能够从自己的受罚行为中推导出正确行为反应，例如，当一个学生因上课迟到而受罚时，他一般能够从“上课迟到”这一受罚行为中推导出“上课不迟到”这一正确行为反应，这也就是惩罚的矫正功能。不过，在一个复杂的受罚情境中，受罚者常常不能从自己的受罚行为中推导出正确行为反应。例如，一个学生因作文没写好而受到惩罚，若教师不及时指导学生正确写作文，那么，学生即便受罚，常常也难以自行学会如何写出佳作这一正确行为反应。因此，妥当的做法是：当学生在一个复杂的情境中受罚后，教师一定要及时帮助学生习得正确应对该情境的反应方式。第三，惩罚时的那种攻击性态度与行为方式有时会给受罚者提供不好的示范，受罚者常常会由此而学会某种攻击态度和攻击行为，并以此去攻击他人。第四，惩罚不当易给受罚者造成某种身心上的伤害。例如，惩罚常常是一种挫折来源，可能会引发受罚者出现其他不良心理与行为。如容易引起受罚者出现畏惧、紧张、无脸见人等负面情绪等①。这样，惩罚用得好则峰回路转、柳暗花明，用不好则事与愿违，甚至贻害无穷。过去人们多用体罚，并且往往态度粗暴，从而不但降低了惩罚的教育意义，还使惩罚招来许多“恶名”。

（二）惩罚与负强化的区别与联系

1. 惩罚与负强化的区别

从教育心理学角度看，只有使惩罚具有负强化的意义，才能最大限度地突显惩罚的教育价值。因为在通常情况下负强化不同于惩罚，二者之间至少有两点主要差异：

一是，二者的目的不同。依斯金纳的操作条件学习原理，负强化是消除伤害性或讨厌的刺激以增加合乎要求反应出现概率的过程，因此，实施负强化的目的是加强某种适当行为。例如，假若服刑人员在服刑期间表现好就减少其刑期，而减少刑期又达到了增强其继续表现好的动机或目的，这种减刑就属负强化；惩罚往往作用于学生的不当行为发生之后，目的在于否定这一不当行为，制止他继续表现该类不当行为②。

二是，二者所包含的刺激物的性质不完全相同。负强化物往往都是个体不想要的“不愉快的刺激物”，如电击、刑期、罚做作业等。与此不同，在惩罚中，只有施予式惩罚里施加的刺激才是个体不想要的，至于剥夺式惩罚里被剥夺的刺激则是个体想要的。

综上所论，《辞海》第六版缩印本认为“惩罚也称‘负强化物’”这个观点是不正确的。

2. 惩罚与负强化的联系

惩罚与负强化之间也并不是截然分开的。假若学生因犯错而受到惩罚，事后不但不再犯错，而且在同样情境下学到以适当行为替代不当行为，则这种惩罚在性质上就有负强化的意义。如，学生写错字后，教师罚学生重写，结果学生不但不再将此字写错，而且将其写得既正确又美观，这种“重写”（惩罚）在性质上就有负强化的意义。可见，惩罚只有符合负强化的意义才会产生最大的教育价值。

（三）科学实施惩罚必须遵循的原则

在教育上怎样更合理地运用惩罚，使其不但能消极地制止孩子的不当行为，更能让其积极地产生负强化作用，从而培养良好的行为，就是大家所关心的事情。若想惩罚具有这种效果，借鉴张春兴和瓦尔特斯（Walters）等人的观点，再结合我们自己多年的教学心得，实施惩罚要遵循以下 15 条原则。

1. 先教后罚

苏格拉底有句名言：“美德即知识。”这句话虽有将美德与知识等同之嫌，

---

① 朱智贤. 心理学大词典［M］. 北京：北京师范大学出版社，1989：70.

② 皮连生. 学与教的心理学［M］. 2 版. 长春：华东师范大学出版社，1997：210－213.

但也揭示了一个不争的事实：一个人之所以会犯错误，在通常情况下往往是由于无知的缘故；换言之，他/她不知道那样做是错的，若知道那样做是错的，他/她一般就不会去做。同时，人之常情是：人们知道了什么该做，什么不该做，一旦自己做了不该做的事情时，他/她就会觉得受到惩罚是理所当然的，从而不会产生抵触情绪。既然如此，在制定惩罚制度与开放实施惩罚之前，家长或教师应与孩子进行细致、耐心、全面、认真的交谈与沟通，这样不但能够增进彼此的了解，还能让孩子清楚知道自己应该做什么、不应该做什么、应该怎么做、应达到什么要求或标准，让孩子知道惩罚的目的是为了不惩罚，等等。只有这样做才能让孩子充分了解惩罚的行为标准，从而避免不必要的犯错和由此带来的惩罚；也只有这样做才能让孩子能够预见惩罚，不至于在受到惩罚时还不知道自己错在哪里。而当孩子一旦能预见做了某件事就会受到惩罚时，在通常情况下，他/她兑现遵守家庭规则或学校规则的承诺，也就不会去做该件事，这就能达到防患于未然的目的。因此，通过先教后罚的方式，让惩罚变得是可以预见的，也是可以预先加以避免的，这样才能收到防患于未然的效果；也只有这样做才能使孩子知道惩罚他是应该的，目的是为了让他改正错误。而一旦孩子做了违纪行为，家长或教师在实施惩罚之前，必须做到惩罚与说理相结合，先让学生清楚地认识到违纪行为的严重性，然后再给予相应的惩罚，这时孩子一般口服心服。惩罚之后要给予学生积极的帮助，即给他们提供一个可选的积极的行为方式，使他不仅不再犯错，而且能在同样情境下学会以适当的行为替代不当行为。另外，通过相互沟通，还能了解孩子对惩罚的看法和评价，以便及时予以调整。

2. 非不得已，不使用惩罚

这一原则是说，惩罚只是迫不得已的“下下策”，不到万不得已的时候最好不要使用它。因为惩罚虽然往往能迅速而有效地制止问题行为，但如前文所论，惩罚也有“与生俱来”的弱点。若滥用惩罚，不但易降低教师在学生中的威信，使学生产生怨恨情绪，从而诱发攻击性或退缩性问题行为，而且往往由于暂时抑制了表面的问题行为，而忽视导致问题行为的内在心理因素，从而常常是“治标不治本”，容易阻碍学生人格的健全发展。所以，家长或教师在实施惩罚之前一定要反复自问三声：在处理这件事情时，是不是到了只能用惩罚的时候？若发现还有其他良策，那就不宜用惩罚。

3. 惩罚只限于知过能改的行为

不是任何“过失”行为都要惩罚，惩罚只限于知过能改的行为，知“过”不能改的行为——例如心理疾病患者产生的过错行为、因身心有缺陷而无法做某种行为等——不能用惩罚，只能用其他方法教育。举一个简单例子。假若一个数学教师小张发现其班上有甲和乙两个学生的数学成绩都很差，为了找到这两个学生成绩差的原因，小张做了很多努力，最终发现，甲生之所以成绩差，是因为学习态度不端正，如上课不认真听，下课不认真预习和复习，回家不认真完成教师布置的作业，等等；而乙生之所以成绩差，是因为智商偏低，其实乙生本人在学习态度上还是颇端正的。若果真如此，则可以通过适当的惩罚来激励甲生端正学习态度，因为学习态度不端正属于一种知过能改的行为；但不宜运用惩罚的方式来激励乙生，否则，除了导致乙生精神压力过大或产生厌学等负面效果外，不会有任何积极作用。因为稍有心理学常识的人都知道，智商主要是受先天因素影响的，后天的努力对提高智商是有限的，因此，若想提高乙生的学习成绩，只有另觅他途，如通过赏识教育来激励乙生，往往收效颇佳。

4. 惩罚时要适当尊重受罚者的人格

惩罚时要适当尊重受罚者的人格，为此，惩罚时要做到两点：第一，在任何情况下都不使用有损受罚者人格尊严的惩罚方式；第二，只要个体未犯弥天大错，一般在惩罚前宜先向受罚者作诸如此类的声明：你的本质是不坏的，只是一时糊涂才犯了错，所以，惩罚只是就你的错误行为本身而言的，并不指向你内在的优秀品质。

5. 多用剥夺式惩罚，少用乃至不用施予式惩罚

剥夺式惩罚（removal punishment），也叫负惩罚，指在孩子做了某种不良行为后，教师或家长剥夺其喜爱的某种刺激，以减少受惩罚行为再次发生的可能性。如，若孩子没有按时保质保量做完功课，家长就不让其上网玩自己喜爱的游戏，这就属于一种剥夺式惩罚。

施予式惩罚（presentation punishment），也叫正惩罚，指在孩子做了某种不良行为后，教师或家长对其施加某些痛苦或厌恶的刺激，以减少受惩罚行为再次发生的可能性。如批评、警告、记过或开除等，过去常用的体罚孩子（俗称“硬暴力”）或挖苦孩子（俗称“软暴力”），也都属施予式惩罚。

剥夺式惩罚之所以优于施予式惩罚，是因为前者不但将主动权“交给”了孩子本人，而且通过“钓胃口”的方式容易激发学生的学习动机。如，孩子若想上网玩自己喜爱的游戏，就必须先完成预定的功课，并且，前者只是暂时剥夺孩子的某种需要（如想上网玩游戏的需要），对孩子的肉体与心灵都不会造成负面的伤害；后者若用得不妥，不但容易让孩子“伤筋动骨”，更易给孩子造成心灵上的创伤，同时，使用诸如“开除”之类严厉的施予式惩罚措施，只是将犯错误的孩子从一个小群体中排除出去，这样做有时不但不能促使其改正错误，反而会使其产生“破罐子破摔”心理甚至反社会行为，这就完全失去了惩罚本有的教育的意蕴。因此，教师或家长若用惩罚，一般宜多用剥夺式惩罚，少用乃至不用施予式惩罚。

6. 善用“虚实相间”策略

所谓“虚实相间”策略，指在惩罚学生时，为了让此种惩罚尽可能地具有

负强化的意义，先明确告诉学生，会视学生在第一次受罚中的表现情况而决定是否要实施第二次惩罚的一种做法。例如，学生写错某个字后，教师罚学生重写该字，若想学生今后不但不再将此字写错，而且将其写得既正确又美观，即要想让“重写”（惩罚）具有负强化的意义，若能善用“虚实相间”策略，往往收效甚佳：假若教师说：“张三，你将这个字写错了，我罚你重写 10 遍。”这就属典型的惩罚。这样做虽然张三会将字重写 10 遍，却不见得会用心记住这个字的字形特点，也不见得会将此字写好，因为张三可能仅仅是迫于教师的压力而敷衍地将此字抄了 10 遍。如果想“让惩罚具有负强化意义”，那么，这时就可用虚实相间的策略，具体做法至少有二：一是“做加法”。如果教师说：“张三，你将这个字写错了，我罚你重写，你先写 10 遍给我看看，如果写得好，就可以了，否则，就还要罚你再写 10 遍，甚至更多遍。”可以预计，在一般情况下，张三为了避免让自己重写 20 遍或更多遍，一定会将此字“认真地”重写 10 遍，并牢牢记住这个字的字形特点。二是“做减法”。如果教师说：“张三，你将这个字写错了，我准备罚你重写 20 遍，不过，你先写 10 遍给我看看，如果写得好，那就不用继续写后 10 遍了，否则就必须写 20 遍。”可以预计，在一般情况下，张三为了避免让自己重写 20 遍，一定会将此字“认真地”重写 10 遍，并牢牢记住这个字的字形特点。可见，同是重写了 10 遍，后两种做法的效果一定比纯粹只罚学生抄 10 遍的效果要好。

7. 针对学生的个别差异选择具有针对性的惩罚方式

平日里偶尔会有这样的一些报导或事情的发生：有学生被教师当众惩罚，回家自杀了；有学生被教师当众惩罚，知耻而后勇，后发愤图强，最终考上了某名牌学校。同样是惩罚，结果却大相径庭。这告诉人们一个道理：惩罚应以受惩罚者为中心而不是以惩罚者为中心，在惩罚学生时一定要考虑学生的个性差异，依其性格、气质等特点采取具有针对性的惩罚措施，做到因人因时因地而宜。具体地说：第一，要考虑学生的个性特点，选择具有针对性的惩罚方式。如，对内向、自尊过强的孩子可采用间接迂回的惩罚方式，必要的时候可进行隐性惩罚，如事发时的一个眼神、事后的单独谈话等等；对性格外向、开朗的孩子可采取选择性的惩罚，像罚站、罚背诗、罚值日、罚跑步，等等，让其自选其一，这样将主动权交回学生，让学生有选择地对自己进行惩戒，在适度的惩罚中让其明白什么是不当行为。第二，要考虑到孩子的年龄与成熟程度，以便选择适当的惩罚方式来让孩子改正错误。第三，要考虑孩子的家庭情况后再选择适当的惩罚方式。如有的学生家境较差或是单亲家庭，若其成绩不理想，最好应多与他/她谈心，真诚帮其找出导致学习困难的原因，并给予必要的关心与帮助，这样做往往能触动其心灵，促使其认真学习；对待家境较差的学生，最好不要给予经济性惩罚，否则会给其带来更大的精神压力；对待来自单亲家庭或父母不和睦家庭的孩子，一般不宜再用冷漠的批评等惩罚方式，否则，会让其更加体会不到“人间的温暖”，从而容易产生偏激或自闭之类的行为方式。有的学生家境颇富裕或家庭充满了温馨，若其成绩不佳，宜采取剥夺式惩罚，让其失去一些平时举手可得的“方便”或习以为常的“关爱”，然后要其通过自己的努力而争取重新拥有，这样，往往能促进其学习；对待家境富裕的学生，最好也不要给予经济性惩罚，否则他/她不太在乎。第四，要针对不同的时间、场合和违规程度，灵活选择不同的惩罚方式，而不能一成不变、千篇一律。如，对于故意违纪的学生与过失违纪的学生，对于初犯和屡犯，惩罚的程度及方式都应该有所区别。

8. 惩罚原因要讲清楚

在惩罚前一定要以适当方式向孩子解释一遍惩罚的原因，使其心悦诚服，这一点对于大多数教师和家长来说最容易被忽视。教师和家长往往认为孩子做了错事，惩罚他/她还需要讲理由吗？其实，讲清楚惩罚的原因可以使孩子明白被罚的原因，由此可以使孩子口服心服，甘心接受惩罚，这样的惩罚效果会更好，并且，可以防止孩子下次再犯相同的错误；否则，孩子不理解他为什么会受罚。假若连续对孩子进行惩罚又没有向孩子说明原因或理由，孩子就有可能只对惩罚作出反应，但不清楚自己为什么会受到惩罚，若果真如此，惩罚就达不到预期的教育效果。因此，家长或教师要切记，在自己情绪激动或愤怒的情况下，不要惩罚孩子，否则，不但容易出偏差而伤害孩子，也不易让孩子心服口服，还给孩子起了一个极坏的示范作用。

9. 惩罚要言出必行，并做到及时施惩

一方面，惩罚要言出必行。如果你警告过孩子当他犯某一种过错时要惩罚他，那么，一旦他犯了，你就要履行你的诺言去惩罚他；绝不能看到学生或孩子哀求的表情、可怜兮兮的样子，就于心不忍，半途而废，这样做等于取消惩罚，而且容易使孩子以此经验为例，以后遇到类似情况会越加装出一幅“可怜相”来争取大人的同情，而不再思考如何改过，这样就收不到令行禁止的效果。

另一方面，要及时惩罚。惩罚应该在孩子出现违规行为时及时采取，不要等到孩子违纪行为发展到不可收拾的地步才采取严厉的措施，如开除等，那样，惩罚也就没有太大的教育价值了。有些妈妈对孩子常说的口头禅，如“等你爸爸回家后有你好看的”，并不适合用来教育孩子，因为孩子尤其是小孩子多没有时间观念，一旦时过境迁，孩子对其错误的行为表现就会有所遗忘，等到他/她被惩罚时，早忘了遭罚的原因，这样做的结果是很糟糕的。同时，从心理学角度看，惩罚的心理机制实际上是一种条件反射，在条件反射中，条件刺激和无条件刺激相匹配，其间隔时间越短，则往往效果越好。所以家长或教师一旦发现孩子的行为有错，只要情况许可，就要掌握住时机，立即予以相应的惩罚。因为此时、此地、此事形成的某项行为导致了惩罚，往往能给孩子最强烈的印象。并且，当孩子刚开始有某种错误的行为表现时，由于错误行为还未定型，此时纠正起来也较为容易。一旦“习与性成”，形成了错误的行为方式甚至错误的人生观与价值观，再想去予以纠正，花大力气也不见得会产生明显效果。因此，教师或家长掌握先机，防微杜渐，往往可以收到事半功倍的效果。万一当时的情境（如有客人在场或正在公共场所）确实不允许立即作出反应，事后则应及时地创造条件尽可能使孩子回到与原来相似的情境中去，家长和孩子一起回顾和总结当时的言行，使他意识到当时的错误行为，并明确要求他改正。

10．恩威并重

严能生威，爱能亲人。惩罚强度应适当，太轻当然无效，过严也会抑制正常的行为。这样，在日常生活中对孩子一定要关爱有加，但孩子如有缺点，犯错误，教师或家长一定要指正并督促其改过，绝不可睁一只眼，闭一只眼，姑息迁就，放任自流。严和爱是一个有机的统一体，教师或家长只有在日常生活中对孩子既严格要求又尊重关心，才能建立一个情理交融的师生关系或亲子关系，才能在自己身边产生一种亲和力，树立和巩固起那种备受敬畏的威信。因此，惩罚应基于爱和尊重，通过态度和蔼与满怀深情来实施，效果更佳。

11．惩罚要做到公平、公正

有研究者就“我心中的理想教师”做过调查，“对人对事公平合理”被学生列入理想教师的标准之一。可见，教师只要采取“对事不对人”的态度，对待做了违反校规校纪事情的学生都一视同仁，而不论他/她是班长还是一般学生，也不论他/她的成绩好坏，这样才可让学生从心底产生一种平等的心理，对教师采取的惩罚措施才会心悦诚服。因此，公正公平对待每一个学生是惩罚的前提。

12．惩罚不可没完没了

家长或教师要明确，惩罚的目的是让孩子最终经过努力“避免”惩罚，而非一定要让学生不断去“体验”惩罚。这样，惩罚的开始和结束都要明确，不要让家中或学校一整天甚至几天都充满了敌对、威胁或怨恨的气氛，惩罚完毕，孩子明白错了，一切便算过去；同时，在惩罚过程中，假若孩子确实真诚地认识了错误，又有改正的表现时，则应给予肯定，及时取消或从轻惩罚。

13．适度以趣施惩

以趣施惩，指以孩子的兴趣爱好为内容进行惩戒的一种惩罚方式。当一个学生只是在错误的时间或地点做了一件就行为本身而言并没有什么不好的行为时，一般可以采用以趣施惩的做法。例如，教师在上课时发现一个学生在底下偷偷地看其刚刚收集到的几张新邮票，这时，教师就不宜采取没收或当场将其邮票撕毁等不恰当的惩罚措施，而应想到集邮行为本身并没有什么不好，它可以让学生学到许多知识，学生只是不该在上课时看邮票。如果教师想到这一层，然后罚这个学生利用课余时间写一篇有关怎样集邮的小文章，这种惩罚学生可能更易接受。以趣施惩实际上是让学生在惩罚中做自己喜爱的事情，往往是一个颇受学生“欢迎”的惩罚方式。当然，在惩罚之前，教师必须充分了解学生的情感、意志、兴趣、爱好，这样才能使惩罚措施有的放矢，才能让学生在惩罚中认识自我，提高自我。

14. 允许将功补过

在实施惩罚之前家长或教师有时可以向孩子提供—种不受惩罚的选择，这种选择包括孩子做出良好表现，尤其是做出与导致他受到惩罚的不良表现相反的表现，假若孩子做了这种选择，家长或教师就取消对其的惩罚，这就是俗称的“将功补过”。当然，如果家长或教师经常原谅孩子，惩罚也就失去了意义，因为孩子知道他最终可以逃避惩罚。所以，这一原则要慎用。

15. 应观察孩子是否想通过不合适表现引起大人或教师的关注

有些孩子在平时可能是被忽略的对象，于是想通过犯错误引起大家对他的注意。如果是这样，由于孩子的这些表现而对其进行惩罚是十分有害的，因为孩子的目的就是让大人或教师对他倾注更多的关注。如有位学生，上课经常交头接耳，违反课堂纪律。于是，教师找他谈心，发现该生之所以这样做，主要是想引起教师的注意，希望教师也能给“差生”一点关注。这时教师如果不分青红皂白地对他实施惩罚，往往会使他们产生“阴谋得逞”的快感，或是产生强烈的逆反心理。所以，当孩子做出不恰当的行为后，教师或家长应仔细地观察孩子是否想要通过不合适的表现引起大人或教师的关注，假若是这样的话，教师或家长先宜假装未看见，对他的这一行为采取不理不睬的“冷”处理，他就会自觉无趣而予以放弃；随后，教师或家长再选择一个适当的时间和地点，与孩子进行倾心交谈，委婉地指出他这样做的方式不对，并与他们交流一些更为妥当、有效的引起人们注意的方法。与此同时，教师或家长在随后的生活中要更加关心爱护这类孩子，不让其有失落感，并教育班级或家庭中其他成员去亲近他，不歧视、疏远他，以免使其产生孤独感。如此“多管齐下”，就会使孩子内心体会到其实父母或教师还是关心自己的，并认识到自己以前冒失行为的不当之处，这样，在今后的生活中，孩子自然不会再做出类似举动。

第二节　通过自育法培育个体的品德

中国先哲一向认识到个人的心性修养在培育品德中所起的巨大作用，大力提倡个体通过自我心性修养来达到提高品德修养的目的，并将之作为一种最重要的育德方式，即自育。此思想对于今天中国的德育仍有重大的启发性。因为自我心性修养作为一种育德方法，具有针对性强的特点；直接从“心”上下功夫，不易流于形式；易发挥修养者自己的主动性；易将“学会选择”的思想落到实处等优点，这样，易提高德育的效果。正如《淮南子·诠言训》所说：“德可以自修。”王守仁也说：“哑子吃苦瓜，与你说不得。你要知此苦，还须你自吃。”①正是基于此种思考，本书主张将中国传统的修心养性法作现代诠释并适当运用，使之成为当代中国德育中的一种育德方法。其中，观照式自我测评法留在第六章进行探讨，下面只论余下的三种常用修心养性方法。

一、寡欲法

寡欲法，也叫自我寡欲法，指通过减少或节制自己的欲望来修心养性，将自己的需要控制在一个合理的范围之内，以此达到提高自己德性目的的一种育德方法。为了克制自己的贪欲，有效做法由易到难有三种。

（一）远离诱惑

尽量让自己远离诱惑，这是最易做到的一种有效抵御或戒除贪欲的方法。因为绝大多数人抵御诱惑的能力常常既有限又很脆弱，一个人一旦面对诱惑，原本平静、安宁、清澈的心灵就易起“波澜”，乃至让自己最终迷失心智，作出愚蠢的决定。所以，战胜诱惑最有把握的办法便是让自己远离诱惑。只有让自己远离诱惑，才能让自己坚守心灵的一方净土，凝神专注，涵养自己的心性。正如诸葛亮所说：“非淡泊无以明志，非宁静无以致远。”在这方面，冯志圻的做法值得今人学习。据《清朝野史大观》记载：清道光年间，刑部大臣冯志圻酷爱碑帖书画。但他从不在人前提起这个爱好，赴外地巡视更是三缄其口，不吐露丝毫心迹。一次，有位下属献给他一本名贵碑帖，冯志圻原封不动地退回。有人劝他打开看看，冯志圻说：“这种古物乃稀世珍宝，我一旦打开，就可能会爱不释手，不打开，还可想象它是赝品，封其心眼，断其诱惑，怎奈我何?”②

（二）做到“四勿”

个体在面临诱惑时，若能时刻认真体会并身体力行孔子所主张的“非礼勿视，非礼勿听，非礼勿言，非礼勿动”等“四勿”，往往也是一种有效抵御或戒除贪欲的方法。当然，孔子的“四勿”，假若不能正确把握其实质，简单地将之教条化，就会成为吃人的礼教，束缚人的心灵。但是，若像王安石那样理解，并将“礼”由“儒礼”诠释为社会主义的道德规范与法律制度，那么，“四勿”之说中潜藏的让人消极躲避外物的思想就被彻底去掉了，变成了鼓励人们去看、去

① 王守仁. 王阳明全集（上册）［M］. 董平，吴光，编校. 上海：上海古籍出版社，1992：37.

② 陈洪娟. 远离诱惑［N］. 大公报，2010-8-8.

听、去言、去动外物，只是要凭“良心”去看、去听、去言、去动外物，只是不要被外物（即贪欲）迷惑了自己的心智①。

（三）反省人生的真正意义或价值

为了有效抵御或戒除贪欲，第三个有效做法是个体认真去反省人生的真正意义或价值。很多人之所以心中存有大量贪欲，一个重要心因是未能正确理解人生的真正意义或真正价值，错误地将外在财富、地位、虚荣视为人生的意义，却不知这些东西只是实现人生意义的手段，而不是人生意义本身。个体一旦真正树立起正确的人生观，往往更易有效抵御或戒除贪欲。也需指出，通过认真反省人生的真正意义或价值来让自己抵御或戒除贪欲，这对个体自身的素养有严格要求，否则易流于形式。

二、自我育情法

自我育情法，指自己通过培育自己的道德情感的途径来达到提高自我道德修养的一种育德方法。上文所说的“情育法”，若个体将其用来培育自己的道德情感而不是他人的道德情感，就变成了自我育情法。这方面的做法只要一点就通，这里不多讲，下面只论余下的两个常用做法。

（一）养气法

也叫自我养气法，它指自己通过培育浩然正气的途径来达到提高道德修养的一种方法。用心理学的眼光看，这是典型的以善情导德法，即直接通过培育浩然正气之类的情感，使人产生相应的德性（如正义）的一种育德方法。此法由孟子明确提出。在《公孙丑上》一文里，孟子主张修德就要保养“浩然之气”（正气），因为“夫志，气之帅也；气，体之充也。”“气”在人的生命活动中的作用巨大，人的精神意志是“气”的统帅，能够主宰“气”的活动，个体要想提升自己的人格境界，就必须做到“善养吾浩然之气”，即培养高尚的道德情操。而“浩然之气”“其为气也，至大至刚，以直养而无害，则塞于天地之间”，于是，孟子又提出了三种具体的养“浩然之气”的方法：1. “配义与道；无是，馁也。”主张这种“气”必须与正义和道理相配合，否则，就要显得软弱无力。2. “行有不慊于心，则馁矣。”认为只要自己的行为中有一件事在心里感到欠缺，这种气也会变得很乏力。3. 要“集义所生”。积少成多，不能拔苗助长②。用今天的话说，凡事要从社会主义伦理道德规范与法律出发，才能做到心地荡然，不存邪念，这样就能使个体保持一种高尚的道德品质和良好的心理状态。正如《孟子·滕文公下》所说：“富贵不能淫，贫贱不能移，威武不能屈，此之谓大丈

---

① 贺麟. 文化与人生［M］. 北京：商务印书馆，1988：288－293.

② 杨伯峻. 孟子译注（上册）［M］. 北京：中华书局，1960：62.

夫。”具备此种“大丈夫”人格的人，其良心必是丰满的、充实的。

养气法的实质是主张修德者要注意培养自己的正义感等道德情感，从德育的角度看，这的确是一种直截了当的培育品德的方法。在养气过程中，中国人又提倡要循序渐进，积少成多，这也合乎心理学的有关原理。假若当代中国人能扬弃中国先人讲的“浩然正气”里所包含的传统德目，而更新为社会主义伦理道德规范，那么，从德育心理学的视角看，养气法至今无疑仍是一种有效的培育品德的方法。

（二）培育羞耻心法

1. 羞耻心的功能

假若说西方文化主要是一种基于“原罪说”基础之上的“罪的文化”或“内疚文化”（guilt culture），导致“内疚感”成为西方人的一种集体潜意识，那么，中国文化可以说是一种基于“良心说”基础上的“耻的文化”，潜藏在中国人心灵深处的一个“剪不断，理还乱”的“情结”是“耻的心态”。在中国传统文化里，人们多将羞耻感视为做人起码的“底线”，一个没有羞耻感的人简直不能称之为“人”。这样，羞耻心的唤醒与激发，在培育人的善心与善行等方面具有三个重要功能。

（1）“礼义廉耻，国之四维”：知耻心理的社会规范功能

所谓知耻心理的社会规范功能，是指知耻心理具有调节、规范和约束人的心理与行为方式的作用。根据下文所讲的羞耻心产生的心理机制图可知，对于个体而言，一个人一旦产生了羞耻心或羞耻感，它对于个体的心理与行为均具有巨大的调节、规范和约束作用：一方面，它能约束个体的行为，使之有所为有所不为，即努力去做社会上引以为荣的事情，而尽量不去做社会所认可的羞耻之事。“八荣八耻”中，“八荣”就是每一个有羞耻心的中华儿女都应努力去做的事情，而“八耻”则是任何一个有羞耻心的中华儿女都应坚决舍弃的事情。另一方面，它能促使个体去改过迁善。假若由于种种原因，一个有羞耻心的人偶尔做了一件羞耻之事，随即就会因他人的提醒、批评或自己良心发现，而受到自己良心上的谴责，这种良心上的谴责往往促使个体去改过迁善；如果一个成人或青少年没有羞耻心，不但任何伤风败俗之事都能做出来，而且做出来之后其内心还颇为“心安理得”或“以耻为荣”，这往往是一个人最终沦为罪犯的重要内因之一。正是在此意义上，《管子·权修》才说：“民无廉耻，而求百姓之安难、兵士之死节，不可得也。”

个体如此，对于民族与国家来说，也是这样。因为民族与国家也是由一个个个体所组成的，人民有耻，社会风气才能美善。《论语·为政》说得很清楚：“道之以政，齐之以刑，民免而无耻；道之以德，齐之以礼，有耻且格。”假若用政法来诱导他们，使用刑法来整顿他们，人们只是暂时地免于罪过，却没有廉

耻之心；如果用道德来诱导他们，使用礼教来整顿他们，人们不但有廉耻之心，而且人心归服。正是在此意义上，《管子·牧民》才说：

“四维不张，国乃灭亡。……国有四维，一维绝则倾，二维绝则危，三维绝则覆，四维绝则灭。倾可正也，危可安也，覆可起也，灭不可复错也。何谓四维？一曰礼，二曰义，三曰廉，四曰耻。礼不逾节，义不自进，廉不蔽恶，耻不从枉。故不逾节则上位安，不自进则民无巧诈，不蔽恶则行自全，不从枉则邪事不生。”

“礼”指礼节，就是要求人们遵守一定的社会规范；“义”即正义，就是要求人们的思想与行为要符合正确的原则；“廉”指廉洁，即要人廉洁自爱，不能起贪心，生贪行；“耻”指羞耻心，要求人们对自己所犯的过错要有羞耻意识。《管子》认为，假若人们都依礼行事，其行为就不会违背社会规范，国家就可以安定和谐；如果人们都信奉正义，就会以义制利，以义导利，而不会唯利是图，自然也就不会生出机巧之心和欺骗行为；假若人们有了廉洁之心，就不会贪污受贿，也不会掩饰自己的过错，行动自然周全；如果人们有了羞耻心，对待自己所犯错误或过失就会自然生出羞愧或羞辱的负面心理，进而产生改过自新的行为动机，也就不会与坏人为伍了，这样，邪恶的事情也就不会去做了①。《管子》的这一言论尽管带有明显的儒家尚德的思想传统，但重视通过道德教化的方式来达到有效治理国家的思想也有一定的合理之处，并且在今日崇尚社会主义法制建设的中国仍有其现实意义。

（2）“如知耻，则洁己励行”：知耻心理的导善功能

所谓知耻心理的导善功能，是指羞耻心具有激发和维持个体的善心与善行的功能。在中国人看来，知耻心理具有强烈的导善功能，因为，从理论上讲，一个人有了羞耻之心，就是其品德发展的开端。正如《孟子·公孙丑上》所说：“羞恶之心，义之端也。”同时，从下文将讲的羞耻心产生的心理机制图可知，羞耻心与良知之间存在密切的正相关。而用心理学的眼光看，良知实是一个人的道德自我。这样，一个人若知羞耻，内则心存善念，思学正人，外必洁身自好，不做歪人。正如石成金在《传家宝·人事通》里所说：“耻之一字，乃人生第一要事。如知耻，则洁己励行，思学正人，所为皆光明正大。凡污贱淫恶，不肖下流之事，决不肯为。”康有为在《孟子微》卷六中声称：“人之有所不为，皆赖有耻心，如无耻心，则无事不可为矣。风俗之美，在养民知耻。耻者，治教之大端。”反之，一切不道德的念头与不道德行为的产生，皆在于一个人丢失了羞耻心，正如顾炎武在《日知录·廉耻》里所说：“人之不廉，而至于悖礼犯义，其原皆生于无耻也。”

---

① 周瀚光，朱幼文，戴洪才. 管子直解［M］. 上海：复旦大学出版社，2000：5－6.

(3)“知耻而后勇”:知耻心理的激励功能

所谓知耻心理的激励功能,是指羞耻心具有激发和维持个体进行活动,并导致该活动朝向某一积极目标的功能。《吴起兵法·图国》说得好:“凡制国治军,必教之以礼,励之以义,使有耻也。夫人有耻,在大足以战,在小足以守矣。”中国民谚“知耻而后勇”表达的也是这个道理。中国历史上有无数“知耻而后勇”并最终彻底洗去先前所受耻辱的动人故事,限于篇幅,这里仅举三例。据《史记》卷四十一《越王勾践》记载:当越王勾践兵败会稽山而被吴王拘禁到吴国后,忍气吞声地为吴王养了三年的马,直到公元前 491 年,“吴既郝越,越王勾践反国。乃苦身焦思,置胆于坐,坐卧即仰胆,饮食亦尝胆也。曰:‘女忘会稽之耻邪?’身自耕作,夫人自织,食不加肉,衣不重彩,折节下贤人,厚遇宾客,振贫吊死,与百姓同其劳。”可见,回到越国的越王勾践每想起会稽之耻,就油然而生艰苦奋斗、自强不息之动力,经过多年的精心准备,越王勾践最终于公元前 438 年打败吴王,逼吴王夫差自杀,一雪在会稽山所受的耻辱。据《史记》卷九十二《淮阴侯》记载,西汉开国名臣之一的韩信正是在年少时受过胯下之辱,为此才发愤图强,终于成就一番事业。据《史记》卷一百三十《太史公自序第七十》记载,司马迁遭受屈辱的宫刑之后更加勤奋写作,终于完成史学巨著《史记》。这些动人的真实历史故事向人们证实了知耻心理所具有的强大激励功能。

2. 培育羞耻感法是一种重要的修心育德方法

正由于羞耻心的唤醒与激发在培育人的善心与善行等方面具有上述三个重要功能,导致中国人一贯重视“耻”,这必然会产生一个重要的心理:爱“面子”与“脸”。“面子”和“脸”与“耻”是一而二,二而一的,在中国人看来,“丢面子”或“丢脸”非常可耻。于是乎,中国人向来强调通过培育羞耻感的方法来修心育德。顾名思义,它是一种通过培育个体具有一定羞耻感或羞耻心的途径来达到修心育德效果的方法。至于培育羞耻心的具体做法,主要有两大类:一是学会避免耻感产生的正确策略,消除避免耻感产生的错误策略;二是用适当方法提高个体的羞耻心。

其中,避免耻感产生的错误策略主要有八种:(1)“回避”(avoidance)。它指个体否认那种自认为难以改变的缺陷,企图以此来降低自身的羞耻感的一种应对方式。(2)“攻击他人”(attack others)。它指个体对于那些使自己蒙羞的人进行一定的攻击反应,企图以此来降低自身的羞耻感,进而证明自己其实是有某些“长处”的一种应对方式。(3)“攻击自我”(attack self)。它指个体通过攻击自己来否认羞耻感的一种应对方式[1]。(4) 仅通过改善衣食的方式来避免耻感的产生。(5) 打肿脸充胖子。(6)“嫉人之能而讳己之不能”。(7) 仅注意小节，却丢了大义。(8) 以不道德方式避免耻感的产生。

避免耻感产生的正确策略也有八种：(1)“退缩”(withdrawal)。它指个体选择性地接受羞耻的心理状态所给予的暗示，并退回到更深层次的自我之中的一种应对策略。(2) 加强自身修养。(3) 凡事依礼而行。(4) 妥善处理好义利关系。(5) 闻过即改。(6)“不羞小节”。(7)“可杀不可辱”。(8) 忍辱负重。

3. 羞耻心产生的心理机制

培育羞耻心为什么能达到修心育德的效果呢？这是一个值得深入思考的问题。从心理学角度看，羞耻心与良知之间存在明显的正相关关系：一个有羞耻心的人，其心中必存有发展程度不一的良知，一个有良知的人必也存有自觉程度不一的羞耻心；与此相反，一个没有任何羞耻心的人，其心中良知之光也定已熄灭，一个良知已完全被贪欲所遮蔽的人必也没有任何羞耻之心。因为羞耻心的产生本与良知存有密切关系。“恥”(“耻”的繁体字) 字左边是一只“耳朵”，右边是一颗“心”。合起来的表面意思是：耳朵听到了来自心灵的声音。不过，既然“恥”带有明显的伦理道德色彩，“恥”字右边的这颗心绝不是一颗不带道德判断的“平常之心”，而是一颗带有明显道德判断的“心”，即“良心”。这意味着，一个人的耳朵里只有听到了来自良心的判断，其心中才会产生羞耻心这种负面的情绪体验或心灵知觉（指“觉察到”或“意识到”之义）；假若一个人由于种种原因没有听到来自良心的声音，这个人一般是不会产生羞耻心的，相应地，也就没有羞耻心或羞耻感。可见，一个人在遇到或做了一件从伦理道德角度看是羞耻之事后，其心中到底会不会产生羞耻心或羞耻感，以及能产生多大强度的羞耻感，取决于此人的良心发展程度或水平，如图 5 - 1 所示。

根据图 5 - 1 所示，一个人在遇到或做了一件从伦理道德角度看是羞耻的事情之后，其心中到底会不会产生羞耻心或耻感，以及能产生多大强度的羞耻感，取决于此人的良心的发展程度或水平：

(1) 处于前良心阶段儿童的羞耻心产生的心理机制

所谓“前良心阶段”，也叫“非良心阶段”，假若一个人尚没有生成道德意识，致使其所有心理与行为都不是在道德意识支配下而产生的，结果其所有心理与行为都不涉及他人和社会的利益，没有道德意义，此时就可以将其品德发展确定为“前良心阶段”。从这个定义看，确定个体的品德发展是否处于“前良心阶段”的标准主要有二，只有完全符合这两个标准的个体，其品德发展才处于

---

① KLAASSEN J A. The taint of shame: failure, self-distress, and moral growth [J]. Journal of Social Philosophy, 1991, 32 (2): 191.

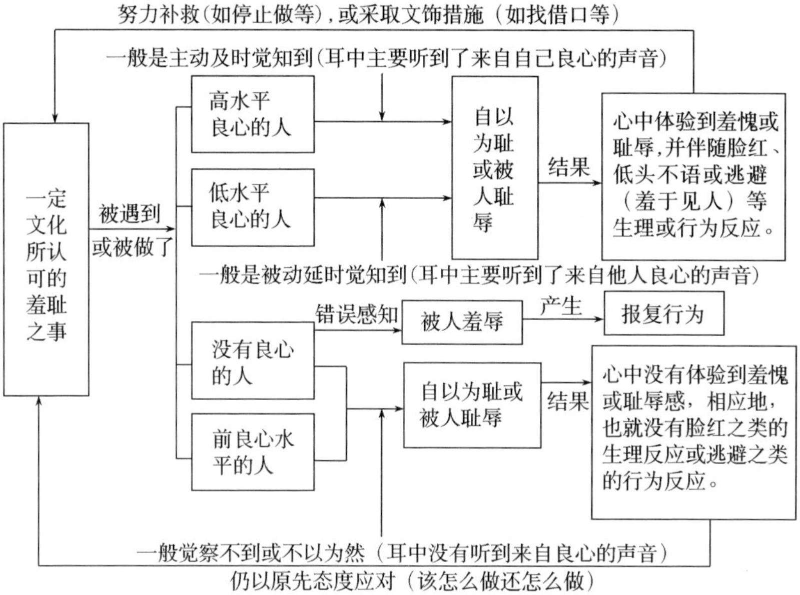

图 5－1　羞耻心产生的心理机制示意图

“前良心阶段”：①从动机角度看，个体尚未产生道德意识，致使其所有心理与行为都不是在道德意识支配下而产生的。请注意，这里是从“全或无”的角度来讲“个体是否产生道德意识”，这意味着，“个体尚未产生道德意识”是指，个体完全没有产生道德意识，从而导致其所展现的所有心理与行为都不是在道德意识支配下而产生的；如果个体只是某些心理与行为不是在道德意识支配下产生的，而另外一些心理与行为却是在道德意识支配下产生的，从中就可推知此个体至少已有一定的道德意识，那么，此个体的品德发展就已处于良心阶段，只不过这个良心的发展程度有高低之别而已。②从结果上看，个体的“所有”心理与行为都不涉及他人和社会的利益，从而不具有道德意义。请注意，这里是指“个体的所有心理与行为”，而不是指“个体的部分心理与行为”。这意味着，如果个体只是某些心理与行为不具有道德意义，而另外一些心理与行为又具有道德意义，从中就可推知此个体的品德发展已处于良心阶段，只不过这个良心的发展程度同样只有高低之别而已。

用上述眼光看，对于一个身心发育正常的年幼儿童而言，因为其心理与行为特征完全符合上文所讲的判定“前良心阶段”的两个标准，所以，他们的品德发展尚处于前良心阶段，这时，主要基于成人通过约定俗成等方式而形成的有关善恶或荣辱的标准还没有被年幼儿童所内化，换言之，此阶段的年幼儿童尚没有内化的善恶观和荣辱观，相应地，成人社会所引以为耻的事情，对于这一阶段的年幼儿童而言，尚没有认知上的意义，结果，自然不能让这一阶段的年幼儿童产生相应的羞耻心，于是，对于成人社会所引以为耻的事情，此阶段的年幼儿童一般均是以自己的自然喜好去对待：做了也不觉得羞耻（因为此时年幼儿童的良心尚处于萌芽状态，尚不能对自己的所作所为作伦理道德的判断，其耳朵听不到来自良心的声音）；不做也往往并不是为了避免耻感心理的产生，而常常是自己本不乐意做。

（2）没良心人的羞耻心产生的心理机制

所谓“没有良心”，指个体品德发展处于这样一种状态：一个已有道德意识的个体，其良心由于受某种或多种不良心理因素——如“贪生怕死”或“贪得无厌”之类的贪欲、丧失理智、情绪失控等——的干扰而完全被遮蔽，让他人觉得此个体已“没有了良心”。这时，即使此个体在做羞耻之事的过程中或做过羞耻之事之后，已经清楚地“听到”或“看到”了来自有良知的他人的谴责甚至严厉谴责，但其“良心”却仍处于“麻木不仁”的状态，结果，此个体并不以自己曾做过或正在做某羞耻之事为耻，甚至还以此为荣。由此可见，这里所讲的“没有良心”，仅是一种通俗的说法，并不真的意味着一个人真的就毫无“良心”可言。事实上，从“良心的功能”角度看，人的良心虽有“有”与“无”之分：人的良心在其心理生活或现实生活里发挥了实际的作用，就表明其“有良心”；人的良心在其心理生活或现实生活里丝毫未发挥实际的作用，就表明其“没有良心”。不过，从“心理实体”角度看，人与人之间的良心只有“大”与“小”之分（即只有道德水平上的高低之分），而不存在“有”与“无”之分。任何人，哪怕是十恶不赦的大恶人，其心中仍有一丝良知之光。用孟子的话说，就是人人都有作为“德端”的“四善心”。用王守仁的话说，人人内心都有一个良知，只不过有些人不去认真体会，就不能感觉到自家“良心”的存在。这就是王守仁在《居越诗三十四首·答人问良知二首》里讲的重要含义之一，其诗内容如下：

“良知即是独知时，此知之外更无知。谁人不有良知在，知得良知却是谁？

知得良知却是谁？自家痛痒自家知。若将痛痒从人问，痛痒何须更问为？”①

冯友兰讲过一个故事：

有个王守仁的门人，夜间在房内捉得一贼。他对贼讲一番良知的道理。贼大笑，问他：“请告诉我，我的良知在哪里？”当时是热天，他叫贼脱光上身的衣服，又说：“还太热了，为什么不把裤子也脱掉？”贼犹豫了，说：“这，好像不太好吧。”他向贼大喝：“这就是你的良知。”②

对贼而言，裤子不仅是用来保暖的，更重要的是用来遮羞的。而遮羞是所有人不虑而知、不学而能的本能反应。王氏门人不愧得阳明真传，能抓住其仅存的

① 王守仁. 王阳明全集（上册）［M］. 董平，吴光，编校. 上海：上海古籍出版社，1992：791.

② 冯友兰. 中国哲学简史［M］. 北京：北京大学出版社，1985：359.

羞耻感来提示其良知的存在①。从德育心理学角度看，正是由于恶人内心仍有此一丝良知之光，才使其有“放下屠刀，立地成佛”的可能。因此，从学理角度看，这里所讲的“没有良心”，主要不是从“心理实体论”角度上说的，而主要是从“内心体验论”角度上讲的；换言之，“没有良心的人”从心理实体论的角度上说仍是“有良心”的，只不过其“良心”尚处于“麻木不仁”的状态，还未激活而已。犹如太阳本身是一直在发光的，有时太阳明明挂在空中，人们却没有见到阳光，这并不意味着此时太阳就不发光，而是因为阳光被厚厚的乌云遮住之故。同理，孟子说：“仁，人心也；义，人路也。舍其路而弗由，放其心而不知求，哀哉！人有鸡犬放，则知求之；有放心而不知求。学问之道无他，求其放心而已矣。”② 这里，孟子所讲的“放心”（即“放其良心”或“失其本心”之义），也只是从“内心体验论”角度说的，而不是从“心理实体论”角度说的。

根据“没有良心”的定义，确定个体的品德发展是否处于“没有良心阶段”的标准主要有三，只有完全符合这三个标准的个体，其品德发展才处于“没有良心阶段”：①从认知层面看，个体基本了解或者完全知道其所处社会所认可的荣辱标准或荣辱规范，但是个体并不认可此荣辱标准，或者，只是认可其中的极小一部分荣辱标准。换言之，个体其实已有一定的道德意识，只不过其道德意识中仅仅只有极小部分符合其所处社会所认可的道德规范，甚至完全不符合其所处社会所认可的道德规范。②从行为层面看，个体曾经或者正在做一个或多个其所处社会所认可的羞耻之事。③从情绪体验层面看，个体虽已“听到”或“看到”了来自有良知的他人的谴责甚至严厉谴责，但其“良心”却仍处于“麻木不仁”的状态，结果，此个体并不以自己曾做过或正在做某羞耻之事为耻，甚至还以此为荣。如果一个人从年龄上看是少年或成人，但其品德发展完全符合上述“没有良心”的三个标准，那么，此人就可被认做是一个“没有良心的人”，这时，即使他/她做了羞耻之事，即使在做羞耻之事的过程中或做过之后受到了来自有良知的他人的严厉谴责，他/她的耳中至多只是听到了“物理”上的声音，但却听不到来自自己良心的声音，结果，其心中一般也不会产生任何羞耻感的，甚至还可能以耻为荣。对于这类人，中国人常常以“无耻之徒”来相称。

（3）低水平良心人的羞耻心产生的心理机制

所谓“低水平良心”，指个体品德发展处于这样一种状态：当他/她心中浮现出某种非分之想、正在做某件不道德的事情或做了一件不道德的事情之后，在通常情况下，他/她自己是不可能随即听到来自自己良心的谴责声，自然也就不能立即、自觉地产生羞耻感，而是要经过他人的提醒或受到他人的谴责之后，耳

① 陈少明．关于羞耻的现象学分析［J］．哲学研究，2006（12）．

② 杨伯峻．孟子译注（下）［M］．北京：中华书局，1960：267．

中听到来自他人良心的谴责声，然后才能激活自己的良心，随即自己的内心才会产生被动、延时觉知到的羞耻感。

根据“低水平良心”的定义，确定个体的品德发展是否处于“低水平良心阶段”的标准主要有二，只有完全符合这两个标准的个体，其品德发展才处于“低水平良心阶段”：①个体心中已有良心。这意味着，个体已将其所处社会所认可的荣辱标准或荣辱规范全部或部分地内化到自己的道德意识观念中。②个体内在的良心往往难以“自觉地”指导个体的心理与行为，而必须依赖一个或多个外在的监督力量的“监督或提醒”后，其“良心”才会被“激活”。如果一个人从年龄上看是少年或成人，但其品德发展完全符合上述“低水平良心”的两个标准，那么，此人就可被认做是一个“低水平良心的人”。一个心中有良知但良知发展程度不高的人一般只有他律之耻。从一定意义上说，中国先人在创造“恥”这个字时，就已向人们暗示了有两种自觉程度不同的耻——他律之耻和自律之耻，并告诉了人们这两种羞耻心产生的心理机制。如果将“恥”字右边的“心”当做“他人之良心”理解，这就意味着，一个人正在做某件不道德的事情或在做了违背道德规范的事之后，由于其自己的良心发出的声音太弱，常常不能达到自己听觉的最低阈限，这个人一般是不会自以为耻的，但是，假若他/她察觉到已被他人知晓，耳中听到了来自他人的谴责之声后，这时其心理一般也会产生一种羞愧感，进而停止做不道德的事情。正如孙隆基先生所说：“‘人言可畏’对自己的制约作用，即很形象地表现在‘恥’字之上，‘恥’字从‘耳’从‘心’，表示：自己从耳中听到别人在说自己，在心中就马上觉得了。‘恥’字的另一种写法是‘耻’，从‘耳’从‘止’，亦即是自己听到别人在说自己后，就将想做的事停止不做了。”① 这种由于觉察到自己的不道德行为已被他人知晓或受到他人的谴责之后才产生的羞耻感就是一种他律之耻。可见，一个心中有良知但良知发展程度不高的人一般只有他律之耻。对于只拥有他律之耻的人而言，如果发现自己所做的不道德行为没有被他人知晓，或是没有“听到”来自他人的谴责之声，一般而言，其内心是不会产生羞耻感的。这表明具有他律之耻的人的品德发展水平相对而言有较大的发展空间，必须继续努力，使自己的耻感意识尽早达到自律之耻的水平。

（4）高水平良心人的羞耻心产生的心理机制

所谓“高水平良心”，指个体品德发展处于这样一种状态：只要他/她心中偶生某种不道德的念头，耳中随即就会听到来自自己内心深处良心的谴责声，心中随即就会主动、及时产生并觉知到强烈的羞耻感；如果因自己一时糊涂，正在做或做了一件不道德的事情，那么，即便这种不道德的行为没有被任何他人知

① 孙隆基. 中国文化的“深层结构”（上）［M］. 西安：华岳文艺出版社，1988：207.

道，而只是天知、地知和自己知，仍会从内心中产生强烈的羞耻感，进而一边产生自责心理与行为，一边赶紧想方设法采取补救措施；若是自己一时所做的不道德行为已被他人知晓，更会产生极其强烈的羞耻感，更是会想尽一切方法予以补救，以期重新赢回声誉。有时此种羞耻感的强度如此之大，以至于即使自己的事后补救措施得到了他人的认可，他人宽恕了自己，但自己也不能原谅自己，而会羞愧终身，甚至因羞愧难当而求一死了之。根据“高水平良心”的定义，确定个体的品德发展是否处于“高水平良心阶段”的标准主要有二，只有完全符合这两个标准的个体，其品德发展才处于“高水平良心阶段”：①个体心中已有发育健全的良心。如第二章所论，“良心”本是一个既有一定的文化相对性也有一定的普世性的概念。因此，在通常情况下，就其最低限度而言，一个人一旦拥有“高水平良心”，就意味着其已将自己所处社会所认可的一整套荣辱标准或荣辱规范全部内化到自己的道德意识观念中。就其最高境界而言，一个人一旦拥有“高水平良心”，就意味着其不但能理解自己所处社会所认可的一整套荣辱标准或荣辱观，而且能“跳出”诸如“民族”、“地区”或“国家”的狭隘观念，站在“宇宙观”和“全人类观”的高度，综合“仁爱原则”、“公正原则”和“功利原则”来判断某种言行的是非善恶。②个体内在的良心通常能够“自觉地”指导个体的心理与行为，而无须依靠任何形式（包括有形的或无形的）的外在监督力量的“监督或提醒”。

如果一个人从年龄上看是少年或成人，但其品德发展完全符合上述“高水平良心”的两个标准，那么，此人就可被认做是一个“高水平良心的人”。一个心中有高水平良心的人有强烈的羞耻心，并且其所指的羞耻往往是自律之耻。这从“恥”字的字形也可看出。假若将“恥”字右边的“心”当做“自己的良心”理解，这就意味着，一个人在做了违背道德规范的事之后，无论他人察觉与否，只要被自己的良心所知晓，就一定会从心理产生一种羞耻感。这种不需要他人的提醒或警示，只要自己一旦起了非分之想或做了不道德的行为，随即内心就主动产生的羞耻感，即是一种自律之耻。由此可见，具有自律之耻的人往往其良知的觉醒阈限颇低，相应地，说明其已拥有高尚的道德品质。当然，拥有自律之耻的人切不可沾沾自喜，而必须慎始慎终，若平日不继续加以修养，可能也会倒退至他律之耻甚至沦为无耻之徒。

综上所论，没有羞耻感、他律之耻与自律之耻的关系可以用图 5－2 示意如下：

图 5－2　没有羞耻感、他律之耻、自律之耻三者关系示意图

同时，既然羞耻心的产生与良知关系密切，这样，培育个体的羞耻心就能有效地激活和生成个体的良知了。由此可见，培育羞耻心的方法的确是一种有效的培育个体良知的方法。这也启示当代中国人，现代汉语宜重新启用“恥”字，而不能以“耻”代“恥”；退一步言之，可以将“恥”和“耻”二字并行通用，但在重要语境里要求使用“恥”字。因为“耻”字本是“恥”的俗字①；再者，二字的笔画相同，并无繁简之别；更重要的是，“耻”字不但缺少厚重的文化底蕴（因它本是俗字），字面还有“只有当自己的耳朵听到别人在批评自己之后，才停止做不道德的事情”之义，这极易误导人的心灵，让人错误地以为耻是他律的，而不是自律的，这或许是导致当代一些中国人内心缺乏羞耻心或羞耻感的原因之一②。

三、慎独法

（一）什么是慎独法

“独”，据朱熹所著《四书章句集注》里的《中庸章句》和《大学章句》讲，指“人所不知而己所独知之地也”。“慎独”是指个体在独处时也能做到严于律己，无论在思想上还是在行为上都能不违背道义。慎独不仅仅是一种道德修养的经典中式方法，也是一种道德修养的崇高境界。有个广为流传的故事很能说明慎独的境界。东汉杨震调任荆州刺史、东莱太守，赴任途中路过昌邑，碰巧，昌邑的县令王密是杨震昔日的门生，曾受过杨震的举荐之恩。王密听说恩师路过昌邑，为了知恩图报，于深夜带着十斤钱币的礼物去拜访杨震。杨震谢绝了王密的礼物。王密说，现在已是深夜，无人知晓，还是收下吧。杨震答道，天知，神知，我知，你知，怎能说无人知晓？王密听到此话，惭愧地走了。

（二）“慎独”思想在中国源远流长

早在《诗经》里就蕴含有这种思想。《诗经·大雅·抑》曾说：“相在尔室，尚不愧于屋漏。”提倡一个人即使在独处时也不要起坏念头。不过，据现有文献记载，“慎独”一词最早出自《荀子》。《荀子·不苟》说：

“君子养心莫善于诚，致诚则无它事矣，惟仁之为守，惟义之为行。诚心守仁则形，形则神，神则能化矣。诚心行义则理，理则明，明则能变矣。变化代兴，谓之天德。天不言而人推其高焉，地不言而人推其厚焉，四时不言而百姓期焉。夫此有常，以至其诚者也。君子至德，嘿然而喻，未施而亲，不怒而威。夫此顺命，以慎其独者也。善之为道者，不诚则不独，不独则不形，不形则虽作于心，见于色，出于言，民犹若未从也，虽从必疑。天地为大矣，不诚则不能化万

① 徐中舒. 汉语大字典（缩印本）[M]. 武汉：湖北辞书出版社，1992：1162.

② 汪凤炎，郑红. 荣耻心的心理学研究[M]. 北京：人民出版社，2010：220－224.

物；圣人为知矣，不诚则不能化万民；父子为亲矣，不诚则疏；君上为尊矣，不诚则卑。夫诚者，君子之所守也，而政事之本也。唯所居以其类至，操之则得之，舍之则失之。操而得之则轻，轻则独行，独行而不舍则济矣。济而材尽，长迁而不反其初则化矣。"①

《礼记》继承了荀子的慎独思想。《礼记·中庸》说：

"天命之谓性，率性之谓道，修道之谓教。道也者，不可须臾离也，可离非道也。是故君子戒慎乎其所不睹，恐惧乎其所不闻。莫见乎隐，莫显乎微，故君子慎其独也。"

认为隐蔽的东西最易看出人的品质，微小的事情最易显示出人的品格高下。品德高尚的人即使在别人不知晓的环境中也能谨守道德，不做出任何越轨的言行。《礼记·大学》也说："所谓诚其意者：毋自欺也，如恶恶臭，如好好色，此之谓自谦，故君子必慎其独也。小人闲居为不善，无所不至，见君子而后厌然，掩其不善，而著其善。人之视己，如见其肺肝然，则何益矣。此谓诚于中，形于外，故君子必慎其独也。"

慎独修心育德法代有继承人。如《淮南子·说山训》说："兰生幽谷，不为莫服而不芳。舟在江海，不为莫乘而不浮。君子行义，不为莫知而止休。"《朱子语类》卷十六说："君子慎其独，非特显明之处是如此，虽至微至隐，人所不知之地，亦常慎之。小处如此，大处亦如此，显明处如此，隐微处亦如此。表里内外，粗精隐显，无不慎之，方谓之'诚其意'。"可见，第一，慎独法是知行合一、言行一致的具体落实，做不到此点，就做不到"慎独"，也谈不上"诚其意"。正如陆九渊在《语录上》里所说："慎独即不自欺。"第二，慎独法是一种防微杜渐的修养方法。正由于此，李翱才说："慎独者，实其中也。""中"，据《中庸》讲，即是"喜怒哀乐之未发，谓之中"。朱熹注："喜、怒、哀、乐，情也。其未发，则性也，无所偏倚，故谓之中。"所以，"慎独者，实其中也"就是讲慎独要防微杜渐。第三，慎独法也是一种去掉私欲的修养方法，如陈确就说："慎独之功，要在去私。"第四，慎独法的唯一目的，是为了提高自身的品德修养，它不是做给别人看的，即"君子行义，不为莫知而止休"。

（三）慎独法的真谛

古人一贯倡导"德者所以修己也"。提倡道德修养是为己之事，而不是做给别人看的（"为人"），正如孔子所说："古之学者为己，今之学者为人。"陆九渊在《语录上》里也说："夫子曰：古之学者为己，今之学者为人，须自省察。"为己精神贯彻至道德修养中，就是提倡修德者要善于慎独。用今天的眼光看，慎独法实际上是一种自我约束的方法，它高扬了修德者的主体精神，对提升道德境

① 王先谦. 荀子集解［M］. 沈啸寰，王星贤，点校. 北京：中华书局，1988：46－48.

界仍不失为一种值得提倡的方法。但在我们的日常生活中，很多人的言行是：领导在场与领导不在场时不一样，有人检查与无人检查时不一样，在人前与在人后不一样。此种事例正说明现代一些中国人缺乏慎独精神，做事是人前一套人后又一套，见人说人话，见鬼说鬼话，既欺人也自欺，这不能不说是导致德育低效的原因之一。今天的德育也应适当借鉴慎独修德法，以提高德育的实效性。当然，在运用慎独法时，也应注意对象的合宜性，因慎独法得以实现的前提是：个体要有较强的自制力和辨别是非的能力。所以，对自制力较弱的个体如低年级学生要慎用，否则易流于形式。

四、培育良心法

在中国历史上，除了王守仁明确力倡“致良知”的修养方法外，更多的人是用其他的方式或方法——如内省法、观照式自我测评法、慎独法、求放心法、寡欲法等——来唤醒和培育自己的良心。例如，曾子就是通过“吾日三省吾身”的方式来唤醒和培育自己的良心。考虑到这些内容在本书的其他部分已有探讨，下面只论两种培育良心的方法。

（一）“致良知”

王守仁之所以从圣人之学里独取“良知”二字立教，作为圣门口诀与真传。王守仁说：“吾平生讲学，只是‘致良知’三字。仁，人心也；良知之诚爱恻怛处，便是仁；无诚爱恻怛之心，亦无良知可教矣。”① 由此可知，“致良知”是王守仁提出的一个重要观点。王守仁的“致良知”思想是继承和发展《大学》与孟子思想的结果。《大学》主张“致知”的重要性：“……欲诚其意者，先致其知；致知在格物……”王守仁认为，《大学》讲的“致知”中的“知”就是孟子所说的“良知”，进而将“致知”发展为“致良知”②。何谓“致良知”？要理解它，关键在于理解其中的“致”字。王守仁说：

致者，至也，如云丧致乎哀之致。《易》言“知至至之”，“知至”者，知也；“至之”者，致也。“致知”云者，非若后儒所谓充广其知识之谓也，致吾心之良知焉耳。③

知其如何而为温凊之节，则必实致其温凊之功，而后吾之知始至；知其如何而为奉养之宜，则必实致其奉养之力，而后吾之知始至。如是乃可以为致知耳。若但空然知之为如何温凊奉养，而遂谓之致知，则孰非致知者耶？《易》曰“知

① 王守仁．王阳明全集（上册）［M］．董平，吴光，编校．上海：上海古籍出版社，1992：791．990．

② 陈来．宋明理学［M］．沈阳：辽宁教育出版社，1991：275．

③ 王守仁．王阳明全集（下册）［M］．董平，吴光，编校．上海：上海古籍出版社，1992：791．971．

至，至之，知。”至者，知也；至之者，致知也。此孔门不易之教，百世以俟圣人而不惑者也。①

可见，王守仁主要是以“至之”解释“致”，在王守仁看来，“致”的含义有二：一是“扩充”之义，即人应扩充自己的良知，使之达到最大限度。这主要是从内在心理的层面要人加强为善去恶的道德实践，此时，“致良知”意味着自己对自己的良知的发现、体验或觉醒。二是“行”之义，即将良知所知实实在在地付诸自己的行动。这主要是从外在行为的层面要人加强为善去恶的道德实践②。“致良知”意味着一个人依自己的良知去行动。王守仁所讲的“致良知”包含知与行两个方面，“知”是要人自己去体验、去发现自己心中的良知；“行”要人将“良知”贯彻到自己的日常行为中去，不能知行分离。可见，王守仁所讲的致良知，并不仅仅是要人静心克欲，不管外事，否则就要流入佛老了，后者常教人“出世”以修行；相反，王守仁积极要求人们要在事上磨炼，体现出儒家的入世精神③。王守仁相信，“致良知”是成圣成贤的一条最简捷通道，“致良知”是“格物”的真诀，“致知”的实功。所以，据《传习录》（卷下）记载，

庚辰往虔州，再见先生，问：“近来功夫虽若稍知头脑，然难寻个稳当快乐处。”先生曰：“尔却去心上寻个天理，此正所谓理障。此间有个诀窍。”曰：“请问如何？”曰：“只是致知。”曰：“如何致知？”曰：“尔那一点良知，是尔自家底准则。尔意念着处，他是便知是，非便知非，更瞒他一些不得。尔只不要欺他，实实落落依着他做去，善便存，恶便去，他这里何等稳当快乐！此便是‘格物’的真诀，‘致知’的实功。若不靠着这些真机，如何去格物？我亦近年体贴出来如此分明，初犹疑只依他恐有不足，精细看无些小欠阙。”④

可见，“致良知”的有效做法之一便是做到“毋自欺”，即要以诚对待自己。这话讲起来容易，做起来难。很多时候，人们内心明明知道自己该怎样做，可是，或是屈服于外界压力，或是图一时舒服，或是被贪欲所诱，……结果，心口不一，言行不一，既自欺，又欺人。这种情况若任其发展，自然会使良心逐渐麻木不仁。因此，凡事尽量做到从良心出发，努力做一个真己，就容易将心中的良心彰显出来。

（二）“请教内心这个法官”：与良心对话法

与良心对话法，指个体独自通过与自己的良心进行对话，以便对自己的品行

---

① 王守仁．王阳明全集（上册）［M］．董平，吴光，编校．上海：上海古籍出版社，1992，277－278．

② 陈来．宋明理学［M］．沈阳：辽宁教育出版社，1991：277－278．

③ 何怀宏．良心与正义的探求［M］．哈尔滨：黑龙江人民出版社，2004：24．

④ 王守仁．王阳明全集（上册）［M］．吴光，董平，编校．上海：上海古籍出版社，1992：92．

进行自我内省，做到有过则改，有善则继续保持，从而激活或是进一步完善自己良心的方法。综观古今中外学者的看法和许多生活实践，在道德领域，一个人要想使自己具有合宜的是非心、同情心或爱心，措施之一就是通过自己与自己的良心进行对话，从而将自己的良心彰显出来。正如亚当·斯密所说：

“虽然在一些特殊的场合，良心的赞同肯定不能使软弱的人感到满足，虽然那个与心真正同在的设想的公正的旁观者的表示并非总能单独地支撑其信心，但是，在所有的场合，良心的影响和权威都是非常大的；只有在请教内心这个法官后，我们才能真正看清与己有关的事情，才能对自己的利益和他人的利益作出合宜的比较。”①

当然，良心之声发自每个人的心灵深处，你只有在内心不断地与其对话，才能和良心沟通，才能及时唤起微弱的良心之声；并且，只有你听到它，才能感到它的约束力；听到它又能顺从它去做，你就会觉得心安与快乐，否则就会感到内疚与不安②。

良心对个体的心理与行为具有调节、监督、控制和评价的功能，但功能的大小取决于个体能否及时唤起自己的道德自觉和所唤起的道德自觉的力量有多大，而与外界的强制力量无关。大量生活智慧告诉人们，良心对个体的言行具有巨大的影响（尤其在没有明显的外在力量干预的情况下）。俗话说：“天不怕，地不怕，就怕自己的良心来说话。”“做人只要做到问心无愧就可以了。”这些言论都表明，有良心的人们在遇到一个道德两难甚至三难四难的情境时，哪怕自己“吃大亏”，甚至有时会牺牲自己的宝贵生命，但只要“问心无愧”（此处“心”，实是良心），往往都能无怨无悔，甚至视死如归。可见，一个人若能时时与自己的良心对话，不但能有效地激发出自己的良心来，而且能让自己在任何情境都作出适宜的道德判断乃至做出道德行为。另外，与良心对话的过程也常常是一个激活个体心中潜在的善性、使之复活并释放出来的过程。一个人不论过去是何等的不善，只要心中的良心未泯灭，就有觉悟成善的可能，就能做到“放下屠刀，立地成佛”。

从德育心理学视角看，与良心对话法的实质是一个人自觉地用自己“现实的我”与“道德的我”不断观照、对比，找出“现实我”与“道德我”之间的差距，从而不断修正“现实我”，使之不断趋向“道德我”。一旦“现实的我”与“道德的我”之间的界限完全消失，二者完全融合到一起的时候，品德修养也就达到了孔子所说的“从心所欲，不逾矩”的境界。用今天的语言讲，此人的道德修养也就从道德自律阶段进入到了道德自由的阶段。用现代西方哲学的语言来

---

① 亚当·斯密．道德情操论［M］．蒋自强，钦北愚，朱钟棣，等，译．北京：商务印书馆，1997：163.

② 韦政通．中国的智慧［M］．北京：中国和平出版社，1988：63－64.

讲，讲良心的过程还是一个人既将自己看做主体，又将自己视做客体，然后用“主体的我”来不断审视“客体的我”，使客体的我不断走向完善的过程。“客体的我”不断完善的过程，也就是“主体的我”不断自我实现的过程。我们强调反省，主张个体凡事在做之前都要先与自己的良心进行对话，弄清楚哪些该做，哪些不该做，以便使自己所做的任何事情都能对得起良心，达到“内省不疚”的君子境界。而个体一旦获得其本有的良心，“则是非美恶将有所甚明，而好恶趋舍将有不待强而自决者矣。”①

【建议参考资料】

1. 汪凤炎，郑红. 良心新论——建构一种适合解释道德学习迁移现象的理论［M］. 济南：山东教育出版社，2011.

2. 汪凤炎，郑红. 荣耻心的心理学研究［M］. 北京：人民出版社，2010.

3. 鲁洁. 做成一个人——道德教育的根本指向［J］. 教育研究，2007（11）.

4. 汪凤炎. 德化的生活——生活德育模式的理论探索与应用研究［M］. 北京：人民出版社，2005.

5. 寇彧，张文新. 思想品德教学心理学［M］. 北京：北京教育出版社，2001.

【问题与思考】

1. 什么是个体品德培育的他育法？它包括哪些具体方法？
2. 什么是个体品德培育的自育法？它包括哪些具体方法？
3. 如何合理进行赏识或奖励？
4. 怎样科学进行惩罚？

① 陆九渊. 陆九渊集［M］. 钟哲，点校. 北京：中华书局，1980：377.

第六章 品德测评

【本章提要】

本章共分两节。第一节主要剖析了品德测评的意义、理论依据以及品德测评应遵循的基本原则；第二节阐述品德测评的方法，分别探讨了察言观行法、问答鉴别法、准情境测验法、观人类推法、内省式自我测评法和观照式自我测评法等中式古典品德测评方法和限定问题测验、社会道德反映测验、投射测验法、情境测评法以及操行评定法等品德测评的现代方法。本章的亮点主要有二：一是对品德测评的原则进行了细致探讨；二是对中式古典品德测评法作了系统、细致的剖析。

【学习重点】

1. 掌握品德测评的意义与理论依据
2. 理解与掌握品德测评中应遵循的基本原则
3. 掌握中式古典品德测评方法
4. 掌握品德测评的现代方法

【重要术语】

品德测评　人心可测论　志功并重观　主要德性　次要德性　察言观行法　问答鉴别法　准情境测验法　观人类推法　内省式自我测评法　观照式自我测评法　限定问题测验　社会道德反映测验　投射测验法　情境测评法　操行评定法

品德测评，是指测评者依据一定的品德测评标准、程序和方法，借助于一定的测评工具，对个体的品行进行测量与评定，凭此获得被试品行方面的诸种客观信息，并采用语言和数据的形式呈现所获得的结果，然后将它们进行充分的分析与讨论后获得相应的结论，由此来推知被试品德发展类型及水平高低的一类科学方法的总称①。妥善借鉴中西品德测评思想，逐渐建立起与中国国情相吻合的现代科学意义上的品德测评方法体系，对于提高当代中国德育具有极强的现实意义。

① 鲁洁，王逢贤．德育新论［M］．2版．南京：江苏教育出版社，2002：561－562．

第一节　品德测评的意义、依据与原则

一、品德测评的意义

（一）知人品性，做到知人善用

根据“智慧的德才兼备理论”，良好品德是智慧的有机组成成分之一①，这样，若要挑选出大量智慧型人才，就必须准确把握人的品德发展状态。因此，对于各级管理者而言，品德测评的一个现实意义是：知人品性，做到知人善用。正如《尚书》在《虞夏书·皋陶谟》中所说：“知人则哲，能官人。”主张一个人只有能了解他人才显得很明智，一个人也只有在了解他人的基础上才能做到任人唯贤。这可说是中国知人善任优良传统的最古典的表述。此传统后世代有继承人。刘劭在《人物志·自序》里说：“夫圣贤之所美，莫美乎聪明。聪明之所贵，莫贵乎知人。知人诚智，则众材得其序，而庶绩之业兴矣。”认为圣贤聪明智慧的最显著的特征和最可贵的品质是能了解人的心理面貌，且只有了解人的心理（包括人的品德），才能正确地选拔和使用人才，真正做到各种人才各得其所，各得其用②。

（二）知人品性，做到因材施教

假若说管理者为了做到知人善任就要善于知人的话，那么，对为师者、为人父母者或单位领导者而言，只有在知人的基础上才能做到善于教育自己的学生、子女或属下，这就是自孔子开始的知人善教、因材施教的传统。孔子通过察言观行法和问答鉴别法等测评方法了解到每个弟子不同的个性心理，做到因材施教。

（三）知人品性，做到结交良友

个体的品行一般受其周围伙伴的影响甚大，除了极少数人能做到“出淤泥而不染”外，多数人都是会“近朱者赤，近墨者黑”的。这样，一个人若想健康发展，慎交朋友无疑是非常重要的。结交德才兼备的好朋友，对自己人格与事业的发展都将大有裨益；结交德少才多或者有才无德的“狐朋狗友”，可能就会使自己深受其害。诚如孔子所说：“益者三友，损者三友。”葛洪在《抱朴子·外篇·交际》里也讲得好：“交之为道，其来尚矣。天地不交则不泰，上下不交即乖志。夫不泰则二气隔并矣，志乖则天下无国矣。然始之甚易，终之竟难。患乎所结非其人，败于争小而忘大也。《易》美金兰，《诗》咏百朋。虽有兄弟，不如友生。切思三益，大圣所嘉，门人所以增亲，恶言所以不至；管仲所以免诛戮而立霸功，子元所以去亭长而驱朱轩者，交友之力也。”

---

① 汪凤炎，燕良轼．教育心理学新编［M］．3 版．广州：暨南大学出版社，2011.

② 燕国材，朱永新．现代视野内的中国教育心理观［M］．上海：上海教育出版社，1991：207－208.

（四）知己品性，不断完善自己

知他人不易，知自己更难。正所谓“不识庐山真面目，只缘身在此山中”。因为人之常情是：对“我”易产生晕轮效应，只看到“我”的优点，看不到“我”的不足，由此常常会事事只从“我的”角度出发，自然容易陷于“我执”（执迷于自我）。更糟糕的是，一个人在拥有巨大成功或极大权力之后，往往容易让自己在不知不觉中陷入五个常见的思维误区：盲目乐观、自我中心、无所不知、无所不能、坚不可摧。人们一旦陷入上述思维误区，就容易在心理与行为上产生自以为是、小心眼、嫉妒、纵容自己的贪欲等毛病，一旦德性沦落，不但容易做出愚蠢的举动，甚至成为一个大愚蠢者。正是在这个意义上，《老子》才告诫人们：“知人者智，自知者明。”修身要先知己，只有先清楚把握自己品性方面存在的优点与不足，在此基础上才能做到有的放矢地修身养性，促进自己品性的不断发展与完善。而要知己，就需采取相应的测评措施来准确了解自己的品性优劣，然后做到及时完善。

二、品德测评的理论依据

（一）人心可测论

人心可测论，指人的心理虽不具形体性，且复杂多变，不过仍是可以测量的一种观点。它从理论上肯定了人心（包括人的品德）像其他万物一样也可以测量，为人们进行各种形式的品德测评提供了理论依据。

人心可测的思想在中国起源很早。据《尚书》记载，早在传说中的三皇五帝时代，尧就曾运用多种准情境测验法来测评舜的品德与才能，表明那时的人们已意识到人心可测。此种思想在《诗》中也有反映。《诗·小雅·巧言》曾说：“他人有心，予忖度之。”至战国时期，孟子就认识到万物皆可测量，其中测量人心更为重要。《孟子·梁惠王上》明确主张：“权，然后知轻重；度，然后知长短。物皆然，心为甚。”这句话“既说明了个别差异测量的可能性，也说明了测量的必要性。”①

（二）志功并重观

测评某人品行的高下，不可避免地要涉及对道德动机（志）与道德行为效果（功）及其二者关系的看法，此时，正确的做法是坚持“志功并重观”。所谓“志功并重观”，指在对一个人的品行进行测评时，要综合考察其道德动机与道德行为效果，不可偏执一端。据《墨子·鲁问》记载：鲁君谓子墨子曰：“我有二子，一人者好学，一人者好分人财，孰以为太子而可？”子墨子曰：“未可知也。或所为赏与为是也。钓者之恭，非为鱼赐也；饵鼠以虫，非爱之也。吾愿主

---

① 林传鼎．智力开发的心理学问题［M］．北京：知识出版社，1985：5－6．

君之合其志功而观焉。”从“吾愿主君之合其志功而观焉”之语看，墨子主张在对人进行品德测评时要做到志功并重。

三、品德测评的原则

为了更加科学地进行品德测评，防止乱编滥用，消除心理测验万能论与心理测验无用论的错误，品德测评必须坚持如下几个原则。

（一）将主要德性与次要德性作适当区分

“完人”指在身心的各个方面都发展得相当完善的人。世界上本无完人，只要是人就或多或少的有缺点，所谓“金无足赤，人无完人”。因此，在进行品德测评时要遵循“将主要德性与次要德性作适当区分”的原则。所谓“主要德性”，指一个人在事关做人“大节”或大是大非问题上展现出来的德性。所谓“次要德性”，指一个人在事关做人“小节”或小是小非问题上展现出来的德性。“将主要德性与次要德性作适当区分”的含义是：在一个人身上展现出来的德性往往有主次之分，只要一个人在主要德性方面是善的，哪怕其在次要德性方面有些瑕疵，仍可以将其整体德性视做是高尚的；反之，如果一个人在主要德性方面是恶的，尽管其在次要德性方面有值得肯定之处，但其德性从总体上看仍是低下的。在中国古代，孔子明确主张在对人进行品德测评时要遵循“将主要德性与次要德性作适当区分”的原则，所以，孔子说：“君子不可小知而可大受也，小人不可大受而可小知也。”① 主张不可用小事去考验君子，却可以让君子接受重大任务；与此相反，不可让小人接受重大任务，却可以用小事情去考验他。

也需指出，对于不同身份的人而言，评判其主要德性与次要德性的标准不尽相同，这导致在具体操作时，“将主要德性与次要德性作适当区分”原则有一定弹性，测评者要通盘考虑，切勿断章取义，否则，可能会事与愿违。例如，对于一个必须长期镇守边关的高级将领而言，“为国尽忠”乃是其主要德性；而在家尽孝则是其次要德性，若忠孝无法两全时，为了国家的根本利益而无法在家尽孝，仍不会降低其品德的高尚性。与此相反，在通常情况下，对于一个普通百姓而言，孝敬父母就是其主要德性，若父母都不孝敬，却将“爱国”之类的言语挂在嘴边，这种做法不是在作秀，就是在空谈，自然其德性是低下的。

（二）将道德知识与道德品质作适当区分

苏格拉底“美德即知识”的名言告诉人们一个道理：有高尚道德品质的人往往有丰富的道德知识，与此相反，无知者的道德品质一般不会很高。尽管如此，仍不能将人的道德品质与其拥有的道德知识相提并论，尤其不能将人的道德品质与其拥有的文字知识或科技知识相提并论，理由有三。

---

① 杨伯峻．论语译注［M］．2版．北京：中华书局，1980：169.

第一，虽然不同学科常常从不同角度来定义“知识”，不过，在心理学界，皮亚杰对知识作了较权威的界定：“知识是主体与环境或思维与客体相互交换而导致的知觉建构，知识不是客体的副本，也不是由主体决定的先验意识。”与此相适应，现代认知心理学一般将“知识”定义为：主体通过与其环境相互作用而获得的信息及其组织。这样，贮存于个体脑海中的知识就是个体的知识；用一定方式记录下来且贮存于个体外的知识就是人类的知识①。用此眼光看，道德知识既可以展现为文字知识，也可以展现为“口头语言知识”甚至默会知识，相应地，一个读书很多的人可能拥有丰富的道德知识，进而可能具有高尚的品德；而一个即便一字不识的人——如一个目不识丁的老农——同样也可以拥有丰富的道德知识，进而可能具有高尚的品德。

第二，科技知识有助于人们消除迷信之类的错误认识或错误心态及相应的行为方式。例如，一个拥有丰富天文地理知识的人知道雷是电，打雷不具有惩恶扬善的功能，一个人若不幸被雷打死，绝不意味着此人是因为先前曾做了坏事而被雷打死了，而极有可能是其在打雷时没有注意防雷之故。虽然如此，仍不能说一个拥有丰富科技知识的人就一定拥有高尚的道德品质，因为科技知识本属“真”，而道德品质属“善”，从“真”中常常是推导不出“善”的。“科学是一把双刃剑”讲的就是这个道理。

第三，道德知识基本上是一种实践理性或实践知识，道德学习说到底是程序性知识学习，相应地，道德学习的显著特点在“行”，一个人仅“知道”丰富的道德知识，仅知道了该怎样做人的道理，充其量只是一个道德理论家，而不见得是一个大德之人，因为并不意味着他一定会照着此做人的道理去脚踏实地地做人，否则，世间就不会有满口仁义道德的伪善人。

所以，一个人的知识多寡与其品德的高低之间并无必然的正相关，一个人掌握了丰富的道德知识，并不意味着其品德就真的得到了提升。就道德修养而言，与其掌握一大堆空洞、抽象的道德知识，还不如在实际的生活中踏踏实实地做人来得实在。因为德者行也，道德学习的关键在“行”。当然，只知盲目地行，而不知为什么要这样行，也不能真正彰显出一个人德性的高低。因为依柯尔伯格的理论，没有道德认知的利他行为不是道德行为，只有在利他行为之前加上一个道德认知与道德判断，这种利他行为才是一种真正的道德行为。合而言之，道德学习一定是知行合一的：即行即知，即知即行。综上所论，在品德测评里，一定要坚持将道德知识与道德品质作适当区分的原则，反映到具体的测评方法中，一定要兼顾文字测评方法与非文字测评方法。

（三）真实生活与假设情境相结合

一方面，人的品性一旦形成，就具有一定的稳定性，并且会在其日常生活中通

① 邵瑞珍. 教育心理学（修订本）[M]. 上海：上海教育出版社，1997：58.

过其言与行有意无意地表露出来；并且，个体在真实生活情境里自然流露出来的德性往往更加客观。有鉴于此，品德测评宜适度坚持真实生活性原则。如孔子等人所用的察言观行法就是在与学生的日常交往中进行的。当然，真实生活因其太真实，导致某些无关变量无法有效得到控制；有时测评者受制于伦理道德与法律的制约，也无法亲临第一现场收集相关数据；某些真实生活往往只出现一次，测评者无法及时捕捉到，等等，这导致品德测评中有时很难坚持真实生活性原则。

另一方面，在现代的品德测评中，以柯尔伯格为代表的“两难故事法”运用得颇为普遍，柯尔伯格所取得的丰硕研究成果也证明，“两难故事法”的确是研究人的品德发展水平的一种有效方法。不过，“两难故事”毕竟只是虚构的故事，不是被测者的真实生活，用虚构的故事来测量被试真实的品德，从方法论上讲有缺陷。更重要的，当个体所受的德育只在考试或测评上有用，与个体的日常生活没有关系时，这种德育就出了问题。

综上所述，品德测评要坚持真实生活与假设情境相结合的原则。

（四）定性测评与定量测评相结合

在当今迷信数据的时代里，一些人在进行品德测量时也追求一种完全的量化标准，以至于某些小学生曾有这样滑稽的做法：小学生甲因上课迟到而被老师在其品德栏中扣了1分（老师不问甲为何迟到）。甲为了补回这1分，第二天向老师谎称自己在上学的路上捡到了5元钱（其实是甲自己的零用钱）并将它交给了老师，老师为了表扬甲的这种拾金不昧精神，就在甲的品德栏中加了2分，这样，甲的品德栏中就净得了1分。类似情况在如今一些大学的大学生每学期一次的期末综合素质测评中也时有发生。这对现今品德测评中重量化的做法不能不说是一种讽刺。为了纠正此种“一条腿走路”做法所带来的弊端，今后的品德测量就要在重视量化分析的同时，也要适当运用定性方法来分析测量结果。换言之，一方面，为了提高品德测评的科学性，就必须妥善制定出一定的量化标准，否则，品德测评就失去了存在的意义。另一方面，考虑到人的品德本是一个整体，人的品性与其外在行为表现之间关系也是复杂多变，并非简单的一对一关系，为了避免将被测者当物或肢解的人而不是一个完整的人看的错误做法，在品德测评时又不宜过于强调量化，而要充分发挥定性测量的作用，以期能对被测者的品性作出综合性的、较符合实际的评价。合起来看，品德测评宜定性与定量相结合，不宜厚此薄彼，更不能过于“迷信”数据，否则，容易生出一些流弊。

（五）巧妙性原则

考虑到人品性本身的复杂性，为了提高品德测评的信度与效度，必须在品德测评方法设计和测评工具上要多下工夫，设计巧妙的测评方法，筛选最易测到人品性的事物作为测评的工具，如认为人酒后会吐真言，就适当运用醉酒的情境来观人“性”；相信贪财之人见财会起贪欲，可巧妙制造让人接触大量金钱的机会来观人是否“廉洁”，等等，从而可在一定范围内将人的品性测评出来。

（六）文化公平原则

进行品德测评时要注意文化的公平性，不但要考虑在一种文化背景中被认为是具有道德意义的事件，在另一种文化背景中是否也具有这种意义，还要考虑到不同文化背景对人品行所产生的不同影响。因此，选用诞生于外国尤其是西方的品德测评工具时，还要看它是否适用于中国文化。同时，落实文化公平原则还要求选用品德测验工具时除了对测验工具的信度与效度进行分析外，还需要考虑该工具或方法对不同的年龄水平、能力水平和文化背景的被试是否同样适用。例如，年幼儿童能不能理解复杂的道德问题？能不能像青少年和成人那样解释他们的想法？在一种文化背景中被专家认为是具有道德意义的事件，对某个具体的个体而言是否也具有这种意义①？当然，一般而言，品德测评只有相对的文化公平，没有绝对的文化公平。在其他因素相同的情况下，如果某一品德评定方法所需要的设备和工具、评定被试所需要的知识以及分析评定结果的过程越简单，或更能够让测评者熟悉与驾驭，这种方法就越好。

（七）将普通德性与美德作适当区分

过去的德育常将道德标准定得过高，且太单一，不易获得学生的心理认同，也就影响了育德的效果。吸取这一教训，在对个体进行品德测评时，先要区分普通德性与美德，既不宜将德性等同于普通德性，也不宜将德性等同于美德。因为若执著于普通德性，就会导致过于强调道德标准的现实性而忽视道德标准的理想性；若执着于美德，又易过于强调道德标准的理想性而忽视道德标准的现实性，这两种做法都未辩证地处理道德标准的现实性与理想性的关系。何谓普通德性？何谓美德？亚当·斯密的言论有助于人们理解这两个概念。亚当·斯密说：

“如同鉴赏力和良好的判断力，当它们被认为是那种应加赞扬和钦佩的品质时，应该是指一种不常遇到的细腻感情和锐利的洞察力那样，情感和自我控制的美德也不被理解为存在于一般的品质之中，而是存在于那些绝非寻常的品质之中。仁爱这种和蔼可亲的美德确实需要一种远比粗俗的人所具有的优越的情感。宽宏大量这种崇高的美德，毫无疑问需要更高程度的自我控制，它远非凡人的菲薄力量所能做到。一如平常的智力之中无才智可言，普通的品德中也无美德可言。美德是卓越的，绝非寻常的高尚美好的品德，远远高于世俗的、一般的品德。和蔼可亲的美德存在于一定程度的情感之中，它以其高雅、出人意料的敏感和亲切而令人吃惊。令人敬畏和可尊敬的美德存在于一定程度的自我控制之中，它以其使人惊异地优越于人类天性中最难抑制的激情而令人吃惊。

---

① 李伯黍，燕国材．教育心理学［M］．3 版．上海：华东师范大学出版社，2010：79－81．

在这一方面，在那些应该得到钦佩和赞颂的品行和那些只应该得到赞同的品行之间，存在着很大的差别。在许多场合，最完美合宜的行为，只需要具备大部分凡夫俗子所具有的普通程度的情感或自我控制就行了，有时甚至连这种程度的自我控制也不是必要的。举一个非常粗俗的例子，例如，在普通场合，当我们饥饿的时候吃东西当然是完全正当和合宜的。因此，每个人都会表示赞同。然而说吃东西就是德行，却是再荒唐不过的了。

……

在这种情况下，当我们决定对某一行为进行责备或称赞的程度时，经常会运用两个不同的标准。第一是关于完全合宜和尽善尽美的概念。在那些困难情况下，人类的行为从来不曾、或不可能达到完全合宜和尽善尽美；人们的行为同它们相比，总是显得应该受到责备和不完美的。第二是关于同这种尽善尽美接近的程度或相距多远的概念，这是大部分人的行为通常达到的标准。无论什么行为超过了这个标准，不管它同尽善尽美相距多远，似乎都应该得到称赞；无论什么行为达不到这个标准，就应该受到责备。”①

可见，德性有普通德性与美德之分，对于普通民众，要求其品行达到“大部分人的行为通常达到的标准”，具有普通德性就可以了，任何学生的行为若达到这个标准，都应该受到老师、家长或其他人的认同；与此同时，学校也应为学生指明什么是“美德”以及达到“美德”的标准：无论什么行为，超过了“大部分人的行为通常达到的标准”，不管它同尽善尽美相距多远，都是“美德”，都应该得到称赞。这样做不但使道德标准朝多样化方向发展，以便满足不同学生的需求；也使道德标准更具亲和力、更具现实性，执行起来也更易操作；还使道德标准具有一定的理想性和一定的发展空间。

（八）教育性原则

品德测评涉及对一个人品性的看法与态度，有时甚至会跟一个人的未来发展紧密相连。而依柯尔伯格的见解，一个人的品德发展水平与其认知发展水平有一定的关系；并且，一个人的品德即便暂时处于与其年龄不相符的低水平阶段，但只要采取适当的方式，仍可以使其品德向高一阶段甚至向更高阶段或最高阶段发展。中国古人也有“浪子回头金不换”的说法。这样，对个体的品行进行鉴别与评定，给出品行发展水平高低的评价结果固然很重要，但更要给人改过自新的机会，更要辩证看待个体德性的“有”与“无”或“高”与“低”，在通常情况下，要谨慎解释测评结果，既不宜简单给人下定论尤其是下不好的定论，从而“将人看死”或得出“无药可救”的错误结论；也不要犯“晕轮”式错误，进而

---

① 亚当·斯密. 道德情操论［M］. 蒋自强，钦北愚，译. 北京：商务印书馆，1997：25－27.

得出“一好百好或一差百差”的错误结论。毕竟品德测评只是一种间接的测评，而且品德测评的理论基础至今不够坚实，品德测评的工具、方法与手段至今尚不完善，于是，品德测评的结果一般只具有有限客观性，或多或少、或大或小，都可能有一定的误差；同时，人的品德是会发展变化的，今天的先进不等于明天还先进，今天的落后也不意味着明天还继续落后。

第二节　品德测评的方法

如何进行品德测评？从具体方法上看，主要有两大类：一类是诞生于中国传统文化的古典品德测评法；另一类是诞生于现代心理学尤其是现代西方心理学的品德测评方法。二者之间虽有相通之处，但也有较明显的差别，为便于读者理解，下面将其分开探讨。

一、中式古典品德测评方法

中式古典品德测评方法可以分为两大类：一是他评法，它指主考者对他人品行进行测评的一类方法的总称；另一是自评法，它指自己给自己的品行打分以评定自己品行高低的一类测评方法。

（一）他评法

1. “听其言而观其行”：察言观行法

察言观行法，指主考者通过观察一个人的言行来对此人品行进行测评的方法。此方法由孔子明确提出。据《论语·公冶长》记载，孔子说：“始吾于人也，听其言而信其行；今吾于人也，听其言而观其行。于予与改是。”用自己的亲身体会来强调在对他人进行品德测评时，要结合其言与行来综合评价，既要听听他说些什么话语，也要考察他的行为表现，若只偏信他人的“言”，容易得出错误的结论。为什么会这样呢？据《论语·宪问》记载，孔子认为其缘由在于：“有德者必有言，有言者不必有德。”且“其言之不怍，则为之也难。”那么，怎样去察言观行呢？据《论语·为政》记载，孔子说：“视其所以，观其所由，察其所安。人焉廋哉？人焉廋哉？”主张对一个人进行品德测评时，要综合考察其心情、所结交的朋友和为达到某种目的所采用的方法，认为只有这样做，才能洞察一个人品性的好坏。正由于通过察言观行可以洞察一个人的品德高下，因此，如果一个人不懂得分辨他人的话语，辨其是非善恶，就不可能正确认识他人，正如《论语·尧曰》所说：“子曰：‘不知言，无以知人也。’”①

《孟子·离娄上》说：“存乎人者，莫良于眸子。眸子不能掩其恶。胸中正，则眸子瞭焉；胸中不正，则眸子眊焉。听其言也，观其眸子，人焉廋哉？”认为

---

① 杨伯峻. 论语译注［M］. 2 版. 北京：中华书局，1980：211.

观察一个人品性好坏的最好方法是观察他的眼睛。因为眼睛不能遮盖一个人的丑恶。心正，眼睛就明亮；心不正，眼睛就昏暗。在听一个人说话的同时，注意观察他的眼睛，就能知道此人是善还是恶。这或许就是俗话讲的“眼睛是心灵的窗户”的道理所在。针对国君易被其周围人迷惑的情况，《孟子·梁惠王下》认为国君在运用察言观行法时要做到：“左右皆曰可，未可也；诸大夫皆曰贤，未可也；国人皆曰贤，然后察之；见贤焉，然后用之。左右皆曰不可，勿听；诸大夫皆曰不可，勿听；国人皆曰不可，然后察之；见不可焉，然后去之。”此种识人法至今仍有一定的借鉴作用。它告诉人们，在对他人的品行进行测评时，一定要注意区分“世故式老好人”与“坚持原则的好人”，前者虽然人缘好，却可能原则性不强，其品德也不见得很高尚，只是极会做人而已；后者可能人缘不太好，但却坚持原则，常常是一个品德高尚的人。

《吕氏春秋·论人》提出用“八观六验”法来测评人的品性。其中，八观法就是八种察言观行法。何谓“八观”：“通则观其所礼，贵则观其所进，富则观其所养，听则观其所行，止则观其所好，习则观其所言，穷则观其所不受，贱则观其所不为。”为了保证测评结果的真实性，《吕氏春秋》主张根据被试的身份及所处情境的不同来决定相应的考核内容：当一个人显达时，观察他所礼遇的是哪些人；当一个人尊贵时，观察他所推荐的是些什么人；当一个人富裕时，观察他所养的门客是些什么人；当一个人听取意见后，观察他所采纳施行的是什么；当一个人无事时，观察他的爱好是什么；当一个人学习时，观察他说的都是些什么；当一个人不得志时，观察他所不接受的东西是些什么；当一个人贫贱时，观察他不做的事情是什么。此观点较之前人有所发展。

《史记·魏世家》中记载了一种鉴定人品性的“五视”法：“居视其所亲，富视其所与，达视其所举，穷视其所不为，贫视其所不取，五者足以定之矣。”也主张要根据一个人的身份与地位来变换考核内容：观察他安定时喜欢什么；富足时帮助哪些人；做官时推荐什么样的人才；不得志时哪些事不会去做；贫困时哪些财物不会去要。可见，五视法也就是五种察言观行法，它是继承孔子思想的结果，与《吕氏春秋》的八观法也有相通之处。

刘劭运用“八观”法来对人进行才性鉴定。《人物志·八观》说：“八观者，一曰观其夺数，以明间杂。二曰观其感变，以审常度。三曰观其志质，以知其名。四曰观其所由，以辨依似。五曰观其爱敬，以知通塞。六曰观其情机，以辨恕惑。七曰观其所短，以知其长。八曰观其聪明，以知所达。”提倡要从多方面入手对人的品行进行了解：观察一个人对待争夺和救济的态度，可以洞察其彼此间杂的才性品质；观察一个人在骤变时的反应，可以了解其在常态下的才性特点；观察一个人所禀受的清浊质气，可以确定其各种异状殊名的才性；观察一个人的行为的来龙去脉，可以辨别那些表面上似是而非的才性特点；观察一个人的爱、敬行为，可以知道其与上下之间的关系；观察一个人的情欲特点，可以探知其心胸的宽窄；观察一个人才性在某些方面的短处，可以知道其在某些方面的长处；观察一个人的聪明才智，可以知晓其会成为某方面的人才。

在中国古代，察言观行法是最常用的他评方法之一。它有一定的观察目的；因此种察言观行法多是老师在弟子的日常学习与生活中进行的，于是观察的情境在大多数情况下也颇为自然，评价也颇为客观，能在一定程度上对弟子的品性作出较客观的评价。不过，先哲在运用此方法时，多有偶然性（不定期性）的特点，也多不作长期的跟踪记录，往往是凭弟子的某一言行或短时期内表现出的某些言行作出判断，也易发生偏差。从总体上看，这种察言观行法是一种经验型的测评方法。既然如此，今天在品德测评中若要用察言观行法，为了保证其科学性，就不能简单照搬中国古人的做法，而必须借鉴现代心理测量思想将之作一番现代改造。

具体说来，为了保证察言观行法所获结果的可靠性，观察者必须做到：(1) 事先要根据被观察者的身心发展特点以及任务要求，制定一个合理合情的观察目的，既不能太高，也不能太低。(2) 要事先定下客观的、具操作性的、细化的评价标准。既不能仅凭自己的喜好或一时冲动来制定或临时修改评价标准，也不能只制定一些模糊的、粗放式的评价指标。(3) 观察方法要使用得当。即要根据不同的任务要求、不同的观察对象，采取恰当的观察方法。(4) 要在被观察者的日常生活中进行，以便保证观察情境的自然性与真实性。(5) 不可"以貌取人"。(6) 做尽可能全面而客观的跟踪记录，不能凭被观察者的某一言行或短时期内表现出的某些言行作出判断。(7) 要长期观察，避免偶然性，所谓"日久见人心"。从这个角度看，察言观行法不太适宜作为考核陌生人品行的主打方法；换言之，主考者切不可凭自己对陌生人的一次或偶尔几次的接触，就仓促地给陌生人或"半生不熟的人"的品行下"定论"。否则，就会使察言观行法沦落为算命先生的"看相法"，而不是科学的品德测评法。

2. "欲审知其德，问以行"：问答鉴别法

问答鉴别法，指通过主考者提问而被测者作答的方式来对被测者品行进行测评的一种方法。孔子喜欢用问答法来鉴别学生的品行与志向。《论语·先进》里记载的"子路、曾皙、冉有、公西华侍坐"的著名故事，讲的就是孔子通过问答法来了解弟子志向的事情。问答鉴别法自孔子运用后，为其后历代学者所继承。如王安石在《上皇帝万言书》中说："欲审知其德，问以行；欲审知其才，问以言。得其言行，则试之以事。所谓察之者，试之以事是也。"由"试之以事"一语可知，王安石已有实践是检验真理的唯一标准的潜在思想。如前文所述，王守仁主张德育要在弟子的日常生活中进行，为此，他主张通过询问弟子在日常生活中的行为表现来鉴定弟子的品行，这实际上也是一种问答鉴别法。另

外，由下文将要论述的准情境测验法中可知，《庄子》的“九征”法、《六韬》的“八征”法、诸葛亮的“七观”法和李翱的三种“相人之术”等方法中都将问答鉴别法作为一种重要的测评方法。

与今天的问答鉴别法相比，先哲所用的问答鉴别法也有一定的考核目标；此种问答鉴别法多是老师在弟子的日常学习与生活中进行的，这样，多数问答鉴别法也都能在较为自然的情境下进行；假若老师本人是弟子们崇拜的对象，弟子们也就多能将心中所想的如实说出来，于是弟子们的答案也多颇为真实，这样，能在一定程度上对弟子的品性作出较客观的评价。不过，先哲在运用此方法时，像其所用察言观行法一样，也多有偶然性（不定期性）的特点；再者，如果弟子对老师的提问不据实回答，同时，老师自己对弟子的虚假答案又不能及时予以识破的话（此两种情况肯定是会有的），就容易得出失真的结论。这种问答鉴别法也是一种经验型的测评方法。既然如此，今天在品德测评中若要用问答鉴别法，为了保证其科学性，也不能简单照搬中国古人的做法，而必须借鉴现代心理测量思想将之作一番现代改造。具体说来，为了保证问答鉴别法所获结果的可靠性，主考者必须做到：（1）要想方设法在被试心中树立起自己的权威性，并且，此种权威性必须是以德服人的结果，这样，假若主考者本人是被试崇拜的对象（如孔子之于其弟子），那么，被试的回答也就更为真实；（2）事先要根据被试的身心发展特点以及任务要求，制定一个合情合理的考核目标，既不能太高，也不能太低；（3）要在被试的日常生活中进行，以便使问答鉴别法能在较为自然的情境下进行；（4）制定较客观的、具操作性的、细化的评价标准；（5）主考者要有鉴别真伪的能力，这样，即使被试偶尔不据实回答，主考者也可以对虚假答案及时予以识破。

3.“故君子远使之而观其忠”：准情境测验法

察言观行法和问答鉴别法虽是测评他人品性好坏的重要方法，不过，由于人的心理与行为表现之间关系的复杂性，有时通过日常生活的察言观行与一般的问答鉴定很难准确测评出他人的品行。但是，通过设计某种特殊的非常情境，观察被试在此种情境下的反应，有时反而很容易将被试的真实品性测评出来，这就是所谓的准情境测验法。它指一种通过有目的地创造某种情境，用以观察被测者在这种情境下的行为反应，从而对被测者品行作出鉴定的测评方法。传统文化里包含很多准情境测验法的文献记载，不但时间早，且内容丰富，表明此种方法在当时非常通用。

据《尚书·虞夏书》中的《尧典》与《舜典》记载，早在传说中的三皇五帝时代，尧为了考察舜的品行高低，就曾运用了多种准情境测验法。一是让舜迎接四方来朝的宾客，结果是四方来朝的宾客都对舜肃然起敬，表明舜有高尚的人格和良好的人际交往能力。二是将舜一个人独自放在大山之中，让他被烈风吹，被暴雨淋，目的是考察舜的意志力和勇敢程度，结果舜在此种恶劣的自然环境下仍能从容处之，表明其不但意志坚强，而且具备勇敢品质。三是当尧听到周围人以孝行美德之名推荐舜时，尧为了探明虚实，不惜将自己的两个女儿嫁给舜作夫人，以便从两个女儿那里观察舜的德行好坏。

《庄子·列御寇》认识到人的心理变化多端，提倡用“九征”法来鉴定人的品行：

“故君子远使之而观其忠，近使之而观其敬，烦使之而观其能，猝然问焉而观其知，急与之期而观其信，委之以财而观其仁，告之以危而观其节，醉之以酒而观其侧，杂之以处而观其色。九征至，不肖人得矣。”

主张通过将一个人放到远处使用的情境来观察他是否忠诚；通过将一个人放在身边使用的情境来观察他是否恭敬；通过派一个人去处理复杂事务的情境来观察他的能力大小；通过向一个人突然提问的方式来观察他的智慧如何；通过迫切任务命人限期完成的情境来观察他的守信程度怎样；通过委托一个人管理财产的情境来观察他是否廉洁；通过告诉一个人一件危急事件的情境来观察他的气节如何；通过让人醉酒的情境来观察他的仪态好坏；通过让一个人与男女混杂相居的情境来观察他洁身自爱的能力如何。可见，第一，九征法中，除了“猝然问焉而观其知”相当于前文讲的问答鉴别法外，其余八征法都相当于现代的情境测验法。第二，用九征法测量到的心理品质，除了第三、四征是测量人的能力与智慧外，其他均是测量人的品性好坏的。第三，庄子认为人心虽难于测量，但仍承认是可以测量的，关键在于所用的测量方法要得当。相对而言，庄子较推崇用准情境测验法来测评人的品性。

荀子在《君道》一文里说：“故校之以礼，而观其能安敬也；与之举错迁移，而观其能应变也；与之安燕，而观其能无流慆也；接之以声色、权利、忿怒、患险，而观其能无离守也，彼诚有之者与诚无之者，若白黑然，可诎邪哉！”赞成用礼仪相交往，藉以观察他能否稳静谦恭；和他一起处理灵活的工作，藉以观察他能否随机应变；与他一起闲居，藉以观察他是否心存邪念；让他接触声色与权利、使他发怒、使他处于患难之境，借以观察他是否会擅离职守。通过这诸种情境测验方法的测评，他真正具有的品质和真正不具备的品质，就像黑白一样的分明。

《吕氏春秋》主张用“八观六验”法来对人的品性进行测评。“八观”实际上是八种察言观行法，“六验”是六种准情境测验法。何谓“六验”法？《吕氏春秋·论人》说：“喜之以验其守，乐之以验其僻，怒之以验其节，惧之以验其特，哀之以验其仁，苦之以验其志。”主张通过设置六种情境来观察一个人的品行：使他高兴，借以检验他的操守；使他快乐，借以检验他的邪念；使他发怒，借以检验他的气度；使他恐惧，借以检验他的卓异品行；使他悲哀，借以检验他的仁爱之心；使他困苦，借以检验他的志向。

《六韬·选将篇》说：“‘武王曰：何以知之?’太公曰：‘知有八征。一曰问之以言以观其辞，二曰穷之以辞以观其变，三曰与之间谋以观其诚，四曰明白显问以观其德，五曰使之以财以观其廉，六曰试之以色以观其贞，七曰告之以难以观其勇，八曰醉之以酒以观其态。”前四征实际上都是问答鉴别法，后四征是通过创造“使之以财”、“试之以色”、“告之以难”和“醉之以酒”等四种情境来观察被试的廉、贞、勇和态等四种品性，类似于今天的情境测验法。

《大戴礼记》的《文王官人》篇中曾提出知人的“六征”：“一曰观诚，二曰考志，三曰视中，四曰观色，五曰观隐，六曰揆德。”这“六征”中几乎每一“征”都是在探讨准情境测验法或察言观行法等知人的方法。限于篇幅，这里仅以“观诚”来略加说明。何谓“观诚”?《大戴礼记·文王官人》说：

“……考之，以观其信；挈之，以观其知；示之难，以观其勇；烦之，以观其治；淹之以利，以观其不贪；蓝（犹滥也）之以乐，以观其不宁；喜之以物，以观其不轻；怒之，以观其重；醉之，以观其不失也；纵之，以观其常；远使之，以观其不贰；迩之，以观其不倦；探取其志，以观其情；考其阴阳（犹隐显也），以观其诚；覆其微言，以观其信；曲省其行，以观其备成。此之谓观诚也。”

主张检查一个人所做的事情，以考核其信用水平；让一个人提纲挈领地回答问题，以考核其智力水平；将一个人置身于困难的境界，观察其是否勇敢；让一个人处理繁杂的事务，以观察其办事能力；给一个人大量有利可得的机会，以观察其是否贪婪；让一个人经常听靡靡之音，以观察其是否能洁身自好；让一个人得到大量的他喜爱的东西，以观察他是否轻浮；对一个人莫名其妙地大发脾气，以观察他是否稳重；用酒将一个人灌醉，以观察他的言行是否检点；给一个人任其放纵的机会，以观察其行为是否能合乎常规；派一个人到远处做事，以观察其是否忠于职守；让一个人在身边做事，以观察其是否勤奋；设法了解一个人的志向，以观察其性情如何；全面考察一个人的表现，看看其是否诚实；向一个人暗示某件事情，以观察其办事认真的态度如何；曲折隐秘地察看一个人的行为表现，用以观察其是否成熟①。这十六种方法中既有准情境测验法，也有察言观行法，还有问答鉴别法，看来，《大戴礼记》提出的运用多种方法来对人的品性作一综合测评的主张，就这十六种方法的内容而言，有继承也有发展。

诸葛亮提倡用七观法来对人的品性进行测评。因诸葛亮本人在中国人心目中享有良好的声誉，其主张的七观法对后世影响巨大，有必要作一较详尽的分析。什么是“七观”法呢?《诸葛亮集·知人性》说：

---

① 燕国材，朱永新. 现代视野内的中国教育心理观［M］. 上海：上海教育出版社，1991：216－217.

“知人之道有七焉：一曰，问之以是非而观其志；二曰，穷之以辞辩而观其变；三曰，资之以计谋而观其识；四曰，告之以祸难而观其勇；五曰，醉之以酒而观其性；六曰，临之以利而观其廉；七曰，期之以事而观其信。”

这表明“七观法”的具体做法是：通过询问一个人对是非问题的态度，以观察其志向；通过穷尽一个人的言辞，以观察其应变能力的快慢；通过询问一个人的计谋，以观察其才识的大小；通过告诉一个人某种祸难，以观察其勇敢程度；通过用酒灌醉一个人，以观察其品性好坏；通过让一个人面临财物，以观察其廉洁程度；通过与一个人约定某事，以观察其信誉的好坏。可见，第一，七观法既可鉴定人的品性，也可鉴定人的才能，所鉴定的内容较全面。第二，七观法中的前三种方法实际上是问答鉴别法，后四种方法是通过设置一定的情境来观察一个人的才性特点，带有某种实验性质，实为三种准情境测验法。第三，只要稍加比较，便知七观法是脱胎于《六韬》一书中的“知有八征”的，两者非常相似；与《庄子·列御寇》中的“九征”法和《吕氏春秋·论人》中的“六验”法等都有明显的一脉相承关系。第四，七观法中包含对思想、情感、意志、道德等的测验，并且多半不用文字去做，是一种超文化测验，它比一般纸上谈兵的测验价值更高。

李翱在《答朱载言书》中说：“相人之术有三：迫之以利而审其邪正；设之以事而察其厚薄；问之以谋而观其智与不才，贤不肖分矣！”提倡通过让一个人接近财物来审察其品性的好坏，通过安排一个人处理事情来观察其是否公平，通过询问一个人的谋略来观察其才能的大小。这里，前二法带有实验性质，是一种准情境测验法；后一法相当于问答鉴别法；并且，李翱的三观法与诸葛亮的七观法有类似之处。

概言之，准情境测验法也是先人常用的一种品德测评方法。与今天的情境测验法相比，它也有一定的测验目的；在设计思路上颇为精巧，并注意与日常生活相联系；也知道通过创造一定的情境来诱发被试的某种行为反应，确实能在一定程度上测量到人的品质，不过，中国传统所用的情境测验法，多没有严格地控制其他相关条件，也只停留在经验的水平上，与现代意义上的情境测验法相比，它只能叫做准情境测验法。既然如此，今天在品德测评中若要用情境测验法，为了保证其科学性，就不能简单照搬中国古人的做法，而必须借鉴现代心理测量思想将之作一番现代改造。

具体说来，为了保证情境测验法所获结果的可靠性，必须做到：一是事先要进行实验设计，对情境进行严格控制，以使一因对一果；二是情境设计要巧妙；三是一定要与其他方法配合使用。因为有时候一个人在某一特定的情境里能表现得好，在日常生活里却不能将好的品质持之以恒。犹如有些领导在“代理”期间表现突出，一旦“扶正”，就露出本来面目。又有些时候，一个人在特定的情境里易紧张，从而“投你所好”，结果，不能将自己的德性真实地展现出来。所以，情境测验法也不是万能的，还必须结合其他方法来综合考察。另外，在运用情境测验法时，也要妥善处理好其中的伦理道德问题。

4. “不知其子，视其父”：观人类推法

观人类推法，即观此人的德行以类推彼人的德行的一种品德测评方法。在具体使用过程中主要有两种变式：

一是通过观察自己品行来类推他人品行。如老子的以身观身法就属此。《老子·五十四章》说：“故以身观身，以家观家，以乡观乡，以国观国，以天下观天下。吾何以知天下然哉？以此。”主张要从我个人观照其他人，从我家观照其他人的家，从我的家乡观照其他人的家乡，从我的国家观照其他人的国家，从我的天下观照其他人的天下。从现代德育心理学视角看，以身观身法的理论依据是：只要是人，必然会有相类似的心理与行为，通过反思自己品行可推知他人的品行。此法的优点是看到了人心具有相似的一面，使人易用同情的眼光去对待他人品行上的得与失，与孔子的“己所不欲，勿施于人”的思想有相通之处。它的缺点是：没有看到人心也有独特性的一面，以身观身，既易以君子度君子或以小人度小人，也易发生以君子度小人或以小人度君子的错误。

另一种观人类推法是指若想测评甲的德行，可先测评与甲经常交往的乙的德行，再从乙的德行来推测甲的德行。这是一种迂回式的品德测评方法。此方法虽不是直接就甲本人的德行进行测评，但有时也不失为一种品德测评的好方法。据说孔子就曾论述过此方法，因为《孔子家语·六本》中有类似言论：

孔子曰：“不知其子，视其父；不知其人，视其友；不知其君，视其所使；不知其地，视其草木。故曰：与善人居，如入芝兰之室，久而不闻其香，即与之化矣；与不善人居，如入鲍鱼之肆，久而不闻其臭，亦与之化矣。丹之所藏者赤，漆之所藏者黑，是以君子必慎其所与处者焉。”

从心理学角度看，这段话实际上是在阐述“观人类推法”：若想对身为人子的某人进行品德测评，可通过先测评其父或其友的品行来类推此人的品行。同时，观人类推法的理论依据主要是性习论。作为品德测评理论依据的性习论，它的含义是指，在相类似的环境熏陶下的人们易形成相类似的德性，若想测评甲的德行，可通过观察与甲同处于一个环境的乙的德行来类推甲的德行。由于人的心理的形成与发展具有此种规律，才可通过观人类推法来测评他人的德行。但需指出，尽管居于同一环境的人们易形成相类似的心理特点与行为方式，不过，也应看到，人并不是环境的机械产物，即使是在完全相同的环境下成长起来的不同个体之间，其心理与行为仍会有差异，这就是人的心理的复杂性所在，所以，用此种观人类推法来测评一个人的品行，弄得不好易发生张冠李戴或拉郎配式错误。观人类推法也为后人所承继。如《荀子·大略》说：“君人者不可以不慎取臣，匹夫不可以不慎取友。友者，所以相有也。道不同，何以相有也……以友观人，焉所疑？取友善人，不可不慎，是德之基也。”从“以友观人，焉所疑”一句看，荀子也赞成通过观人类推法去对人进行品德测评。

5.“观过，斯知仁矣”：观过知人法

观过知人法，指通过仔细考察一个人所犯的错误，就可知道他/她是什么样的人。此法最早由孔子提出。《论语·里仁》说：“人之过也，各于其党。观过，斯知仁矣。”认为人是千姿百态的，人的错误也是各种各样的，什么样的人一般会犯什么样的错误，仔细考察一个人所犯的错误，可知道他/她是什么样的人。

通过观察一个人所犯的错误（特别是一个人经常犯的错误），有时的确最易找出犯错误的人在品行修养上存在的某些不足之处，并由此推知此人已有的道德水准。西方也有类似做法。如精神分析学派就认为，被压抑在无意识中的欲望有时会通过口头言语失误方式表达出来，这样，通过对口误（slip of tongue）的研究，有时不失为研究无意识的一种好方法。不过，也应看到，导致一个人犯错误的原因是多种多样的，同一种错误可以由不同的原因所引发；再者，有些人的错误是偶发性的，带有很大的偶然性，难以找出其中规律（或者根本就没有规律可寻），所以，此种测评方法宜慎用。或许正是由于此测评法难以把握，后人很少用它。

6.“性之所尽，九质之征也”：观相知人法

观相知人法，指通过仔细观察一个人身体和言谈举止等九个方面的情况，就可推知他/她的才性如何。它有些类似于算命先生的看相法，故取名为观相知人法。

刘劭是一位非常重视才性鉴定的学者，他除了使用八观法和五视法外，还提出了一种九征法来观人。刘劭认为人的性情的所有规律都体现在九个方面的征象中，可以用“九征”法来对人的才性进行测评。刘劭在《人物志·九征》里说：

“盖人物之本，出乎情性……性之所尽，九质之征也。然则平陂之质在于神，明暗之实在于精，勇怯之势在于筋，强弱之植在于骨，躁静之决在于气，惨怿之情在于色，衰正之形在于仪，态度之动在于容，缓急之状在于言。”

刘劭按人的性格差异来考察人才，既然性格特点体现在九大方面的征象中，通过这九种征象就可对人进行才性鉴定。具体地讲，通过神明可以观察到一个人是平直还是陂邪，通过精气可以观察到一个人是明智还是愚暗，通过筋腱可以观察到一个人是勇敢还是怯弱，通过骨骼可以观察到一个人是强健还是纤弱，通过血气可以观察到一个人是躁进还是沉静，通过面色可以观察到一个人是悲痛还是愉快，通过仪表可以观察到一个人是衰微还是端直，通过容貌可以观察到一个人的举止是造作还是自然，通过言语可以观察到一个人所处的状态是缓和还是焦急。

必须指出两点，一是刘劭把性格差异作为鉴定人才的标准，通过九征法所观

察到的多是性格的特点。另一是刘劭的上述方法并不完全正确，因为在这九征中，前五征主要是五种从人的体形来推知人的心性的方法。但现代心理学家研究表明，人的形体与人的性格之间几乎没有什么相关，更谈不上二者之间有什么因果关系，如筋与勇怯、或骨与强弱之间并无必然联系，从人的体形来测评人的性格缺乏科学依据。后四征主要是四种察言观行法，即通过观察人的面色、仪表、容貌和言语等来测评人的品性，此四种方法至今仍是作为了解人的品性的重要方法。由此可见，刘劭的“九征”与《庄子》的“九征”名同而实异。

（二）自评法

先哲认识到，“人心险于山川，难于知天”，他评法即使设计再精巧，主考者经验再丰富，有时仍难以对他人的品性作出准确的测评，所谓“人心隔肚皮，做事两不知”。但一般而言，自己对自己的言行往往是心知肚明的，只要善于自我测评，极易发现自己德行上的不足之处。同时，先哲多推崇自知。如《老子·三十三章》说：“知人者智，自知者明。”王弼在《老子道德经注·三十三章》中也说：“知人者，智而已矣，未若自知者，超智之上也。”这样，他们不但主张要用察言观行法等测评方法去对他人的品行进行测评，而且也提倡要通过自我反省来进行自我测评，即个体通过对自己的德行作自我反省途径来作出评价，以便不断完善自己的道德修养，提升自己的道德境界。大致说来，先哲主要运用了两种自评法：一是内省式自我测评法，另一是观照式自我测评法。这两种方法既是先人用以修心育德的方法，又是他们进行自我测评的方法，还是他们进行防治品行不端的方法。在中国传统文化里，像这类一种方法有多种用途的情况很多，体现出中国传统思维具有一定的模糊性的特点。同时，这两种自评法既有相通之处也有细微区别。二者之间的相通之处是，都要经由个体自己的自我内省（类似当代心理学里讲的元认知）才能实现；不同之处是，相对而言，前者可以无明确的外在标准，全凭修养者的良心为评判标准进行自我反省、自我测评，而后者有一外在的评判标准。

1.“吾日三省吾身”：内省式自我测评法

内省式自我测评法，指个体通过自我反省的方式来对自己的品行进行鉴定的一种测评方法。它与第五章所讲的“与良心对话法”有一定的相通之处。内省式自我测评法由孔子最先提出。孔子认为一个人若想成为道德高尚的君子，就要时常自我检查自我反省，找出缺点并加以改正，以便做到事事都能问心无愧。受孔子影响，其后很多学者和政治家大都提倡用此法来自评。如，据《论语·学而》记载，曾子说：“吾日三省吾身——为人谋而不忠乎？与朋友交而不信乎？传不习乎？”这样做的目的无非是想通过反省自己，找出自己言行上的不足并改正之，慢慢地自己的品性也就得到了提高。孟子也赞成内省式自我测评法，当有人横暴无理时，孟子提倡这时人们自己先要善于通过自我反省来找出自己言行上的缺失。《孟子·离娄下》说："有人于此，其待我以横逆，则君子必自反也：我必不仁也，必无礼也，此物奚宜至哉？其自反而仁矣，自反而有礼矣，其横逆由是也，君子必自反也，我必不忠。自反而忠矣，其横逆由是也，君子曰：'此亦妄人也已矣。如此，则与禽兽奚择哉？于禽兽又何难焉？'"荀子也曾说："君子博学而日参省乎己，则知明而行无过矣。"据吴兢的《贞观政要》卷二《求谏》记载，唐太宗李世民也常常运用内省式自我测评法来找出自己品行上的不足："朕每闲居静坐，则自内省。恒恐上不称天心，下为百姓所怨。但思正人匡谏，欲令耳目外通，下无怨滞。"

内省式自我测评法的优点是针对性强，易深入而细致地开展，易激发道德修养者本人的主动性和自觉性，也不受时空的限制，可随时随地进行，易提高品德测评的效果。但是，它得以实现的一个基本前提是，自我测评者本人要有较完整而清晰的道德自我，否则，此法就不易施行。像儿童，其道德自我尚处于萌芽或初始发展阶段，就不宜采用此法来测评，所以它有一定的适用范围，若超出其范围而强行为之，易流于形式。

2."以人为镜，可以知得失"：观照式自我测评法

观照式自我测评法，指自己以他人为镜进行自我观照与自我反省，将自己的言行与一个或多个外在道德评判标准进行对比，以检验自己德行高低的一种品德自评法。在此基础上，进而要求自己做到"择其善者而从之，其不善者而改之"，从而逐渐完善自我的道德品质。因此，观照式自我测评法既是一种自评自己品德的方法，也是一种修心养性的育德方法，当其用作育德方法时，也叫"观照式自我反省法"。

据《论语·里仁》记载，孔子明确提出了观照式自我测评法，他说："见贤思齐焉，见不贤而内自省也。"这里，"贤者"和"不贤者"是个体进行自我测评的外在评判标准，个体将自己的言行与贤者和不贤者的言行进行相互观照，看看自己有没有与贤者类似的优点以及和不贤者类似的缺点。孔子的这一自评法为其后多数儒家所继承。如荀子在《修身》里也说："见善，修然必以自存也；见不善，愀然必以自省也。善在身，介然必以自好也；不善在身，菑然必以自恶也。故非我而当者，吾师也；是我而当者，吾友也；谄谀我者，吾贼也。"提倡一个人在见到善的行为时，要端端正正地反问自己；见到不善的行为时，要兢兢业业地检讨自己。通过观照式自我测评，假若发现善良的行为自己已具备，就牢固地爱好自己；如果发觉自己已有不善良的行为，就要如同受到灾害似的痛恨自己，直到改正为止。

据《贞观政要·任贤第三·魏征》记载，唐代著名政治家唐太宗李世民"尝谓侍臣曰：夫以铜为镜，可以正衣冠；以古为镜，可以知兴替；以人为镜，可以明得失。朕常保此三镜，以防己过。今魏征殂逝，遂亡一镜矣！"这段话成

为延续至今的至理名言。

观照式自我测评法作为一种自评法，既有一定的外在标准，又是一种自评法，相对于内省式自我测评法而言，它更易施行，因它尽管也需要测评者本人具有一定的道德自我，但其要求较之内省式自我测评法要低得多，所以它的适用范围更广；并且，也具有针对性强和易深入而细致地开展等特点。当然，作为一种自评法，它毕竟还是需要自评者本人的道德自我必须能达到一个最低的限度，即见到贤者或不贤者均能“翻然悔悟”，若是“无动于衷”，此自评法就难以实行。再者，它需要一外界刺激来激发修德者以自评，相对于内省式自我测评法而言，此法就多少带有一点被动色彩。也需指出，此种以他人为镜来达到认识自我的方法，即使现在仍受到人们的重视。

美国学者库利（C. H. Cooley，1864—1929）曾提出“镜中我”（looking-glass self）理论，依库利的解释，在社会互动过程中，“自我”必须时时将自己投射于对方，然后从对方的立场，将他人当做一面镜子，反射性地看出他人对自己的期望与评价，再做出最适当的行动，这种“反射性的角色取替”（reflexive role taking）就叫“镜中我”，它是社会互动得以进行的先决条件。可见，“镜中我”指人们通过观察别人对自己的行为反应而形成的自我概念。人们正是从他人对自己的言行中了解别人对自己的看法，帮助自己认识自我形象，并以此为基础进而调节自己的种种活动，简言之，人们正是以他人的看法为镜子而认识自己的。用库利的话说：“人们彼此都是一面镜子，映照着对方。”① 歌德在《塔索》一剧里也有类似的著名台词：“只有在人中间，人才能认识自己；只有生活才能教会人去认识自己。”可见，观照式自我测评方法是一种正确认识自己、不断完善自己品德的方法。

观照式自我测评法作为一种育德方法，其实质是一个人自觉地用“我的现实道德我”与“楷模（他人）的道德我”不断观照、对比，找出“我的现实道德我”与“楷模道德我”之间的差距，从而不断修正“我的现实道德我”，使之不断趋向“楷模的道德我”。一旦“我的现实道德我”与“楷模的道德我”之间的界限完全消失，“我”也就获得了与道德楷模类似的高尚道德品质。

二、品德测评的现代方法

随着心理统计与测量学的发展，许多心理统计与测量技术被应用于个体品德的测评中，并诞生了皮亚杰的“对偶故事法”、柯尔伯格的“道德两难故事法”等品德测评的重要方法，不但为道德认知发展的理论建立和发展奠定了基础，而

---

① 库利. 人类本性与社会秩序［M］. 包凡一，王源，译. 北京：华夏出版社，1989：108－119.

且激发一些后来者不断探索新的品德测评方法，于是，又诞生了林德（G. Lind）的“道德判断测验”、莱斯特的“限定问题测验”、吉布斯的“社会道德反映测量”等方法。此外，投射测验法、情境测评法与操行评定法等也已成为现代品德心理学测评中经常使用的方法①。

（一）道德判断测验

测验构成：“道德判断测验”通过创设一个较为复杂的道德情境，向被试呈现道德两难问题，要求被试基于两难问题中各论点的道德品质（而不是根据该论点与自己立场的一致程度）来作出判断。标准版本的“道德判断测验”选取了两个道德两难问题，即“工人的困境”（worker's dilemma）和“医生的困境”（doctor's dilemma），具体内容如下②：

下面是两个故事，看完每一个故事，对每一个理由都要认真考虑，然后根据你的判断进行选择，在所选的数字上打“√”。

工人的困境

某个工厂里的一些工人被解雇了，但是他们都觉得原因不明不白。工人们怀疑经理用摄像机非法监视他们的活动，但是经理坚决否认这一指控。只有在证据确凿的情况下，工会才可以采取有效措施对付经理的不法行为。于是两个工人撬开经理的办公室，偷走了作为证据的录像带。

	绝对错误								绝对正确
1. 你认为这两个工人做得对吗？	-4	-3	-2	-1	0	+1	+2	+3	+4
假设你认为这两个工人做得对，你在多大程度上同意他以下的看法？	绝对不同意								绝对同意
2. 因为他们没有给工厂带来多少损失。	-4	-3	-2	-1	0	+1	+2	+3	+4
3. 因为工厂经理漠视法律，为了维护法律的尊严，这两个工人可以这么做。	-4	-3	-2	-1	0	+1	+2	+3	+4
4. 因为大多数工人支持他们的行为，而且许多人会很高兴他们这么做。	-4	-3	-2	-1	0	+1	+2	+3	+4
5. 因为人与人之间的相互依赖，以及员工的个人尊严，比工厂的法规更重要。	-4	-3	-2	-1	0	+1	+2	+3	+4
6. 因为在工厂经理先违法的情况下，两个工人破门而入的行为是正当的。	-4	-3	-2	-1	0	+1	+2	+3	+4

① 胡朝兵，张大均. 国内外品德测评方法述评与展望［J］. 中国教育学刊，2008（3）：40－44.

② LIND G. Review and appraisal of the moral judgment test［R］. Glasgow：Presentation at the Meeting of the Association for Moral Education（AME），2000（7）：6－11.

（续表）

假设你认为这两个工人做得不对，你在多大程度上同意他以下的看法？	绝对不同意								绝对同意
7. 因为这两个工人找不到揭露工厂经理不法行为的合法途径，因而选择了他们认为不是太坏的做法。	−4	−3	−2	−1	0	+1	+2	+3	+4
8. 因为如果每个人都像这两个工人这么做，法律的尊严和社会的秩序将受到威胁。	−4	−3	−2	−1	0	+1	+2	+3	+4
9. 因为财产所有权是人的最基本的权利之一，任何人都不能把法律玩弄于股掌之间随意践踏，除非有更普遍的道德原则的允许。	−4	−3	−2	−1	0	+1	+2	+3	+4
10. 因为他人的缘故，而冒被公司解雇的风险是不明智的。	−4	−3	−2	−1	0	+1	+2	+3	+4
11. 因为这两个工人应该寻找合法的途径，而不应该做这么严重违反法律的事情。	−4	−3	−2	−1	0	+1	+2	+3	+4
12. 因为如果想被看做是一个诚实正派的人，他就不能偷窃。	−4	−3	−2	−1	0	+1	+2	+3	+4
13. 因为解雇别人与自己无关，他们没有理由去偷录像带。	−4	−3	−2	−1	0	+1	+2	+3	+4

医生的困境

一个妇女患了癌症而且没有任何治愈的希望。她非常痛苦而且虚弱到大剂量的像吗啡那样的止痛药也足以使她致命。当她稍微有点力气的时候，她请求医生给她足够的可以致命的止痛药。她说她再也忍受不了病痛的折磨了，而且无论如何都会死的。医生遵照了她的意愿。

	绝对错误								绝对正确
14. 你认为医生做得对吗？	−4	−3	−2	−1	0	+1	+2	+3	+4
假设你认为医生做得对，你在多大程度上同意他以下的看法？	绝对不同意								绝对同意
15. 因为这个医生是按照自己的良心做事的。这个妇女的特殊情况并不违背医生有延长人生命的义务。	−4	−3	−2	−1	0	+1	+2	+3	+4
16. 因为只有医生才能完成这个妇女的心愿，这个医生是为了满足她的心愿才这样做的。	−4	−3	−2	−1	0	+1	+2	+3	+4

（续表）

17. 因为医生只是做了这个妇女让她做的事。他不必担心有什么令人不快的后果。	-4	-3	-2	-1	0	+1	+2	+3	+4
18. 因为这个妇女的病无论如何都不能治愈，多给她开些止痛药也费不了什么事。	-4	-3	-2	-1	0	+1	+2	+3	+4
19. 因为这个医生没有真正地违反法律。没有人可以挽救她的生命，他只是想缩短她痛苦的时间。	-4	-3	-2	-1	0	+1	+2	+3	+4
20. 因为大多数医生在这种情况下也会这样做的。	-4	-3	-2	-1	0	+1	+2	+3	+4
假设你认为这个医生做得不对，你在多大程度上同意他以下的看法？	绝对不同意							绝对同意	
21. 因为他这样做和同事们的意见相左。如果同事们反对安乐死，他就不应该这样做。	-4	-3	-2	-1	0	+1	+2	+3	+4
22. 因为救死扶伤、延长病人的生命是医生的天职，病人病痛缠身、病入膏肓不是免责的理由。	-4	-3	-2	-1	0	+1	+2	+3	+4
23. 因为保护生命是每一个人的最高道德义务。我们没有明确的道德标准来区分是安乐死还是谋杀。	-4	-3	-2	-1	0	+1	+2	+3	+4
24. 因为这个医生会因此而惹上麻烦。有的医生因为这样做已经受到了处罚。	-4	-3	-2	-1	0	+1	+2	+3	+4
25. 因为如果他等着而不去干涉这个妇女的死亡过程，这件事对他来讲就容易多了。	-4	-3	-2	-1	0	+1	+2	+3	+4
26. 因为这个医生违反了法律。如果他认为安乐死是不合法的，他就不应该答应病人的要求。	-4	-3	-2	-1	0	+1	+2	+3	+4

计分指标："道德判断测验"的主要指标为道德判断能力分，即C分数，反映出个体根据论点的道德品质（而不是自身观点一致或其他因素）对其进行判断的能力。C分数的范围是从1（最低）到100（最高），它是由于个体对所给论点或行为的道德品质给予关注而发生的总的反应变异的百分比指标，常常被划分为非常低（1—9），低（10—19），中等（20—29），高（30—39），非常高（40—49）和极其高（50以上）的等级。

（二）限定问题测验

柯尔伯格的学生、美国明尼苏达大学"伦理发展研究中心"（Center for the

Study of Ethical Development）的莱斯特对柯尔伯格的理论进行了发展，在克服柯尔伯格道德两难故事法弊端的基础上，莱斯特编制了“defining issues test”，简称“DIT”，最初版本是“DIT－1”，现已发展到“DIT－2”。在中国，“defining issues test”一般译做“限定问题测验”或“确定问题测验”。“限定问题测验”是目前颇流行的品德测评工具之一。限定问题测验是从柯尔伯格的个别谈话法引申出来的，同时利用了柯尔伯格的部分道德两难故事和道德发展阶段改制而成。莱斯特不像柯尔伯格那样让被试面对两难故事开放式地自由陈述，而是先将各阶段的典型观点用提问的方式写出来，并呈现给被试，让他们对这些观点加以评价，这就是“限定问题测验。”①

1. DIT－1

DIT－1 由 6 个道德两难故事组成（其中 3 个是柯尔伯格的道德两难故事），它们分别是：(1)“海因兹偷药”（在没有其他方法的情况下，海因兹是否应该为罹患癌症的妻子偷药）；(2)“逃脱的囚犯”（邻居是否应该告发一个逃出监狱后却做了很多好事的逃犯）；(3)“新闻”（一所中学的校长是否应该下令关闭具有政治目的、煽动抗议情绪的学生报刊）；(4)“医生”（医生是否应该为身处痛苦、患有绝症的病人实施安乐死）；(5)“用工”（美国的商店店主是否应该雇用可能会引起老主顾不满的亚裔修理工，因亚裔修理工属少数民族成员）；(6)“学生”（学生是否应该抗议越南战争）。同时，每个故事都配有 12 个问题，整个 DIT－1 共有 72 个问题。这比柯尔伯格的标准判断要少得多。例如，对“海因兹偷药”故事提出这样一些问题：“社会法律是否应得到维护？”“丈夫因爱妻子而去偷药不是很自然的吗？”“海因兹是不是一位职业摔跤手？”等等。这些问题分别代表柯尔伯格道德发展理论中二至六阶段的水平（因 DIT 的被试年龄都在 12 岁以上，所以第一阶段没有列出）。其中有 1—2 个问题是“无意义”的，也称为 M 问题，如“海因兹是不是一位职业摔跤手”就属 M 问题，用它来检验被试作答时的态度是否认真，但 M 问题并不代表任何道德发展阶段②。

在测验时，被试的任务就是在阅读每个道德两难故事的基础上，先就故事中的主人公在面对一个道德两难情境时所做出的行为进行“应该”、“不应该”和“不能决定”的三择一选择；然后针对这个选择，对其后的 12 个问题进行“非常重要”（great）、“很重要”（much）、“有些重要”（some）、“不太重要”（little）和“不重要”（no）的五级评分，其中，1 ＝ “非常重要”；2 ＝ “很重要”；3 ＝ “有些重要”；4 ＝ “不太重要”；5 ＝ “不重要”。在上述评价的基础上，再从上述 12 个问题中选出 4 个“最重要”的问题进行排序，即第一、第二、第三、第四重要，分别记以 4、3、2、1 分。这样，每个故事共获 10 分（4＋3＋2＋1＝

①② 郭本禹．道德认知测量方法评介［J］．教育理论与实践，1994（5）：55．

10)，6 个故事的总分就是 60 分。由此可见，限定问题测验是一种再认作业，而柯尔伯格的道德判断测量则是一种生产作业，这是两者的一个重要区别。

根据限定问题测验可得到某一被试的三种分数：M 分、P 分、D 分。

M 分是被试选为最重要的 M 问题的得分总和，用它检验被试的问卷是否有效。一般地，如果被试的 M 分超过 8 分，则可以肯定被试没有认真填写问卷，或对问卷不理解，故该问卷要作废。

P 分是 DIT 使用最多的一个指标，它相当于柯尔伯格道德发展的第三级水平的各个阶段（在 DIT 中，包括阶段 5A、5B 和 6）的分数之和占 DIT 总分的百分比。其计算公式为

P =（阶段 5A + 阶段 5B + 阶段 6 分数）÷总分数 ×100。

例如，某被试的第三级水平的各阶段分数加起来为 24 分，那么其 P = 24 ÷ 60 ×100 = 40。一般地，中学生的 P 分为 20，研究生的 P 分为 70。

D 分是对每一阶段的得分进行加权的基础上计算出来的总分。

“限定问题测验”的优点是：（1）设计严密，可以比较每个被试的信息；（2）由于改个别谈话法为纸—笔法，不但可将由口头言语表达上的个体差异而引起的阶段评分变异降低到最小，而且便于集体施测；（3）计分客观，把由评分者的主观偏见引起的误差降到最低；（4）改柯尔伯格的开放式回答为有限的 12 个题目，既使被试有较大的选择余地，又避免了被试漫无边际的回答，使计分变得容易、省时、省力；（5）莱斯特及其同事的研究表明，DIT 的复测信度达到 0.70—0.80，内在一致性信度达到 0.70 以上，各种类型的效度也较理想。这说明莱斯特等人在制定一种标准化、计分客观的道德认知测量工具上前进了一大步。

当然，限定问题测验也不是完美无缺的，它的主要缺点表现在：（1）DIT 只能用于 12 岁以上的青少年，年幼儿童无法理解这一测验的要求，因而它还需要进一步的简化；（2）DIT 分数只有量的特征，而没有质的特征，这给道德教育带来一些不便；（3）DIT 只能反映柯尔伯格道德发展阶段理论中的第二至第六个阶段，故不能完全取代柯尔伯格的量表。

2. DIT－2

DIT－1 是 20 世纪 70 年代中期的成果，其中一些道德两难故事带有明显的时代特征。例如，DIT－1 中的第六个两难故事涉及越南战争。假若按这一两难故事的要求让 21 世纪的人们对越南战争进行评论的话，显然有些过时。所以，要对两难故事进行与时俱进的更新，即对两难故事的内容和项目均加以更新，唯一不变的是以不同的背景呈现相同的两难困境，要求被试作答。于是，20 世纪 90 年代，莱斯特和纳瓦兹（Darcia Narvaez）开始着手对 DIT－1 进行改进，于 1998 年正式推出了 DIT－1 的更新版本——DIT－2。

DIT－2 由 5 个道德两难故事组成：它们分别是故事 1：饥荒（Famine）。故

事的梗概是：印度北部一个小村庄正在经历严重的饥荒，饥饿的村民为了自己的生存能否偷盗村中一个为富不仁的富翁的粮食。故事 2：记者（Reporter）。故事的梗概是：一位名叫 Dayton 的记者偶然了解到候选人 Thompson 早年的一些劣迹，Thompson 为此还被拘留过，当然，现在 Thompson 早已改邪归正，并且表现颇佳，成为本选区最佳的一个候选人。若将 Thompson 的这些尚不为人所知的早年劣迹写成小说公开发表，极可能会导致 Thompson 落选，Dayton 此时是否该写这部小说。故事 3：学校的圆桌会议（School board）。故事的梗概是：Grant 先生当选为 190 区的主席，他想通过对话的方式来让该区民众理解关闭一所高中的必要性，没想到就此议题召开的第一次公开讨论会（open meeting）就受到一些民众的强烈反对，一些学校的与会人员还接到威胁电话，在这种情况下，Grant 先生是否需要取消第二次公开讨论会。故事 4：癌症（Cancer）。故事的梗概是：62 岁的 Bennett 女士因身患癌症而备受痛苦的煎熬，在她思维与意识都正常时，她自愿请求医生给她大剂量的药物让她安乐死，医生应该给她这种大剂量的药物吗？故事 5：示威（Demonstration）。故事的梗概是：美国一些高校大学生上街示威，以抗议美国总统为了谋取经济利益而派军队到南美一个政治与经济都颇动荡的国家维持治安的做法，学生的这种做法是正确的吗？

与 DIT－1 相比，DIT－2 具有“故事内容更加新颖”、“故事数量更少”、“指导语更加清晰”（more streamlined instructions）等优点。具体地说，莱斯特等人把原先的“海因兹偷药的故事”换成了“饥荒”。同时，DIT－2 舍弃了“是否应该雇佣少数民族工人”的两难故事，因为它是原先 6 个故事中效度最弱的一个，且它与其他 5 个两难故事的相关度也较弱。莱斯特对于 DIT－1 和 DIT－2 进行的效度研究发现，二者之间的相关性总指数是 $r = 0.79$，$p < 0.01$①。这个相关系数足够说明两者之间的相关性。而且，莱斯特等人在 1999 年调整了被试的同质性，经过调整，相关系数达到了 0.98②。这些成果表明可以将 DIT－1 与 DIT－2 看成是平行的形式。

除了上述修改外，较之 DIT－1，DIT－2 在内部结构上也有所更新。研究者假设道德判断结构中含有个人利益图式、保持规范图式和后习俗图式，分别对应于柯尔伯格的阶段 2、3，阶段 4 和阶段 5、6。在计分方法上，莱斯特等人修订了有效性检测指标，研制了一种能够替代原先 P 分数的新指标——N2 分数。N2 分数同 P 分数的理论假设很相似，都描述了后习俗思维在被试思维中所占的比重，但是，N2 分数改良了 P 分数，它更加重视被试分辨 P 项目与较低阶段项目

---

① REST J, NARVAEZ D, BEBEAU M J, et al. Postconventional moral thinking: a neo-kohlbergian approach [M]. Mahwah, NJ: L. Erlbaum Associates, 1999: 80.

② REST J, NARVAEZ D, THOMA S J, et al. DIT2: Devising and testing a new instrument of moral judgment [J]. Journal of Educational Psychology, 1999, 91 (4), 644－659.

的能力：如果被试区分了高低项目（例如，将高阶段项目视做比低阶段项目重要），P 分数就出现在一个正向的高端位置；假若未能区分，P 分数就会向下调整。N2 分数最主要的影响是对年长的和发展较好的个体，因为他们对于高低阶段的项目分辨更为清晰，他们的得分大大升高。研究者们在研究生和专业学校学生中使用 DIT－2，能够发现 N2 分数要优于 P 分数①。

（三）社会道德反映测验

20 世纪 80 年代，吉布斯（J. C. Gibbs）等人针对柯尔伯格的“道德两难故事法”和莱斯特的“限定问题测验”的不足，编制出一种也可适用于低龄儿童的客观品德评定量表，这便是“社会道德反映测验”（sociomoral reflection measure，SRM）。“社会道德反映测验”使用了柯尔伯格的前六个道德两难故事，并根据他的道德发展阶段来编写“社会道德反映测验”中的问题②。

“社会道德反映测验”和“限定问题测验”一样，也是一种纸—笔测验法。“社会道德反映测验”的每个两难故事后有两个或三个问题。每组问题的前一或前两题是选择题，最后一题是开放性的，要求被试说明为什么那样选择，从而评定他的选择是以什么道德准则为基础的。例如，针对“海因兹偷药”故事提出如下的问题：“如果要死的病人不是海因兹的妻子，而是他的一个朋友（这个朋友没有别人可以求助），他应该怎样做？偷/不偷/不能决定（选择一个）”；“为了挽救朋友的生命，你能不顾一切，甚至犯法吗？十分重要/重要/不重要（选择一个）”；“为什么十分重要/重要/不重要（即你选择的那一个）？”③

“社会道德反映测验”的计分方法与 DIT 相似，但更为简便。主试根据计分手册对被试的反应进行分析，得出其道德判断成熟分数（SRMS，1.00—4.00），以确定其道德判断发展的水平。“社会道德反映测验”将道德判断发展分为不成熟水平（包括第一阶段：片面的或自然特征的；第二阶段：交换的或工具的）和成熟水平（包括第三阶段：相互的和亲社会的；第四阶段：系统的和标准的）。用 SRMS、阶段分数和 B 分数三项指标衡量个体道德判断的发展水平。阶段分数是根据 SRMS 确定的，B 分数代表了成熟的道德判断倾向：即形成了平衡的（灵活地认识人与人之间的关系，权威与服从的关系，法律与公正的关系），强调基本价值观的（拥有普遍的泛价值观，不因时间、情境、对象的改变而改变）和良心的（具有对道德现象的自我整合能力）推理原则④。

社会道德反映测验的结果与柯尔伯格的标准测量的结果相似程度较高，相关

① 孙秀娟. 确定问题测验Ⅱ的心理学研究［D］. 南京师范大学硕士学位论文，2007：31－36.

②③ 郭本禹. 道德认知测量方法评介［J］. 教育理论与实践，1994（5）：56.

④ GIBBS J C，BASINGER K S，FULLER D. Moral maturity：measuring the development of sociomoral reflection［M］. Hillsdale，NJ：Lawrence Erlbaum Associates，1992：33－38.

系数为0.69。而且，它的信度、效度也较高，复测效度为0.88，内部一致性信度为0.92，两者都高于DIT-1的信度。用“社会道德反映测验”来测量一个团体大约要花45分钟，由于它是一种团体测验，因此不可能像柯尔伯格的谈话法那样，还可以通过进一步提问的方式来弄清被试的某些含糊其辞的回答。尽管“社会道德反映测验”不能完全取代柯尔伯格的标准测量，但两者是基本相似的，“社会道德反映测验”的优点是可以进行团体测验。同时“社会道德反映测验”十分简便明了，容易掌握，无需专门性的训练，对自学评定者十分适用，因而具有较大的推广价值。并且，“社会道德反映测验”适用于测量低龄儿童的道德发展，这是它优于DIT-1的一个地方①。

（四）投射测验法

投射测验就是给被测评者提供一个或多个模棱两可、结构不定的刺激情境，要求被试依据这些情境，通过自己的理解与经验确定、辨认或完成其结构。使用投射法的一个基本假设是，世界上任何刺激本身并不一定具有某种含义，而是每个人根据自己的需要、希望以及过去经验赋予它特定含义的，被试所做的这些行为反应结果可以被认为与其个性品德有着密切的联系。因此，测评者可以由此进行一系列的分析，推断出被试的品德特征。在众多投射方法中，最著名的是罗夏墨迹测验，不过它主要用于测定个性的情感特征，在揭示道德情感方面的作用不大。用于测量道德情感的投射法主要有下列几种。

1．图片故事测验

最著名的图片故事法是主题统觉测验（TAT），它由一系列的图画构成。主题统觉测验的大多数图画展示人们正在进行某种活动，活动本身常常是模棱两可的。该测验假定，当一个人解释一种含糊不清的社会情境时，他就易于表露自己的个性品德。测验要求被试讲述或写出自己认为每个图片正在发生什么事情。然后研究者对被试的回答进行分析，力图从中找到他们反映主题的方式，也就是试图确定被试生活中的主要兴趣、希望、挫折、动机以及焦虑、愉悦等情绪状态。最初的主题统觉测验是默里（H. A. Murray）和莫尔根（C. D. Morgan）设计的，对成人最适用。后来，心理学家们又设计了适用于儿童的其他类型的主题统觉测验②。

2．造句测验

造句测验是另一种使用较多的投射法。它是通过被试填写未写完的句子来揭示被试对道德情境的理解，从而唤起对这一道德情境的情感反应。具体示例如下：

---

① 郭本禹．道德认知测量方法评介［J］．教育理论与实践，1994（5）：56.

② 李伯黍，燕国材．教育心理学［M］．3版．上海：华东师范大学出版社，2010：79-80.

（1）当……时，我感到内疚。

（2）我最高兴的时候是……。

（3）我看到人民警察……。

造句测验主要有两种构成句子主干的方式：一种方式就像例1和例2，先提出某种情感（内疚、高兴、担心），然后要求被试描述他产生这种情感的情境；另一种方式如例3，句子主干提出了某种情境或某类人物，然后由被试自由地表达他遇到那种情境或人物时的情感。这种造句测验也可用来探究人们对道德概念或道德因果关系的解释，或者用来考察人们的道德价值观念。

3. 完全故事和不完全故事

完全故事和不完全故事的形式是研究者以书面或口头方式提出一个故事，然后要求被试回答问题，从中揭示他们对道德问题的情感反应。它给被试提供表达情感的情境比句子更逼真、更复杂，且更可能使研究者在较短时间内选择更多类型的情境和情感。例如，内疚作为一种自我意识情绪，是个体在对自身的行为作出评价后产生的负向情绪体验，对内疚的关注源自精神分析中对"超我"的研究。在精神分析理论中，"超我"是道德的我，如果超我水平较高，那么在做了违反道德规范的行为以后就会产生内疚的情绪。有研究者曾要求被试给有社会侵犯行为的故事主干添加结尾，考察被试所添加结尾中"内疚感"的程度，并由此来判断一个人的"道德需要"的程度①。此种测评方法在有关儿童道德情绪判断的研究中使用较为广泛。该测验借鉴了道德推理的模式，给被试呈现一个主人公违反了道德规范的故事情境，由被试判断故事主人公在违反了道德规范后的情绪体验。

（五）情境测评法

情境测评法就是通过创设一定的道德情境，观察被试在该情境中的反应，并根据事先规定的标准对被试的品德发展状况作出评价的方法②。情境测评法可以将品德测评与游戏或日常生活结合起来，若设计巧妙，就能达到既实施了品德测评又不易让被试察觉到测评者的真实意图的目的。在运用情境测评法时，首先要注意测评目的的隐蔽性，防止被试只是按公认的社会规则行事；其次，要注意情境设计的巧妙性，精心设计每一个环节；再次，研究者也可以考虑把多个情境结合起来，从而在整体上提高这种测评方法的信度和效度。

1. 哈特逊与梅的诚实情境测验

如本章开头所述，美国心理学家哈特逊和梅于1928—1930年所设计的多套

---

① AIXINSMITH W, GREENING T C. Guilt over anger as predicted from parental discipline: a study of superego development [J]. American Psychologist, 1955 (10): 320.

② 陈旭，曾欣然. 品德情境测评的改革创新与科学应用 [J]. 南京师大学报（社会科学版），1996 (3): 56-59.

《品德教育检查测验》（CET Tests，包括诚实、义务感、自我约束力等测验）就是典型的情境测验之一。这些测验的共同特点是：采用儿童日常生活或学习中所熟悉的、自然的情境，并巧妙借鉴了中国古典“临之以利”、“期之以事”的技巧，给被试提供各种各样可以乘隙作弊或撒谎的机会，甚至可以从中行窃，然后根据被试面对这些机会的行为反应情况对其诚实、自我控制以及利他主义等品格或行为特点予以评定。测验结果可以求得客观的量化分数。

一种方式是，用于平常考试的情境，试题多而作答方式简单。“考试”完毕后将试卷收回，复印一份。然后在下次上课时，将未批改的试卷连同标准答案一起发给学生，让学生自己批改并打上分数。最后再将试卷收回，与复印的试卷对照，就可以看出学生是否有修改答案以提高分数的不诚实行为。

另一种方式是，诚实测验由多种特制的材料组成，包括周迷、曲线迷、方迷三种测验。以周迷测验为例，给被试一张画有一个大圈、大圈里又画有大小不一、距离不等的10个小圈的纸，如图6－1所示，要求被试在闭紧双眼的情况下，从“X”处开始在大小不等的圆圈内打点，共打三遍，打中1个得1分。根据哈特逊和梅的研究，每次顶多只能画中4至5个小圆圈，所以连续测量三次总成绩不应超过13个（分），如果超过此分，则表示被试已偷看，因而是不诚实的。

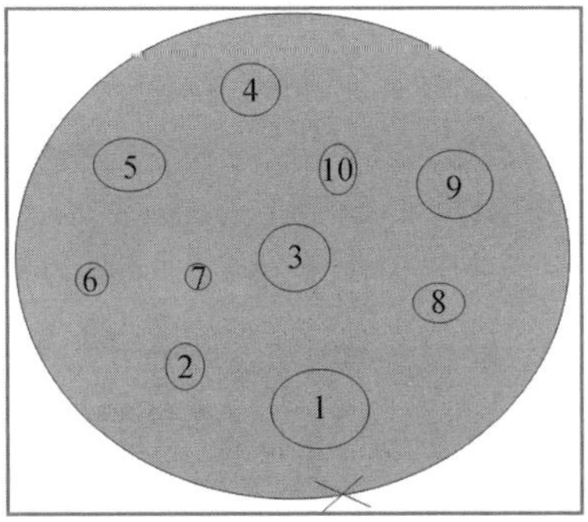

图6－1 诚实情境测验的圈点图

此测验要事先通过控制测验确定诚实分数常模，亦即在不偷看的情况下，各种团体的被试所能获得的最高分数，然后将个人的操作成绩与常模分数进行比较，以确定诚实水平。所以其信度和效度都较高。

2. 雅可布松的公正情境测验

前苏联心理学家雅可布松设计了一个测验“公正”的情境测验。其具体做法是：把儿童分成三四人一组来玩玩具小汽车，让受测者一人隔着屏风负责分配各种不同的、令人喜欢的小汽车。把儿童留给自己玩的小汽车数与分发给其他几个小朋友玩的小汽车数的比率作为公正性的指标，如果受测者平均分配，表明他公正；假若他的玩具数比别的儿童多，意味着他不公正。

以上两种诚实与公正情境测验操作简便，可比性强，测评意义明确，设计较为巧妙，被试很难觉察到真正的测评目的，寓测评于游戏或正常的行为活动之中，其信度和效度都较高。但这种测评方法的缺陷是，无法把出于好奇心或情境因素影响下产生的不诚实、不公正行为，与真正的不诚实、不公正行为相互区别开来。

3. 陈旭和曾欣然的模拟与现场情境测验

中国学者陈旭和曾欣然曾开发一种新式的品德情境测评法，可分为模拟情境与现场情境两种，现介绍如下。

（1）品德情境模拟测评法

品德情境模拟测评是指通过语言描述、图像展示、实物呈现等形式，模拟学生品德产生的生活情境，激发学生品德心理活动的表露。品德情境模拟测评法分为品德语言模拟测评法、品德图像模拟测评法和品德实物模拟测评法。

①品德语言模拟测评法。用书面语言描述隐含品德矛盾冲突的情节，以第一人称表述，将学生引入情境中的“主角”，并用规范化的方式提问，让学生独立、自由、如实作答。

［案例 1］元旦那天，真高兴。下午，我约了两位同学去参观动物园。快走近公交车站，我突然发现在乱石旁有一个小包，我悄悄捡起来一看，“呀！一叠钱！”我很快数了数：百元的 5 张；贰拾元的 4 张，拾元的 6 张，足足 640 元。我手里捏着这些钱，赶快跑上几步，两位同学还没有发现。我心里想：这些钱能够做些什么用？手里捏着这些钱，该怎么办呢？在这些办法中，我认为最好的办法是：________；我的理由是：________；我认为最不好的办法是：________；我的理由是：________；我最后决定选择的办法是：________；我认为这叫________行动；这样选择后，现在想来，我内心感到：________。①

②品德图像情境模拟测评法。用图画、幻灯等直观形象展示品德情境中的矛盾冲突，以第一人称语言，将学生引入情境中的“主角”，并用规范化的提问，让学生口头或书面回答。这种测评法主要用于小学中、低年级学生。

［案例 2］幻灯显示：两个学生刚走出教室，天下着大雨，其中一个手中拿着伞，另一个没拿，满面愁容。录音随后播放：假如那个拿雨伞的学生是我，没拿雨伞的是我的同学，但我俩的家不在同一方向。这时我想：（提问方式与案例 1 相似。）②

③品德实物情境模拟测评法。呈现实物，引发学生渴望得到的需要，但实际

---

①② 陈旭，曾欣然. 品德情境测评的改革创新与科学应用［J］. 南京师大学报（社会科学版），1996（3）：56－59.

却不能满足每一个人的需要，隐含了个人需要与他人需要的矛盾。

［案例 3］主试告诉学生："同学们，新年快到了，今天老师送给大家一份新年礼物，它就是一套印有学习格言的书签（老师同时将手中印刷精美、颜色鲜艳的数十张书鉴呈现在学生面前）。由于这种书签很漂亮，要的人很多，我们班只买到××套，还差 10 套。老师又去买了 10 套另一种质量较差的书签（老师将手中的印刷粗糙、色彩单调的书签呈现在学生面前）。现在请大家动动脑筋帮老师出主意，质量较差的 10 套书签怎么办？把你们的意见写下来。老师将根据你们的意见发书签。"老师发调查表让学生填写（提问与案例 1 相似）。①

（2）品德现场情境测评法

品德现场情境测评法是指在学生真实的生活情境中，根据测评目标和内容要求，尽可能控制无关变量，通过操纵某些自变量，激发学生内心的矛盾冲突，从而考察学生的品德行为、品德动机、品德情感体验及认识评价。现场情境可分为个体情境和群体情境两种。

①品德现场个体情境测评法。主要是指在无人监督、没有群体压力的情境中观察学生的品德行为及相应的一系列品德心理活动。

［案例 4］利用新映电影在我区首次上映的机会，设置一个让学生独自到教室外取电影票，而全班电影票不够的情境，以考察学生在无人监督情境中的行为表现是利他还是利己②。

②品德现场群体情境测评法。让某个班集体的所有成员都参与，使他们在日常情境中面临利益冲突，作出自觉抉择。这种测评法的目的在于使学生心理平衡，让他们觉得情境中的矛盾冲突是针对全体学生而非针对少数个人。

［案例 5］阳春三月，老师决定组织同学们到梅花山观赏梅花。星期五下午，班主任正与同学们一起讨论第二天的郊游计划。大家都非常兴奋，讨论正热烈，这时学校的广播中响起如下声音："同学们，明天我们学校将组成一个方阵上街参加交通安全义务宣传，我们区将在所有参加学校中评选交通安全法规义务宣传优秀集体。经学校决定，每班抽 10 名同学参加，凡自愿参加的同学请到班主任处报名。"这时班主任说："郊游计划不能改变，因为若往后推迟一周去看梅花，梅花估计已凋谢了，但学校的要求也要执行。怎么办呢？请大家都出主意，然后把你的意见写下来。老师将根据你们自己的意见决定谁去参加交通安全法律宣传"③。

（六）操行评定法

操行评定法是目前学校及许多领域常用的一种品德考评方法。它是指品德考

①②③　陈旭，曾欣然．品德情境测评的改革创新与科学应用［J］．南京师大学报（社会科学版），1996（3）：56－59．

评者根据自己对测评对象长期的观察与了解，参照有关标准内容用陈述句的形式，对被测评者某一时期中的品德水平与状况概括地给出个人鉴定意见①。该评语（或评分）可以对被测者某些突出方面或某些显著的品德特征作出概括性描述。在学生群体中，评定的标准往往是学生守则、少先队章程和青年团所提出的要求等。内容主要包括：思想政治、道德、智力、审美、体育和劳动等方面。这种操行评定对学生的品德通常具有鉴定性质，因而也叫操行鉴定法。

操行评定法的具体操作过程通常是，测评者（在学校通常是班主任）根据学校统一制定的学生操行评定表上的各项内容，运用访谈法，同各课任教师、辅导员、班干部（如班长、学习委员、纪律委员、劳动委员、文娱委员等）或是被评者本人（一般被评者不参与）召开座谈会，以了解被评者在校期间各个方面的表现情况，针对访谈结果在评定表上的各项栏目中逐项打分，然后再计算各项的总得分，即为被评者的操行评定分；或是根据访谈结果，给出被评者品行的描述性评语。同时，测评者也可以通过翻阅学生在校文本档案，各种日志材料，学生的创作、劳动和社会政治活动方面的成果等，对这些材料事实进行全面的分析与比较，区分与鉴定出学生品德的不同特征与发展水平。在分析材料过程中，要注意查明其表现，形成世界观中那些典型的东西，诸如政治观、道德观、法制观和审美观、信念等②。

在操行评定的过程中，人们会感到评语鉴定比较笼统、大同小异，反映不出被测者品德之间的差异，在此基础之上又有了一些改革的形式。如操行等级评定法，或是品德考核评定法，即按照一定标准对被测评者的品德水平和状况予以总括性的等级评定，以显示不同被测评者之间品德水平的差异。这种测评标准既可以是被测评者外部的绝对标准，也可以是包括在被测评者内部的相对标准。等级形式可以分为好、中、差和上、中、下三级制；或是甲、乙、丙、丁或优、良、中、差，或优、良、及格、不及格四级制③。

【建议参考资料】

1. 李伯黍，燕国材. 教育心理学 [M]. 3 版. 上海：华东师范大学出版社，2010.

2. 肖鸣政. 人才品德测评的理论与方法 [M]. 北京：中国劳动社会保障出版社，2008.

3. 汪凤炎. 中国传统德育心理学思想及其现代意义（修订版）[M]. 上海：上海教育出版社，2007.

4. 杨韶刚. 西方道德心理学的新发展 [M]. 上海：上海教育出版社，2007.

5. 鲁洁，王逢贤. 德育新论 [M]. 2 版. 南京：江苏教育出版社，2002.

---

①②③ 肖鸣政. 人才品德测评的理论与方法 [M]. 北京：中国劳动社会保障出版社，2008：227－234.

【问题与思考】

1. 请结合具体实例谈谈你对品德测评的看法。
2. 科学进行品德测评宜遵循哪些原则？
3. 如何看待中式古典品德测评方法？
4. 如何看待品德测评的现代方法？
5. 试分析情境测验法的优点与缺陷。

第七章　品行不端的防治

【本章提要】

本章主要围绕品行不端的防治展开，共分为三节：第一节剖析了品行不端的概念，品行不端产生的原因，品行不端的转化阶段与防治品行不端的原则。第二节探讨了防治品行不端的五大理论依据：慎染说、操作条件作用学习理论、观察学习理论、需要层次理论和认知失调理论。第三节主要阐述矫正品行不端的经典中式方法与现代方法。本章的亮点主要有二：一是对心病品德化与品德问题心理化进行了详细区分；二是详尽分析了防治品行不端的五大理论依据。

【学习重点】

1. 掌握品行不端的概念及其与犯罪的联系与区别
2. 掌握心病品德化与品德问题心理化之间的联系与区别
3. 正确区分品德问题心理化与“被精神病”现象
4. 掌握品行不端形成的主客观原因
5. 掌握品行不端转化的三个阶段
6. 熟悉与掌握防治品行不端的五大理论依据
7. 熟悉与掌握防治品行不端的原则与主要方法

【重要术语】

品行不端　心病　心病品德化　品德问题心理化　被精神病　破窗效应定律　性习论　慎染说　强化　强化物　正强化物　正强化　负强化物　负强化　一级强化物　一级强化　二级强化物　二级强化　观察学习　缺失需要　成长需要　认知失调　自我反省法　改过迁善法　效仿榜样法　行为矫正法　自我观察学习法　代币法　行为契约法　移情训练法

第一节　有关品行不端的四个问题

一、品行不端的内涵

（一）什么是品行不端

在日常生活中，经常会遇到一些令老师和家长头痛却又束手无策的青少年学生：上课睡觉，作业不交，学习成绩处于全班倒数位置；经常违反课堂纪律、逃课、对老师和家长的良言相劝置若罔闻；常与某些不良青少年混迹在一起，抽烟，喝酒，打架，惹是生非，大错不犯，小错不断。这些令人头痛的学生就是常说的品行不端学生。

品行不端（misbehavior），是指个体具有的不符合社会道德要求的道德品质与道德行为，表现为个体经常违反道德准则或犯有较严重的道德过错，有的甚至处在犯罪的边缘或已有轻微的犯罪行为①。在生活中尽管品行不端的学生是极少数的，但也应引起教育者的重视。假若对这些学生不进行及时引导，很有可能会进一步演变成犯罪。近年来青少年的犯罪率有所提高，犯罪年龄趋于低龄化，就表明了这一点。

国内外一些统计数据表明，13—15 岁是个体初有品行不端或初犯劣迹行为的高峰年龄，因为在这一时期，学生的身心发展具有半成熟、半幼稚的特点；学生的品德发展虽然有了一定的自律性，但还相当不成熟、不稳定，表现出明显的动荡性与矛盾冲突性，并且自制力较脆弱，抗拒诱惑的能力差，坚持性不足，行动中容易受到外界环境的影响。这一时期是良好品行和不良品行产生较严重的两极分化阶段。品行不良甚至于违法犯罪多是从这一阶段开始的。因此，抓好 13—15 岁个体的道德教育是防治品行不端的关键。

（二）品行不端与犯罪

品行不端与违法犯罪在性质上存在着根本区别，但二者之间并没有不可逾越的鸿沟，而是既有联系又有区别。

品行不端与违法犯罪的主要区别是：纯粹品行不端的不良影响和危害仅仅局限在伦理道德范畴之内，一般并未违反法律，因而除了受到道义上的谴责外，一般不会受到法律的制裁；与此不同，违法犯罪是不良行为所造成的不良影响或危害结果已经触犯法律，要受到法律上的惩罚，属于法律规范的范畴内。

品行不端与违法犯罪之间的联系是：从两者的行为发展趋势上来看，品行不端往往是违法犯罪的前奏，违法犯罪常常是品行不端的必然结果。青少年学生长期的不良品行如果得不到有效的引导或矫正，极易走向违法犯罪的道路，陷入犯罪的深渊。犯罪心理学的研究也表明，除了少数突发型的犯罪之外，大多数犯罪行为属于渐变型犯罪，即由各种不良品行和轻微的违法行为不断累积、加深逐渐演变而成，这些不良品行或轻微的违法行为往往是从较小时候尤其是青少年时期开始的。由儿童期的品行不端行为通向青少年期的犯罪道路的演变历程一般可以用图 7－1② 示意如下。

---

① 朱智贤．心理学大词典［M］．北京：北京师范大学出版社，1989：473．

② 贝克．儿童发展［M］．吴颖，译．南京：江苏教育出版社，2002：710．

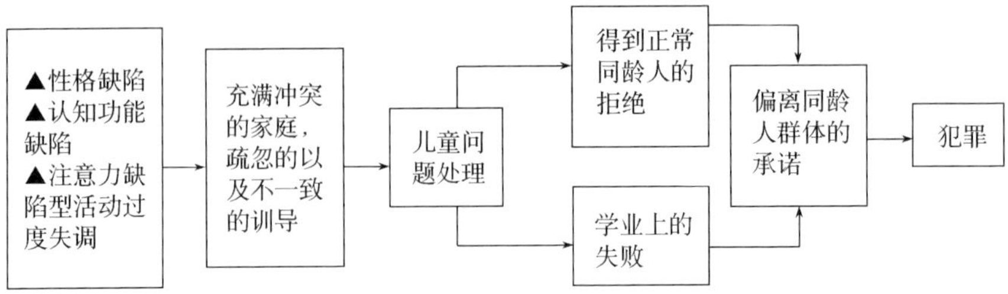

图 7－1　儿童期的反社会行为通向青少年期的犯罪道路的演变

（三）品行不端与心病

1. 品行不端与心病的联系与区别

“心病”是心理疾病的简称，指个体因为主客观因素的影响而在心理方面所出现的各式各样的疾病的总称，与“生理疾病”相对。品行不端者的某些言行与心病患者的某些言行有时有类似之处，即二者都可能会做出一些违背常理的举动，有时这些违背常理的举动都会给他人的生命、健康与财产等带来或大或小的损失。例如，一个道德低劣的年轻男子可能会在不适当的场所（如公园）在异性面前公开暴露自己的生殖器，一个露阴癖者也可能会在不适当的场所（如公园）在异性面前公开暴露自己的生殖器。过去人们会将这两种人统称为“流氓”。其实，前者属品行不端，后者属心理疾病，即患有露阴癖。所谓露阴癖，是指个体在不适当的环境下在异性面前公开暴露自己的生殖器，引起异性紧张性情绪反应，从而获得性快感的一种性偏离现象。这是一种比较常见的性变态行为，以男性患者居多。

但是，品行不端与心病二者之间有明显区别，切不可相混：第一，二者的性质不同。品行不端属伦理道德问题；心病属心理健康方面的问题。第二，二者产生的原因不同。品行不端与心病产生的原因有较大差异，这是稍有这方面知识的人都会认可的。当然，品行不端与心病产生的原因都颇复杂，品行不端的产生原因将在下文有详论，此处不多讲；心病产生的原因在很多心理学论著里也有详细探讨，限于篇幅，这里也不多论。第三，个体所承担的责任不同。品行不端者一般要承担其有意做出的不良言行所产生的相应不良后果；心病患者一般无需承担其在心病发作期间所做出的违背常理行为所产生的相应不良后果。第四，对二者的处理方式不同。个体的品行不端行为一经发现，一般会接受教育工作者（包括老师与家长等）的相应教育，使其品德朝着善的方向发展；个体的心病一旦被确诊，一般会接受心理医生的相应心理治疗，使其心理朝着心理健康的方向发展。

2. 避免心病品德化与品德问题心理化

既然品行不端与心病二者之间有明显差异，那么，在现实生活中，人们要避免心病品德化与品德问题心理化。

一方面，人们尤其是从事德育的人一定要学一些心理学方面的知识，避免将“心病品德化”。所谓“心病品德化”，是指一个人本来有某种情绪问题或心理障碍乃至心理疾病，人们却将之视做是思想品德出了问题，而不是其心理健康出了问题。受此错误认识的影响，在中国社会里，一些人将心病患者的病因视做是此人的思想与观念错误所致，或是此人的道德水准低下所致，因此，往往要用思想政治工作或严厉批评与教育之类的手段来解决。与此相对应，得“心病”向来被一些人认为是一件非常不光彩的事情。一旦某个人得了某种心病，不但患者自己，甚至连同患者的家人，其心中往往都会充满诸如羞愧、不光彩、难为情之类的负面情绪，要是被他人知道了，常常就会受到他人的歧视，这是致使一些中国人讳言心病的心因之一。

另一方面，人们尤其是心理学研究者一定也要学一些伦理学或德育学方面的知识，妥善避免“品德问题心理化”的倾向。所谓“品德问题心理化”，是指一个人本来是由于其自身品性的低劣，才导致其做了违反伦理道德甚至法律的事情，但一些人出于某种原因（为了让当事人逃避惩罚或不了解事情的真相等），却将之解释为是此人由于某种情绪问题、心理障碍或心理疾病而做了违反道德甚至法律的事情，而不是其思想品德出了问题。受此错误认识或不良动机等的影响，一些品行不端者甚至犯罪嫌疑人，为了逃避惩罚，想方设法将自己错误行为产生的原因硬往心病方面靠。可见，品德问题心理化与“被精神病”现象是不同的：第一，二者的定义不同。所谓“被精神病”，指未患精神病的人却被当做精神病人而被他人强制送进精神病院接受治疗的情形①。这显然与上文所讲的品德问题心理化的定义是不同的。第二，两种情形中个体所扮演的角色不同。在品德问题心理化的情形中，个体一般是主动将自己“说成是有心病的人”，此“阴谋”一旦得逞，“被说成是有心病的人”往往是一个受益者，将逃避相应的惩罚；在“被精神病”的情形中，个体一般是被别人无中生有地“说成是有精神病的人”，此“阴谋”一旦得逞，“被当做精神病的人”往往是一个受害者，将无缘无故地接受相应的心理治疗，不但无端地浪费了钱财（因要交治疗费与住院费等费用），还可能会使自己的身心健康与名誉等受到伤害。第三，二者产生的原因不同。之所以会产生品德问题心理化，其原因主要是：当事人为了逃避惩罚而故意歪曲事实，与此同时，相关部门的人员不了解事情的真相而被蒙蔽；或者，相关部门的人员得到当事人或其家人等的恩惠或威胁等而故意“放水”。与此不同，之所以会产生“被精神病现象”，其原因主要有二：一是，一些人对精神病缺乏必要的知识，从而可能被误诊；二是，某些来自弱势群体的人因举报或揭发某个强势人物的非法所为，受到该强势人物的“打击报复”，被无端认定为

① 管洪彦.“被精神病”凸显精神卫生立法缺失［N］. 中国社会科学报，2011－1－20.

精神病患者。

看来，如何准确确定“心病”与“品行不端”的诊断标准、完善精神病患者的权益，的确是一个值得深入研究的课题。

二、品行不端产生的原因

（一）家庭方面

1. 家长的溺爱与迁就

在当代中国，独生子女较多，有的家长过于溺爱子女，视其为掌上明珠，使这些孩子逐步形成以自我为中心、任性傲慢、缺乏同情心、不懂得尊重他人等不良习性。尤其是有些家庭生活条件较为优裕的家长，认为自己小时候吃过很多苦，现在生活条件好了不能再让子女们吃苦了，从而重养而不重教，对子女的需求无节制地满足，使子女养成出手阔绰，肆意挥霍，好逸恶劳的坏习惯。而一旦家长无法满足其物欲，他们就会向家长发脾气施加压力或者向同学敲诈勒索，行骗，偷窃等。在发现问题后，有些家长对学校的教育不但不配合，甚至会放纵迁就，致使孩子在错误的道路上越走越远。

2. 家庭对孩子要求过高、过严，又缺乏正确的教育方法

有的家长因为自己早年家庭生活原因而未能接受良好教育，现在经过多年的打拼，生活条件日渐好转，便将所有的求学希望放在孩子身上，期望孩子能够圆自己未能完成的大学梦、硕士梦、博士梦或留洋梦，对孩子期望过高，要求过严，致使孩子不堪重负，与家长意愿背道而驰，而家长却对孩子是“恨铁不成钢”，造成孩子自暴自弃，从而放弃求学而走向其他不良路径，如抽烟、喝酒、迷恋网络游戏等，以寻求心理上的慰藉。有的家长则强调工作忙，认为把孩子送进学校读书就够了，教育是老师的责任，从不到学校了解孩子的学习情况，而一旦知道孩子在校内外出现不良行为时，又不能冷静分析孩子产生错误的原因，帮助孩子认识错误，而是采用粗暴的方式，动辄打骂，甚至用一些极端的手段实施体罚，这给孩子带来思想混乱，增加了逆反心理。

3. 家庭成员教育的不一致性

这种不一致性表现在家长对子女要求前后不一贯，如前面批评的事情后面又默许了。仅仅凭个人情况来处理和教育子女；或者，家庭各成员由于阅历不同，文化素养不同，甚至思想意识、世界观的不同而经常对子女提出一些不一致或相互矛盾的要求。其结果是要么使子女无所适从，要么养成学生的多重人格。

4. 家长缺乏表率作用

有的家长对家庭毫无责任感，整天沉迷歌舞厅、酒吧，热衷于看电视，或沉迷于通宵达旦地“砌长城”（打麻将），对孩子的教育不闻不管。俗话说“身教重于言传”，他们的言行举止对子女有着不可估量的负面影响。此外，一些家长在物质

财富上盲目攀比，穿名牌、开名车、住豪宅，孩子们通过耳濡目染，也逐渐习得这些不良做法，进而养成胡乱花钱、比吃穿、好逸恶劳、贪图享乐等不良习惯。

5．家庭结构的剧变

如父母经常吵架、父母离异或一方身故等原因，形成单亲家庭，使孩子得不到应有的教育和爱抚，缺少交流与沟通，形成孤僻、自卑心理等，都可能使儿童心灵受到创伤而引起性格变异，造成心理障碍，形成不良品行①。

（二）学校方面

学校是专门的教育场所，学生的品德主要是通过学校教育获得的。但由于某些教育者存在某些错误观念或方法上的偏颇，也会在一定程度上间接地造成或助长学生的不良品行。

1．教育者的教育观念有偏差，教育方式不当

如有的教育者不能很好地理解全面发展的教育目的，片面追求升学率，忽视或放松学生的道德教育。尤其是在一些教师的眼里，认为好学生好学、听话、成绩好，心理上就偏爱他们，而后进生道德行为较差、成绩也差，甚至严重违纪，教师便对他们缺乏信心、耐心，采用简单训斥、讽刺甚至体罚的方法，以致师生关系紧张对立。这种缺乏动之以情、晓之以理的教育方式，不但不能了解到学生真实的内心世界，还容易把学生推向反面。也有的教师则不能正确对待品行不端学生的“反复”过程，对矫正品行不端问题缺乏信心、恒心和毅力。

2．学校管理机制不完善，对学生中不正当的行为缺少约束和引导

有些学校视升学率为生命线，只抓“尖子生”或“优等生”的学习，而对其他学生则基本上不闻不管，放任自流。

3．学校教育与家庭教育相脱节

由于各种主客观原因，学校教师与学生家长缺乏必要的沟通与交流，造成学校教育与家庭教育不一致，相互脱节，从而削弱了教育的力量。一些个案材料也表明，儿童说谎多半是由于现实环境中存在有不诚实、自私的坏榜样或提供了说谎机会造成的，其中家庭教育与学校教育方式的不当或不一致往往是主要的外部原因。

4．个别教职工不重视自身道德修养，无法为人师表

个别教职工不重视自身的道德修养，也给学生造成不良的影响。如有的教师唯我至上，不关心、不尊重学生，对学习好的学生无原则地偏袒纵容，对学习差的或犯过错误的学生挖苦讽刺、冷漠歧视，甚至体罚或“鞭策”，使学生的心灵受到严重伤害；而有些教师出言不逊，行为不轨，追逐名利，本身就给一些品行不端的学生起了“示范”作用②。

（三）社会方面

影响学生品德形成的社会环境有两个方面：一是广义的社会环境，是指整个

①② 章志光．心理学［M］．北京：人民教育出版社，1984：340－341．

社会关系和社会风尚；另一是狭义的社会环境，即指除学校和家庭以外的环境，主要包括学生的朋友、邻居、社区，以及影响个体的各种社会活动等等。

1. 广义的社会环境的影响

“破窗效应定律”告诉人们，环境可以对一个人产生强烈的暗示性和诱导性影响。个体若长期生活在一个不良的环境里，也易滋生不良品行。

破窗效应定律

美国斯坦福大学心理学家菲利普·津巴多（Philip Zimbardo）于1969年进行了一项有趣的实验，他将两辆一模一样的汽车分别停放在两个不同的社区，其中一辆停在加州帕洛阿尔托的中产阶级社区，另一辆停在相对杂乱的纽约布朗克斯街区。稍有不同的是，他将停在布朗克斯街区的那辆车摘掉车牌、打开顶棚。结果，停在布朗克斯街区的那辆车当天就被偷走了。而放在帕洛阿尔托的那一辆过了一个星期也无人“光顾”。后来，津巴多用锤子将停在帕洛阿尔托的中产阶级社区的那辆车的玻璃敲了一个大洞，令人吃惊的是，刚过了几个小时，车就不翼而飞了。以这项实验为基础，美国犯罪学家凯琳和政治学家威尔逊提出了著名的“破窗效应定律”（break pane law，简称“破窗定律”）。“破窗定律”的核心观点是：如果有人打破了某个建筑物窗户上的一块玻璃，而它又得不到及时的维修，那么，其他人就可能会在这种暗示性的纵容下去破坏更多的窗户。久而久之，这些破窗户就给人造成一种无序的感觉，结果在这种公众麻木不仁的氛围中，犯罪就会滋生，并最终造成千疮百孔、积重难返的局面。

根据“破窗效应定律”，就广义的社会环境来说，长期封建社会遗留下来的某些腐朽思想，现实生活中某些不正之风对学生可能产生的侵蚀和影响不能低估。同时，处于成长发展中的青少年缺乏较全面、深刻的分析能力，一些思想不健康甚至低级趣味的文艺作品也可能对学生的品行发展产生副作用。

2. 狭义的社会环境的影响

青少年的态度和道德行为在很大程度上是由他们的同伴集体的行为准则和风气决定的，社会心理学称这种现象为模仿与从众现象。中国先哲像孔子等人以及现代心理学家像皮亚杰、柯尔伯格和班杜拉等人的研究都表明，青少年的模仿能力比较强，他们的品德往往是通过模仿身边人（如家长、教师或同伴等）的行为而形成的。榜样尤其是同伴对学生品德的形成起着潜移默化的作用。从众，是指个人的意见、态度和行动因受多数人的意见、态度与行为的影响而改变。良好同伴对学生优良品德的形成和不良品德的改变有极为重要的作用，与此相反，不良同伴对学生不良品行的形成也有极为重要的作用。例如，在当代中国，许多农村家长常年在外打工挣钱，将孩子留在家中由爷爷奶奶或其他亲属看管，忽视了与孩子的亲子交流，使孩子得不到应有的父母之爱和良好的亲子教育，孩子在这种环境中很容易接触到社会上的不良青年，染上不良品行。此外，社会上一些不良青年拉帮结派、聚众斗殴、打架骂人等都对青少年学生产生较大的影响，事实也证明，不少青少年都是在不良朋友等的教唆下形成恶习并走上了违法犯罪的歧途。

（四）个体自身因素方面

任何外在因素最终都要通过内因起作用，品行不端的形成也是如此。在探讨导致不良品行产生的客观原因的同时，更应探讨主观原因。

1．某些合理需要未及时得到满足

需要是人类一切动力的源泉，青少年处于发展迅速的时期，随着年龄增长，生活和实践领域的拓展，新的需要不断出现。但是，在生活中，他们认为自己有些应该可以在学校满足的需要（如归属需要）没有得到满足，他们就会到校外去寻求这种满足，从而接受社会上一些不良行为。

2．智力水平

智力水平与品德的关系是复杂的。例如，有人对500名有法庭记录的青少年犯的智商进行测量，结果发现他们的智商分布与随机抽样的儿童的智商分布相似，但他们的平均智商低8至10分；而且，在他们当中，相对而言，智商低的较多，智商高的较少。不过，在智商全距的各种水平上都有青少年犯。许多研究比较一致地发现，考试作弊和智商水平成负相关。智商水平越高，考试欺骗行为越少。心理学家认为，智商低目成绩不良的学生由于失败的经验导致他们企图通过欺骗来提高自己的成绩。可是，聪明和良好品德不是同一回事，当测验涉及非知识性问题时，智商和欺骗行为的上述关系便消失或下降。聪明用得不当，往往会使欺骗行为更狡诈。

3．教育程度

道德行为是价值内化的结果。青少年的道德认识和道德判断不仅与智能有关，也随着年级升高、教育水平的提高而进步。而依柯尔伯格等人的研究，人的道德观念可以迁移到道德行为上，这就意味着教育程度是影响品德形成与改变的因素之一。低年级学生或文化水平不高的成人常常因道德观念水平低，为细小的事感情冲动而做出不道德的行为。当然，教育程度与品德发展水平之间的关系也是颇复杂的，在生活中文化水平低甚至一字不识的人展现出高尚的道德品质的例子也是比比皆是。

4．某些性格缺陷

性格与品德的关系十分密切。学生某些性格上的缺陷会直接导致品行不良。比如学生执拗、任性、骄傲、自私等消极的性格特点，很容易使他表现出无视他人和集体的利益，为个人私利而我行我素，甚至做出破坏集体纪律和违反社会公德的行为。同时，由于某些性格缺陷，导致他们的同学关系、集体关系不正常，这也是一些学生产生不良品行的重要原因之一。

5. 受错误道德观或错误道德逻辑的支配

儿童和青少年正处于品德形成的过程中，他们的道德认识还不明确、不稳定，一些学生不理解或不能正确理解有关的道德要求和道德准则，而且缺乏独立的道德评价能力，常常不能明辨是非，分清善恶。如把违反纪律视为“英雄行为”，把敢打群架等同于“勇敢”或“讲义气”，认为诚实是“傻子”的德性，推崇“人生在世，吃喝玩乐”或“人不为己，天诛地灭”的做人法则，等等。有的学生虽然知道什么能做，什么不能做，但这种认识没有转化为道德信念，一旦在有诱惑力的不良环境因素影响下就可能走上邪路。也有的学生缺乏高尚志趣和理想，导致他们产生了错误的道德观，然后产生相应的错误行为。

6. 异常的情感表现

品行不良的学生由于长期处于某种错误观念的支配下，因而常常造成了在情感上的异常状态。他们往往对真正关心他们的老师、家长怀有戒心，甚至处于某种情绪对立中。个别学生性情暴躁、喜怒无常。特别是处于青春期的学生很容易产生某种情感障碍或心理疾病，从而导致行为上偏离学校的正当要求。

7. 明显的意志薄弱

有些品行不良的学生并非在道德认识方面无知，这类学生往往对是非善恶是清楚的，但常常因意志薄弱，不能抑制不正当欲望，结果，正确的认识不能战胜不合理的欲望而发生不良行为。“明知故犯”的学生常常是意志薄弱者。

8. 不良习惯的支配

某种偶然的不良行为经多次重复后，就形成了某种不良习惯，这些不良习惯就会在类似情境中再现，行为者也会因此而产生愉快的情绪体验。如某些学生由于偶尔违反纪律或不遵守社会公德而没有引起家长或教师应有的注意，学生本人还引以为傲，长此以往就会形成不良习惯，不良习惯又支配不良行为，如此恶性循环，就必然导致学生品行不良。这可用中国古人提出的“习与性成”的性习论进行解释。性习论的核心观点是：一种行为习惯（习）养成的同时，一种心理素质（性）也就和它一起养成了。因此，一种良好行为习惯养成的同时，一种优秀心理素质（性）也就和它一起养成了；与此相反，一种不良行为习惯养成的同时，一种不良心理素质（性）也同样与它一起养成了。

9. 良心未觉醒

良心是一个最重要的概念。良心的对立面是“丧失良心”，也就是中国人常说的“没良心”。达尔文认为，在人类与低于人类的动物之间的一切差异中，良心是最重要的。良心理所当然地凌驾于人类其他一切行为准则之上。它的意义可以用“应尽义务”这四个字概括。它是人类所有属性中最高尚的属性，它引导人们冒着生命危险去保护同伙的生命，或者在经过深思熟虑之后，出于对权利感和义务感而被迫在一种“伟大事业”中作出自我牺牲①。英国哲学家密尔认为，人们之所以做出恶劣的行为，不是因为他们的私欲强，而是因为他们的良心弱。无论我们的“义务”标准是什么，义务的内部制裁力只是同一种东西——我们内心的一种情感，一种伴随违反义务而引起的强烈痛苦。那些道德修养良好的人，在违反义务的情况下，其痛苦程度就会增加，他/她觉得自己的行为是不应该的，因此会自觉地回避不做。这种情感，假若是无偏私的、与纯粹的义务观密切相连的，那么它就是良心的精髓。中国人一向喜欢讲“良心”，但是，自科学昌盛以来，凡事多重视证据、数量和有形体的东西；思维方式多推崇外向式思维，忽视了内向思维；于是乎，许多学人视“良心”为幽灵，弃之如敝屣，忽视了自我与良心的“对话”在育德中的重要作用，也就使在德育中要张扬主体性和“为迁移而教”的思想未落到实处，这不但是导致当今德育低效的重要缘由之一，也是当今一些青少年乃至成人品行不端的重要心因之一。

三、品行不端的转化过程

一般来说，品行不端的转化过程要经历醒悟、转变、自新三个阶段。

（一）醒悟阶段

如第三章所论，认知失调是品德改变的先决条件。假若品行不端的个体一旦认识到自己的某些行为是违背社会道德规范的，进而产生认知失调时，他就处于醒悟阶段。常用的引起醒悟的方法有三。

1. 消除恐惧心理法

品行不端的个体往往担心自己的不良行为一旦被外人知道后会受到相应的惩罚，出于心理防御的需要，常常采取手段加以掩饰。针对品德不端的人的这种心理，教育者宜采取相应的措施消除他们的恐惧心理，如，可以真心诚意地跟他们说一些诸如“金无足赤，人无完人”的道理，让他们懂得在人生的道路上，犯错误是难免的，只要能及时意识到自己所犯的错误并及时加以改正就可以了。这样做，往往可以消除品行不端个体的恐惧心理，坦承自己所犯的错误。

2. 真诚关心法

品德不端的人在生活中往往更多地受到谴责，被人瞧不起，不过，他们内心也与其他人一样有渴望他人理解、关心与尊重等的需要，假若教育者能真诚关心他们，平时多与他们真诚地进行心灵互动，给他们更多的关心和爱护，常常可以逐渐消除这些学生的敌对情绪，为进一步的转变奠定基础。

3. 自我反省法

---

① 达尔文. 人类的由来（上册）［M］. 潘光旦，胡寿文，译. 北京：商务印书馆，1983：148.

一些品德不端的人往往意识不到自己的不良行为会给予自己有切身利益的人或事物带来不良的后果，假若教育者能够抓住时机适时引导，激发他们良心上的觉醒，往往可促使他们的醒悟。例如，有些品德不端并犯有较严重道德错误的人，当发觉教师为此伤心不已、父母为此而气病等情况时，会引起他们的内疚与悔恨，从而产生自我反省，进而达到醒悟的阶段。

（二）转变阶段

当品德不端的个体产生了改过自新的心向与意愿，并且对自己的错误初步有所认识之后，在行为上会产生一定的转变。教育者必须清醒地看到这仅仅是开始，在整个转变阶段必然要经过不断反复的矛盾过程，最终才能成为一个新人。这其中包括旧有的不道德动机与新的道德动机的矛盾、旧有的错误认识与新的道德认知的矛盾、旧有的不良习惯与新的道德行为之间的矛盾等。

在转变阶段，品德不端的个体常有反复的现象。出现反复的情况有两种：一是前进中的暂时后退；二是教育失败后出现的大倒退。应该看到，品德不端是长期形成的，总有一个不断提高的过程，其间出现反复在所难免。造成反复的原因有很多，如恶习深的个体主观上往往上进心弱，意志力差，怕被人“揭伤疤”，有时抵制不了诱惑，并抱有侥幸心理；以及原来的团伙成员的拉拢胁迫、社会不正之风的刺激、工作上的失误等。

避免反复的方法有两种：一是消极的方法，即使之回避或逃避原先的旧刺激，以免近墨者黑；另一是积极的做法，即让他们在旧的、原先的刺激条件下接受考验。在考验的同时，教育者应向这些个体提供正反范例，提高他们的是非感。

（三）自新阶段

品德不端的个体转变之后，假若长时期不再出现反复，或很少出现反复，就逐步进入自新阶段。进入这一阶段的个体，完全以崭新的面貌出现在社会生活中。对待这些个体，教育者要注意：一是避免歧视和翻旧账，给他们以信任和尊重，加倍关心他们的成长；二是更为积极地帮助他们形成完整的自我观念。一个具有完整的、健康的自我观念的个体，能充分意识到自己过去、今天、明天的行为是自己生活史中的一个个篇章，无论过去的行为如何，都确实是自己的价值观念、信仰的表现，错的就是错的，对的就是对的。一个具有完整的、健康的自我观念的个体，敢于对自己的行为负责，并具有向上发展的意向，而不为别人的歧视所动。①

四、品行不端的防治原则

（一）预防为主

在防治品行不端时，本书主张继承发扬中国传统文化的一个优良思想，那就是

---

① 邵瑞珍. 教育心理学（修订本）[M]. 上海：上海教育出版社，1997：205－206.

要做到“禁于未发”，以预防为主。如孔子就赞成将预防为主作为防治品行不端的重要原则，为此，他要求弟子：凡事“非礼勿视，非礼勿听，非礼勿言，非礼勿动。”《墨子·修身》也说：“谮慝之言，无入之耳；批扞之声，无出之口；杀伤之孩，无存之心。”《学记》说：“大学之法：禁于未发之谓豫，当其可之谓时，不陵节而施之谓孙，相观而善之谓摩。此四者，教之所由兴也。”认为事情尚未发生就预先防止叫做“豫”。此思想一直为后人所承继。据《河南程氏文集》卷六记载，程颐在《上太皇太后书》中曾说：“古人生子，能食能言而教之小学之法，以豫为先。人之幼也，知思未有所主，便当以格言至论日陈于前。虽未晓知，且当薰聒，使盈耳充腹，久自安习，若固有之，虽以他言惑之，不能入也。若为之不豫，及乎稍长，私意偏好生于内，众口辩言铄于外，欲其纯完，不可得也。故所急在先入，岂有太早者乎?”陈献章在《记·程乡县社学记》中说：“天下之事，无本不立。小学，学之本也。保自然之和，禁未萌之欲，日就月将，以训致乎大学，教之序也。”在防治不良品行问题上，提倡“未病先治”，预防为主，这有一定道理。因为与其等到不良品行产生后再花大力气去矫正，不如在其未发生之前就阻断为佳，更何况有些不良品行等到养成后再去矫正，谈何容易。

（二）防微杜渐

无论是良好的品行还是不良的品行，都不是一朝一夕所能形成的，而是从细微处逐渐积累起来的，所谓“冰冻三尺，非一日之寒”。这样，一个人在修养道德时，从正面说，若想使自己尽快觉悟，就必须时时注意从“小善”做起，一个个小善的不断“积累”，终有一天就会成大善；从反面说，一个人若想防止自己产生不良品行，必须时刻严格要求自己，不放过任何细微处，努力将所有不良因素都禁于渐始之际，不让其逐渐产生“积累”，否则，一个个小恶的不断“积累”，终有一天就铸成大错或大恶。如，《淮南子》吸取荀子重“积”的思想，力倡人们宜注意小节，善于“消积化瘀”，切不可积小恨而成大恶。《淮南子·缪称训》说：

“君子不谓小善不足为也而舍之，小善积而为大善；不谓小不善为无伤也而为之，小不善积而为大不善。是故积羽沈舟，群轻折轴，故君子禁于微。一快不足以成善，积快而为德；一恨不足以成非，积恨而成恶。故三代之善，千岁之积誉也；桀、纣之恶，千岁之积毁也。”

葛洪在《抱朴子·内篇·极言》中说：“故治身养性，务谨其细，不可以小益为不平而不修，不可以小损为无伤而不防。凡聚小所以就大，积一所以至亿也。若能爱之于微，成之于著，则几乎知道矣。”这种观点至今看来仍有价值。1963 年由美国气象学家洛伦兹（E. N. Lorenz）提出的“蝴蝶效应”（The Butterfly Effect）讲的就是这个道理。心理学研究也表明，个体的不良行为习惯多是于不知不觉中形成的。假若一个人能时时严于律己，“勿以恶小而为之，勿以善小而不为”，的确能有效防止自己养成不良的品性。

（三）“蒙以养正”

1. 什么是“蒙以养正”

在防治不良品行方面，中国人一向力主走防治相结合的道路。为实现这一策略，中国人的一个重要做法是：主张“蒙以养正”。即通过向个体实施连贯的正面教育，让个体自小养成良好的道德行为习惯，以便杜绝不良品行的产生和发展。在先哲眼中，这既是一条重要的育德原则，也是一种重要的育德方法。有些学者则用“养正当于蒙”一语，此语与“蒙以养正”只有字序上的差别，无实质上的不同。“蒙以养正”思想至少可追溯至《周易》一书。《周易·蒙》说：“蒙以养正，圣功也。”将培养儿童使之获得善良的品德尊为“圣功”，对启蒙教育大为推崇！此思想自产生后在中国历史上代有继承人。

2. 为什么要“蒙以养正”

（1）儿童的心理纯洁无瑕，易于接受正面的道德教育

中国人很早就认识到，儿童的心理纯洁无瑕，对他们进行正面的道德教育时，他们易于接受。儿童一旦长大成人，假若已养成了不好的品性，再去对他们实行正面的道德教育，就会遭到他们已有错误观念的干扰与抵触，收不到预期的效果。正如王廷相在《雅述上篇》里所说：“童蒙无先入之杂，以正导之而无不顺，受故易。可以养其正性，此作圣之功。壮大者已成驳僻之习，虽以正导，彼以先入之见为然，将固结而不可解矣，夫安能变之正。故养正当于蒙。”这一见解与现代教育心理学的有关研究结论相吻合。

（2）人的品性塑造易，改造难

中国人认识到品德发展有一个规律：人的品性塑造易，改造难。正如王夫之在《俟解》里所说：“《易》言：‘蒙以养正，圣功也。’养其习于童蒙，则作圣之基立于此。人之不幸而失教，陷入于恶习，耳所闻者非人之言，目所见者非人之事，日渐月渍于里巷村落之中，而有志者欲挽回于成人之后，非洗髓伐毛，必不能胜。”用反面教材教育人们，假若一个人从小未受到良好的道德教育，长大以后若再想改好，那就颇为困难，“非洗髓伐毛，必不能胜。”既然如此，在培育个体的品德时，应做到“蒙以养正”。

（3）对儿童的道德教育要一以贯之才能收到良效

中国人认识到，对儿童的道德教育要一以贯之，不能反复无常，否则效果不佳。为了增强此观点的说服力，张载等人还以动物的行为作实例进行“效验性”论证。张载说：

“勿谓小儿无记性，隔日事皆能不忘。故善养子者，必自婴孩始鞠之使得所养，令其和气，乃至长性美，教之便示以好恶有常，至如不欲犬之上堂，则时上堂而扑之，若或不常，既挞其上堂，又食之于堂，则使孰适从？虽日挞而求不升

堂，不可得也，是施之妄。庄生有言，养虎者，不敢以生物与之，为其有杀之之怒；不敢以全物与之，为其有决之之怒。养异类尚尔，况于人乎？故养正者圣人也。”①

《二程遗书》卷二下里也有类似的话语，只是个别字词不同而已。从现代心理学角度看，这里的“挞”是一种惩罚，“食”是一种正强化（奖赏）。要想使小狗不乱跑进厅堂，就应该一以贯之，在小狗每次进入厅堂时都实施惩罚；如果对狗的同一行为（狗进入堂屋）有时奖赏（食之），有时惩罚（“扑之”），那么想狗不进入堂屋，是不可能的。同理，对个体进行道德教育也要做到一以贯之，让他们自小受到良好的道德教育，因为幼儿已经有了记忆功能，能够“隔日事皆能不忘”。所以，早期教育得好能够使孩子“使得所养，令其和气”。在孩子稍大一点之后，应该教育孩子社会中的善恶是有固定标准的。从设计方式上看，把这一“实验”视为动物学习心理实验是不为过的，与现代联结派的学习心理实验有异曲同工之妙。可惜的是，张载只是描述了这一事实，并无明确的实验目的，也未控制条件，只能算是一种“准心理实验”。

可见，先哲对“蒙以养正”这条防治不良品行的原则的认识颇为深刻。“蒙以养正”至今看来也仍是一条重要的育德原则。很多事实表明，一些青少年之所以会有不良品行，多是从小未受到良好道德教育的结果。

第二节 防治品行不端的理论依据

一、慎染说

（一）慎染说的核心观点

何谓“染”？从心理学角度看，《正字通》的解释颇具代表性。《正字通·木部》说：“染，习俗积渐曰染。”用通俗的话说，个体所处的日常生活环境对个体品性的熏陶或潜移默化的影响就是染。慎染，即小心熏染。慎染说，指谨慎对待环境和教化对个体品性的影响的一种观点。“近朱者赤，近墨者黑”一语是对这一观点的形象说明。

在中国思想史上，慎染说几乎得到了大家的一致认同；换句话说，虽然大家对“人性”这一问题的看法不同，但是，大家多赞成慎染说。如以主张人心本具善端说闻名于世的孟子在《告子上》一文中就认为环境对个体品性的形成与发展影响巨大：“富岁，子弟多赖；凶岁，子弟多暴，非天之降才尔殊也，其所以陷溺其心者然也。”朱熹在《孟子集注·告子章句上》中说：“富岁，丰年也。赖，藉也。丰年衣食饶足，故有所顾藉而为善；凶年衣食不足，故有以陷溺其心而为暴。”可见，在孟子看来，尽管人人都具有共同的善端，但由于每个人所处

① 张载. 张载集［M］. 章锡琛，点校. 北京：中华书局，1978：315－316.

的环境不同，其所形成的品性也会有所不同。说得具体点，孟子认为物产丰富的年代，人们易获得必要的生活资料，故易养成善的品质；物产贫乏的荒年，由贫困所迫，人们往往易铤而走险①。这表明孟子已认识到环境对人的品性的形成具有一定的影响。因此，在个体社会化的过程中要尽可能地为个体创造一个较理想的外部环境。荀子虽然主张人性本具恶端说，但他也赞成慎染说。《荀子·劝学》说："蓬生麻中，不扶而直。白沙在涅，与之俱黑。兰槐之根是为芷。其渐之滫，君子不近，庶人不服，其质非不美也，所渐者然也。故君子居必择乡，游必就士，所以防邪僻而近中正也。"这段话明明白白地告诉人们，既然什么样的环境造就什么样的品性，一个有德的君子就应主动为自己选择一个好的环境。告子主张人性无善无不善说，所以，依告子的观点，某些人之所以为善人，另有一些人会成为恶人，全是后天习染的结果，通俗地讲，一个人是为善还是为恶，全依自己的道德修养工夫所定，这表明告子实也赞成慎染说。

在诸多见解中，尤以墨子的观点最具代表性。墨子基于人心无善无不善观，在个体的社会化问题上主张慎染说。据《墨子·所染》记载：

子墨子言见染丝者而叹，曰："染于苍则苍，染于黄则黄，所入者变，其色亦变。五入必，而已则为五色矣，故染不可不慎也！

非独染丝然也，国亦有染。舜染于许由、伯阳，禹染于皋陶、伯益，汤染于伊尹、仲虺，武王染于太公、周公。此四王者所染当，故王天下，立为天子，功名蔽天地。举天下之仁义显人，必称此四王者。夏桀染于干辛、推哆，殷纣染于崇侯、恶来，厉王染于厉公长父、荣夷终，幽王染于傅公夷、蔡公谷。此四王者，所染不当，故国残身死，为天下僇。……

非独国有染，士亦有染。其友皆好仁义，淳谨畏令，则家日益、身日安、名日荣，处官得其理矣，则段干木、禽子、傅说之徒是也。其友皆好矜奋，创作比周，则家日损、身日危、名日辱，处官失其理矣，则子西、易牙、竖刀之徒是也。"

既然个体所处环境的好坏与其品行的发展息息相关，好的环境易使人养成好的品行，而坏的环境易使人养成坏的品行，那么，个体就应善待环境和教化，以便利用好的环境和教化来塑造出良好的品行。

（二）对慎染说的简要评价

慎染说具有不细致（太宏观）和未准确揭示出个体社会化内在的心理机制等弱点，不过，它也有以下几个颇具现代价值的思想：

① 也有学者释"赖"为"懒"。"富岁，子弟多赖"，意即丰收的年代，少年子弟多半懒惰（参见：杨伯峻. 孟子译注·告子章句上［M］. 北京：中华书局，1960：261.）。不过，考虑到孔子有富而后教的思想，以及中国向有"仓廪实而知礼节，衣食足而知荣辱"的警句，我们以为朱熹的注释较为合理，此处采用了朱熹的观点。

第一，它主张多因素论。在探讨影响个体社会化的因素时，慎染说持多因素论的观点，看到了遗传（含成熟）、环境、教育和主体性在个体的社会化过程中所起的重要作用，显得颇为全面。

第二，重视环境在个体社会化中所起的巨大作用。慎染说重视环境（包括教育）在个体社会化中的重要作用，认为对于大多数人而言，其心理与行为方式普遍遵循这样一个规律：什么样的环境，生成什么样的人格，能够做到“出污泥而不染”的人毕竟是少数。于是，“荷花”才得到中国人的推崇，《爱莲说》也成为中国人喜爱的文章之一。中国人重视环境在个体社会化中所起重要作用的观点，用现代心理学眼光看也仍有相当的价值。斯金纳的操作条件作用原理虽有机械之嫌，但其中所蕴含的强调人是环境的产物的观点仍有合理之处。以前苏联著名心理学家维果茨基为代表的文化历史学派更是强调个体所处的社会文化环境是影响个体认知发展的重要因素。

第三，推崇“少成若天性，习惯成自然”的道理。慎染说重视习惯在其中所起的重要作用，相信“少成若天性，习惯成自然”的道理，这一观点至今看来仍是有价值的。心理学研究也表明，人的习惯是在不知不觉中形成的，一种习惯一旦养成，就会对个体的相应心理与行为产生较为稳定、持久的影响，尤其是个体在童年时期形成的习惯，就会成为人的第二天性，让个体自然地按之生活。

第四，突出了双主体的作用。慎染说充分认识到不同环境对人的人格的影响不一样，于是，对于自主意识较弱的个体（如儿童），主张其监护人要积极为其选择或创造一个尽可能好点的外部环境以让其更好地社会化，妇孺皆知的“孟母三迁”故事讲的就是这个道理。表明先哲在探讨个体的社会化时，未削弱监护人在其中所起的主导性作用。同时，对于已有一定自主意识的人们（如成人），又主张他们要善于为自己的人格修养选择或创造一个尽可能好点的外部环境，提倡“君子居必择乡，游必就士”，表明先哲也未削弱对作为社会化的个体的主体性（或称独立人格）的培养。合言之，在慎染说中已包含有双主体的思想。这一思想至今看来仍非常可贵。今天中国人在探讨个体的社会化（包括道德社会化）时，也应充分发挥监护人的主导作用和作为社会化的个体的主体性作用。

二、操作条件作用学习理论

操作条件作用学习理论由美国当代著名心理学家斯金纳（B. F. Skinner，1904—1990）提出，现已成为现代心理学用来防治个体品行不端的重要理论依据之一。

（一）操作条件作用学习理论的核心观点

1. 赞赏环境决定论

斯金纳将重点放在探讨外部环境刺激是怎样和有机体的反应能力联系在一起

的。斯金纳箱的一个特点是，动物可以反复做出斯金纳所谓的“自由操作的反应（free-operant responding）”。所谓“自由”，指动物的行为是不受限制的；所谓“操作”，指动物的反应是主动作用于环境的①。斯金纳箱设计简单，但含义复杂：说明了个体的一切行为改变（学习）都是决定于其本身对环境适应的结果，是受外在因素控制的，是没有自由的。与此类似，斯金纳主张人也要受到环境条件的制约，不可能是绝对自由的，这促使他重视对影响学习的环境因素的探讨。这样，斯金纳的学习理论被人叫做环境决定论②。

2. 主张强化理论

（1）强化物与强化的类型

斯金纳认为，行为之后给予奖赏能使个体感到满足（这是桑代克效果律的含义）是主观性的解释，主观的满足不能用科学上客观的方法予以测量，他用了一个客观、中性的概念——强化，并给强化下了一个操作性定义：在条件作用中，凡能使个体操作性反应的频率增加或维持的一切刺激，都是强化（reinforcement）。产生强化作用的刺激，叫做强化物（reinforcer）。强化物与强化分为以下四类。

第一种是正强化物与正强化。正强化物指当个体反应后在情境中出现的任何刺激（如食物），其出现有助于该反应频率增加者。例如，当饥饿的小白鼠按开关时得到食物，食物便是正强化物。由正强化物所形成的强化作用叫正强化（positive reinforcement）。用正强化的方法可以塑造想建立的行为：当适当的行为出现时，立即给予一个好的刺激（如喜欢的食物），促使这种行为重复出现，保持下来。

第二种是负强化物与负强化。负强化物指当个体反应后在情境中已有刺激的消失（如停止电击），而其消失有助于该反应频率增加者。例如，当处于电击状态下的白鼠按开关时停止电击，停止电击就是负强化物。由负强化物所形成的强化作用叫负强化（negative reinforcement）。因此，用负强化可以巩固一种适当的行为。当符合要求的行为出现时，立即取消原来给予的不愉快刺激，如批评、限制等，以增加该行为重复出现的频率。如曾经经常将房间弄得又脏又乱的小孩子一旦转变为将房间收拾得十分整洁，这时就取消不让他出去玩的禁令③。

第三种是一级强化物与一级强化。一级强化物（primary reinforcer）指一般只直接满足人与动物的基本生理需要的刺激物。它包括所有在没有任何学习发生情况下也起强化作用的刺激物，像食物、水、温暖、安全和性等。由于一级强化物的出现而对反应所起的强化作用称为一级强化（primary reinforcement）。

---

① 施良方. 学习论：学习心理学的理论与原理［M］. 北京：人民教育出版社，1994：118.

② 张春兴. 教育心理学［M］. 杭州：浙江教育出版社，1998：187.

③ 张春兴. 教育心理学［M］. 杭州：浙江教育出版社，1998：185－186.

第四种是二级强化物与二级强化。二级强化物是指经学习而间接使有机体满足的刺激物。如果一个中性刺激物和一级强化物反复结合，它自身就能获得强化的功能，此时，此种中性刺激物就变成了二级强化物（secondary reinforcer）。可见，二级强化物之所以具有强化作用，是由于它是以前条件作用学习得来的。像金钱对婴儿而言并不是强化物，不过，假若小孩一旦知道钱能买零食或玩具时，它就能对儿童的行为产生强化效果，此时，钱就成了二级强化物。由于二级强化物的出现而对反应所起的强化作用称为二级强化（secondary reinforcement）。斯金纳认为，对于人类来说，二级强化物包括对大量行为起强化作用的许多刺激，诸如特权、社会地位、权力、财富和名声等，这些大多是由社会文化所决定的，它们构成了决定人类行为的极有力的二级强化物①。如果将这些二级强化物作一分类，大致可以分为三种类型：一是社会强化物。如权力、表扬、微笑、关注等。二是活动强化物，如玩玩具、做游戏或从事有趣的活动等。三是符号（或代币）强化物。如小红花、分数、钱财等②。

（2）强化原理与强化程序

强化的基本原理是：一种行为假若得到奖励，那么这个行为重复出现的频率就会增加；反之，得不到奖励的行为重复出现的频率会降低。

强化程序（schedule of reinforcement），指采用强化原理从事操作条件作用学习实验时，在提供强化物的时间上做各种不同的安排，从而观察个体正确反应出现的概率与强化实施之间的关系③。斯金纳认为，将强化作不同的安排，将会收到不同的效果。根据其实验研究，斯金纳提出了一整套强化程序④，如图 7－2 所示。

需要指出，强化程序不同，不但实验设计不同，而且效果也不同。斯金纳与费斯特（Ferster）合著的《强化程序》（*Schedules of Reinforcement*，1957）一书中，研究了 20 多种强化程序的效果。通过研究发现：第一，不同强化类型对习得速度有影响。一般而言，假若是初学者，最好对其进行连续强化（也就是每出现一次正确反应都得到强化），学习的速度就会比较快些。假若最初学习时使用间隔强化，学习就会困难些，速度也就慢一些。第二，不同强化类型对反应速度有影响，不同强化程序会导致不同的反应模式。强化程序对反应速度的影响归纳起来有以下几点：①一般而言，比例强化比时间式强化导致的反应速度要快些。因为特定时间间隔内，假若按反应出现的比例给予强化，反应加快会得到更多次数的强化；在时间式强化计划中，快速的反应可能使不固定间隔的强化提前，但

---

① 施良方. 学习论：学习心理学的理论与原理［M］. 北京：人民教育出版社，1994：124.

② 黄希庭. 心理学导论［M］. 2 版. 北京：人民教育出版社，2007：318－319.

③ 张春兴. 教育心理学［M］. 杭州：浙江教育出版社，1998：188.

④ 施良方. 学习论：学习心理学的理论与原理［M］. 北京：人民教育出版社，1994：125.

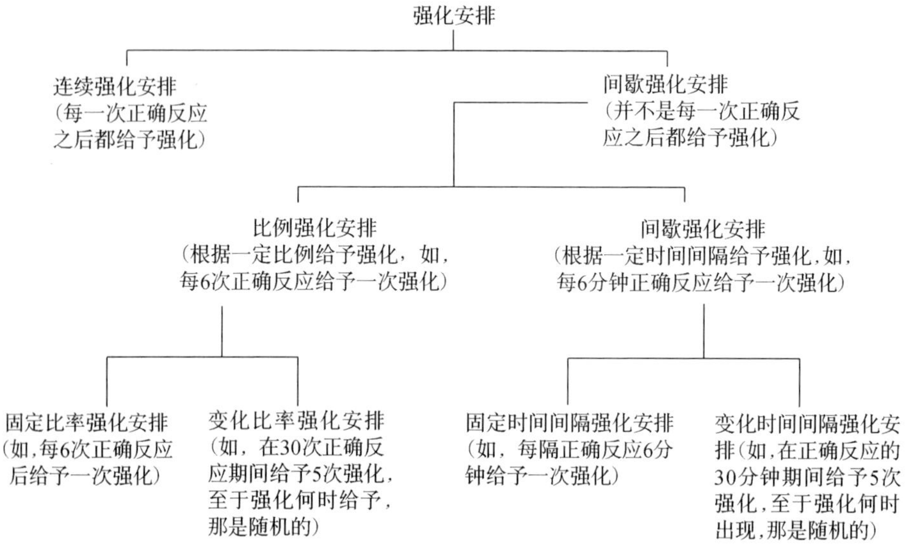

图 7－2　斯金纳强化安排示意图

对固定间隔的强化没有影响。②在固定时间间隔的强化程序中，每次强化之后反应速率会立即变慢。这可能是由于强化后不管是否立即作出反应，不到强化时间是得不到强化的。反应的速率是从这一次强化后到下一次强化前逐渐加快。那么为什么是逐渐地提高，不是在下一次反应前突然加速的呢？斯金纳认为，这可能是由于有机体不能精确辨别时间的缘故。固定比率强化和固定时间强化也导致不同的结果。在固定比率强化中，强化次数与反应次数之间的比率高，强化后反应概率一般不会减慢；若比例很低时，每次强化后反应会有较长时间的停顿，这种停顿往往是整个反应的停止。一段时间过后再以和刚刚强化时相当的速度作出反应直到得到下一次强化。第三，强化程序的不同对消退速率的影响也不同。在强化一旦消失时，运用间隔强化程序比运用连续强化程序建立的操作反射消退要慢一些；采用固定强化程序（固定间隔或固定比率）比采用变化强化程序（变化间隔或变化比率）建立的操作反射消退更快；在比率强化程序中，强化次数和反应次数之间的比率越高，消退速率也就越快。鉴于以上分析，最佳的训练组合也许是：最初时使用连续强化的安排，然后是固定间隔强化的安排，最后是变化比例强化安排①。换言之，假若是让学习者学习新任务，就要对其进行连续强化，随着学习的进行，比较正确的反应优先得到强化，逐渐转移到固定间隔强化，最后采用变化比率强化。

---

① 施良方．学习论：学习心理学的理论与原理［M］．北京：人民教育出版社，1994：127－129．

3．操作条件作用的形成过程

操作条件作用的形成过程也叫行为塑造或行为矫正（behavior modification）。这一研究开始于行为主义创始人华生。华生在借鉴巴甫洛夫思想的基础上，主张条件反射法是一种重要的研究心理的方法，并与雷纳（Rayner，1920）一起尝试用此法进行了著名的“小艾尔伯特恐惧”实验：

小艾尔伯特（Little Albert）是日托中心的一个健康、正常的幼儿，当时他只有11个月又5天大。条件刺激是一只小白鼠。小艾尔伯特最初的反应是好奇，他看看小白鼠想用手去触摸它。无条件刺激是用铁锤敲击一段钢轨发出的声音。这显然是一种令人生厌的声音，因为小艾尔伯特听到这声音的无条件反应是惊怕、哭闹和爬开。在白鼠与敲击钢轨声一起出现3次后，小艾尔伯特一看见小白鼠就会引起害怕和防御的反应。在6次条件作用后，小艾尔伯特看到白鼠时会产生强烈的情绪反应。在小艾尔伯特1岁又21天时，华生进行了一系列泛化测验：在小艾尔伯特面前呈现小白兔、小白狗和白色裘皮大衣等。研究表明，在每一种情况下，小艾尔伯特都表现出一种很强的情绪反应，类似于对白鼠的反应。

随后，华生研究了用来消除小艾尔伯特恐惧情绪的种种可行办法。但遗憾的是，小艾尔伯特在接受可能的治疗之前，离开了日托中心，全家搬到别的地方去了。华生认为，这项实验表明，小艾尔伯特的条件情绪反应将会在相当长一段时间里存在，虽然其强度会有所减弱，这种条件反应会在一生中始终存在，并改变他的个性。

斯金纳在借鉴华生等人做法的基础上，通过自己的深入研究，对操作条件作用的形成过程作了颇具操作性的阐述。

（1）小步子塑造

斯金纳在训练白鼠或鸽子之前一般要给白鼠或鸽子禁食24小时或更长的时间，以增强驱力，而且，斯金纳训练动物最初大多是从小步子塑造入手的，小步子塑造（shaping）是在训练动物或教授人学习从没学过的动作技能时采用的强化技术，它先把一种要求习得的复杂的行为反应分解为若干比较简单的反应，先对动物很容易做到的动作进行强化，然后逐渐对越来越难的动作强化，让动物逐步学习，逐步掌握操作技能。例如，要训练老鼠按压头上方的杠杆，一开始可对它的任何抬前爪的动作进行强化，然后必须抬高至少一公分，然后两公分等等，直至碰到杠杆。心理学家已用小步子塑造法对心智发展严重滞后的儿童进行说话训练，一开始对儿童发出的任何声音进行强化，然后渐渐对越来越复杂的声音强化，最后对他发出越来越像教师让他重复的话语的声音进行强化。马戏团的驯兽师就是用小步子塑造法训练大象直立、狗替主人捡回东西、海豚钻火圈等等。可见，小步子塑造技术的核心思想是：用较少的力量，一小步一小步地循序渐进，通过强化使之坚持到底，最终会克服很大的困难，完成艰巨的任务。小步子塑造技术后来用在心理治疗上，就是著名的系统脱敏法。

（2）消退

斯金纳的“消退”概念类似于巴甫洛夫的“消退”概念，其含义是：在特定情景下，假若一个人作出以前曾被强化过的反应，而现在这个反应没有得到通常的强化，那么，此人下次遇到类似情境时就较少可能再做同样的事情。这表明与经典条件作用一样，操作条件作用也不是永久的，如果停止对已学会的行为强化，这种行为就可能消退。老鼠学会了压杠杆是因为压杠杆能得到食物，如果在它压杠杆时不再得到食物，它压杠杆的频率就会减小以致消失。又如小孩一发脾气，大人就给予关注，这里“关注”成了小孩发脾气的强化物，如果小孩发脾气时大人不加任何理会，小孩发脾气的次数会减少。

（3）泛化和分化

操作条件作用中的泛化和分化与经典条件作用中的泛化和分化很相似。人们在相似情景中做在某一情景中学会的行为，如一个人在酒吧说一个笑话获得满堂笑声，他就会在饭店、晚会甚至别人的婚礼上说同样的笑话。分化是一种行为在某一场合得到强化，而在另外的场合得不到强化，比如上例中那个人会知道笑话不适合在教堂或严肃的商业会议上讲。

（二）对斯金纳的操作条件作用学习理论的简要评价

1. 斯金纳的操作条件作用学习理论的优点

首先，鉴于经典条件反射理论难以解释所有的学习现象，斯金纳根据自己的实验结果提出了操作条件反射的学习理论，用以解释那些在有机体自发发出行为的情况下所产生的学习。这种理论避免了经典性条件反射理论的局限，对学习现象有更广泛的解释意义。此学习理论最大的贡献在于通过对操作条件所作的深入细致研究，提出了操作条件作用的基本原理，并将操作条件作用视做他的学习理论的基石，将其他很多的概念、原理的解释置于操作条件作用之上，使人们能够较有效地预测和控制行为。

其次，斯金纳设计了用以研究操作性条件作用的实验装置——斯金纳箱，并对各种强化程序安排的效果作了较为科学而又详尽的考察。斯金纳实验研究证明，只要安排好强化的程序，人们可以能动地去塑造有机体的很多种行为。强化理论在一定程度上揭示了人的学习规律，并已被广泛运用到教育和商业等领域。

再次，斯金纳对直接经验的重视从一定意义上说有其合理之处，它特别适合用来解释知识的学习尤其是程序性知识的学习。因为知识的学习尤其是程序性知识的学习的关键在于“做中学”，一个人只要多做某事，往往熟能生巧；与此相反，任何一个个体在学习某一内容时若没有相应的直接经验，常常体会不深，印象也不深刻。

最后，斯金纳客观的研究精神和尊重事实的科学态度也是值得后人学习的宝贵精神财富。

2. 斯金纳的操作条件作用学习理论的不足

一是过于强调外显行为的塑造，难以解释人类的复杂学习。斯金纳用操作性条件作用来解释人类所有的行为、所有的学习（包括行为动作、学术活动和社会关系等），认为只要强化安排合理，就可以塑造或去除人的任何行为，这未免过于夸大了强化的作用。因为人的认知、思维过程远比外部可观察的行为复杂得多，而这并非是用“强化物”这把“万能钥匙”就能一一开启的。

二是只重视与强调直接经验在学习中的作用显得有些偏颇。本书虽不否认直接经验在学习中的重要价值，但是，人类的学习本身是颇为复杂多样的，过于强调直接学习这一种学习方式难免会有偏执一端的弊病。正是由于对斯金纳过于重视直接学习的“不满”，才有了后来重视“间接学习”的班杜拉的学习理论。

三是机械环境决定论的倾向。斯金纳因为有机械环境决定论的倾向，相信学习全是在控制环境下自动产生的，这样，在斯金纳看来，促进学习的最有效条件就是对学习的外在情境作精心、系统的安排，尤其是强化方式要作精心的安排。这就过于重视环境在学习中的作用，而忽视了学习者的主体性、兴趣、爱好和已有知识经验等“内在因素”在学习中所扮演的重要作用，从而不易解释何以有些人“出污泥而不染”的事实。正由于此，才有了认知派学习理论的兴起，从一定意义上说认知派学习理论就是在反对行为主义“空心有机体”的旗帜下诞生的。

三、观察学习理论

美国著名心理学家班杜拉提出的社会学习理论（social learning theory）是现代心理学用来防治个体品行不端的又一重要理论依据。

（一）社会学习理论的核心观点

1. 学习理论的三元取向

班杜拉认为，心理学的一个中心议题是研究人类行为的起因。为了实现这个目的，许多心理学家提出了不同的解释。有些心理学家如早期行为主义者将重点放在探讨外部环境刺激是怎样和有机体的反应能力联系在一起的，有些心理学家如人本主义心理学家将重点放在探讨有机体行为的内部动因是什么。这两种观点都是一种单向决定论（unidirectional determinism），因为他们将环境刺激或内在素质看做是单向地引发有机体行为的①。事实上，个人的和环境的因素并不能独立发挥作用，两者是相互决定的，而且人也不能被视为独立于行为之外的原因。班杜拉说：“行为、人的内部因素、环境影响三者彼此相互联结、相互决定。这一过程涉及三个因素的交互作用而不是两因素的结合或两因素之间的单向作用。我

---

① 施良方. 学习论：学习心理学的理论与原理［M］. 北京：人民教育出版社，1994：376.

们曾经指出，行为和环境条件作为交互决定的因素而起作用。人的内部因素（即观念、信仰、自我知觉）和行为同样是彼此交互决定的因素。”这表明，在班杜拉心中，人的行为并不是像斯金纳所说的那样，完全是由环境所决定的，而应作这样的理解：行为、环境和个人内在诸因素（包括个体的期待、信念、目标、意志、情绪和情感等）三者之间是相互影响、交互决定的，它们构成一种三角互动关系。正由于该学习理论中包含环境、个人与行为三项因素，这样，班杜拉的学习理论又叫做学习理论的三元取向。如图 7 - 3 所示。

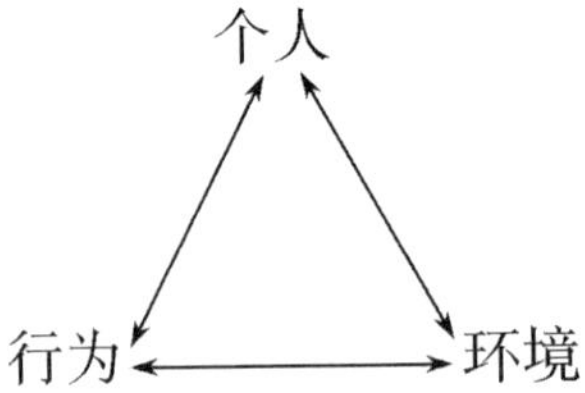

图 7 - 3　个人、行为和环境三者的交互作用示意图

三元取向的学习理论表明班杜拉对人性的理解也与斯金纳有一定的差异：一方面，班杜拉承认人有一定的选择能力与判断能力，是自己命运的主人，这就促使他强调与重视研究人的自我调节能力与自我效能等主题；另一方面，班杜拉也继承斯金纳等极端行为主义者的合理思想，主张人也要受到环境条件的制约，不可能是绝对自由的，这促使他重视对影响学习的环境因素的探讨。

2. 学习的产生得自于观察与模仿：对学习实质的看法

在班杜拉看来，学习的产生非系于强化，而得自于观察与模仿。个体的大多数行为（包括道德行为）既可以在社会交往中通过对榜样的观察而获得，也可以通过对榜样的观察而改变。通过对榜样的观察而获得的行为改变不同于学习者对刺激作出反应的直接学习，而是一种间接的或替代学习。班杜拉所说的榜样有两种：一种是真实的榜样，即让活生生的榜样在观察者面前做真实的行为操作。真实的榜样生动有趣，容易引起并保持观察者的注意；并且，真实的榜样本身可以随时间变化或使行为简化，或重复示范来突出重要部分。另一种是符号性榜样，即通过传播媒介来呈现的榜样。传播媒介有图片、幻灯、录音、录像、电影、卡通片、文字说明，等等。在班杜拉看来，个体道德行为的形成和不良行为的矫正都主要是通过观察榜样进行的。因此，观察学习（observational learning）是人类的重要学习方式。

何谓观察学习？它又称无尝试学习、不需要练习的学习、社会学习（social learning）、模仿学习或替代性学习（vicarious learning），指学习者通过对榜样人物的行为及结果的观察而进行的学习，这种学习不需要学习者亲身经历刺激—反应之间的联结，是一种只从别人的学习经验学到新经验的学习方式。班杜拉将学习者通过对刺激作出反应并给予直接强化而完成的学习叫做直接学习或亲历学习（enactive learning）；将在社会交往中的观察学习叫做间接学习。班杜拉虽不否认亲历学习，认为人可以通过直接经验得到学习，不过，在班杜拉看来，间接学习更符合人类学习的实际，因为人有通过语言和非语言形式获得信息以及自我调节的能力，使得个体通过观察他人（榜样）所表现的行为及其结果，不必事事经过亲身体验，就能学到复杂的行为反应；也就是说，在观察学习中，学习者不必直接作出反应，也无需亲身体验强化，只要通过观察他人在一定环境中的行为，并观察他人接受一定的强化便可完成学习。这样，与斯金纳强调直接经验、直接学习、直接的试误、直接反应和由他人所给予的直接强化不同，班杜拉重视替代性经验（vicarious experience）、替代学习、替代性试误（vicarious trial and error）、替代反应（vicarious responding）、间接强化与自我强化。所谓替代性经验，指学习者通过观察被模仿者的行为所获得的奖惩结果而产生的一种认知或情感性的体验。在班杜拉看来，亲身经历的经验固然重要，但替代性经验同样具有较大的功能。所谓替代性试误，指学习者可以通过观察被模仿者的试误行为而产生一种行为的自我完善现象。在班杜拉看来，正确行为的习得不一定非要通过亲身的不断尝试错误，实际上也可以通过模仿的方式获得。所谓替代反应，指学习者受到榜样行为的暗示而表现出来的一种和榜样行为相似的反应。这种反应不是通过自己的直接行为训练所习得，而是通过观察榜样的行为过程得到的。所谓间接强化，也叫替代强化，指观察者通过看到他人受强化而间接地受到相应的强化，不是他/她自己直接受到强化。所谓自我强化，指自己给予自己的强化，这种强化不是由他人所给予的。班杜拉相信，个体能通过观察他人的行为得到某种认知表象，并以之指导自己以后的行为，这样就使得他/她减少了不必要的尝试错误。

班杜拉认为，观察学习有四个特点：第一，观察学习不一定具有外显的行为反应。班杜拉认为人们可以通过观察他人的示范行为，在自己尚未表现行为时就已经学到了如何去做，这样就可能会避免许多不必要的错误。他指出如果只能通过尝试错误的方式去学习，个体的生命都会有危险，例如学习游泳，学习驾驶汽车等。第二，观察学习并不一定要依赖直接强化。因为观察者仅仅通过观察别人的行为就能学习到复杂的行为过程，所以，不需要亲自体验强化。班杜拉认为强化在观察学习中并非关键因素，没有强化，观察学习照样可以发生。第三，观察学习具有认知性。个体通过观察他人的行为就能学到复杂的反应，这种学习无疑具有认知性。班杜拉认为观察学习基本上是认知过程。观察者需要利用内部的行为表象来指导自己的行为，学习活动必然包含内部的认知过程。第四，观察学习不是机械式的反应。按斯金纳的解释，个体在刺激情境中所学到的不是自主性反应，而是机械式反应。既然个体学到的是机械式反应，结果自然是，不同个体在相同的刺激情境中学到的必是同样的反应。这也就是斯金纳主张学习理论应具备

“客观”与“预测”的条件。班杜拉反对这种机械论的看法，他认为，即使众人所观察的情境相同，其所表现的反应也会有差异，理由是每个人的反应是经过他/她认知判断而后才表现于外的，这样，一个人在学习情境中观察模仿时，从接受刺激到表现出反应之间有一段起中介作用（mediation）的内在心理历程。一个人的内在心理历程不同，决定了其模仿学习绝不是机械式的反应，而是一种带有主体色彩的主观性反应①。

同时，在班杜拉看来，观察学习在个体的人格与品德发展中发挥着重要作用，理由主要有三：第一，观察学习比试误学习更有效。当观察者通过观看榜样行为而学习时，他们节省了由他们自己尝试学习同样技能时那些不必要的错误。第二，许多复杂的行为大概是永远都学不会的，除了通过榜样来学习。例如儿童学习语言。第三，观察学习使得儿童在其榜样只是自寻其乐而并不想教他们什么时的情况下学到很多东西。当然，儿童观察并试图模仿的某些行为并不是大人想让其学习的，如抽烟、骂人等。

3. 模仿学习的方式

班杜拉将模仿学习分为四种类型：一是直接模仿（direct modeling）。直接模仿是一种最简单的模仿学习方式。人类生活中的基本生活知识与技能都是经由直接模仿学习来的。二是综合模仿（synthesized modeling）。它是一种较复杂的模仿学习方式。学习者经模仿历程而学到的行为，未必直接得自某个楷模，而是综合多次所见而形成自己的行为。三是象征模仿（symbolic modeling）。它指学习者对楷模人物所模仿的，不是他/她的具体行为，而是其性格或行为所代表的意义。如电影中所描述的英雄人物，他们的行为背后所暗藏的勇敢、智慧、正义等性格，即旨在引起儿童的象征模仿。四是抽象模仿（abstract modeling）。指学习者通过观察学习所学到的是抽象的原则，而不是具体的行为。如，算术解题时，学生从教师对例题的讲解中学到解题的原则，这就是一种抽象模仿②。

4. 观察学习的心理过程

班杜拉对观察学习心理过程的研究受到了信息加工认知心理学的影响，他按信息加工的模式对观察学习的心理历程进行了分析，认为观察学习的心理历程由四个相关联的子阶段构成，每个子阶段又包括了一些影响它们的变量。

第一阶段是注意阶段（attention phase）。注意阶段是指学习者对被观察对象的特征进行有选择的观察。注意是观察学习发生的前提条件。为了能够凭借观察进行学习，学习者需要以某种方式注意榜样行为的重要特征，并加以正确地知觉，否则，单是呈现榜样行为是不会产生观察学习的。人虽然经常置身于大量的示范影响之下，但从中深入观察什么，能够吸取什么，是由注意过程决定的。观

①② 张春兴. 教育心理学［M］. 杭州：浙江教育出版社，1998：194－195.

察经验的类型和数量，是由制约注意过程的许多因素进行调整的，其中包括观察者自身的特征和被示范对象或事件本身的特性。例如，动画片突出了人物的特征，容易吸引幼儿与小学生的注意；文字描述的内容常常只能被有文化的、年龄较大的学习者注意到。

第二阶段是保持阶段（retention phase）。保持阶段是指将观察到的信息转化为符号的形式并贮存在长时记忆中。通过注意阶段注意到的东西，必须用符号加以编码和贮存，至少要保持到作出这种行为反应时为止，否则，不会产生观察学习。这样，在保持阶段观察者一般需要将注意到的榜样的行为转换成表象或言语符号保持在自己的记忆中，形成榜样行为的内部形象，这些记忆编码在日后便能指导操作。同时，练习也能成为一种重要的记忆支柱，经过观察而学到的示范行为只有经过认知上的练习（复述）或实际上的演练操作后才能保持长久记忆。

第三阶段是生成阶段（reproduction phase）。生成阶段是指将符号化的内容转化为相应的行为的过程。一个人可能已注意到榜样行为并适当保持了编码符号，不过，若没有相应的动作能力，就不可能再现这种行为。可见，在这一阶段，观察者需要将以符号形式编码的示范信息转化成适当行为。这是一种由内到外、由概念到行为的过程，这一过程以内部形象为指导，把原有的行为成分组合成新的反应模式。

第四阶段是动机阶段（motivational phase）。社会认知论区分了学习（行为的习得）与行为表现，认为人们并不把自己学到的行为全部表现出来。假若已习得的示范行为将导致有价值的结果，就会增强观察者产生同样行为的倾向；如果习得的行为将导致惩罚或无报偿的结果，就会抑制或削弱观察者发生这种行为的倾向。因此，若要一个人表现出所习得的行为，必须有适当的诱因动机。如，外部刺激、替代诱因和自我诱因所造成的直接强化、替代强化和自我强化，对促进观察者将由观察而学会的行为表现出来，都具有动机作用的功能。

上述四个阶段的划分不是绝对的，例如，动机阶段可以贯穿观察学习的全过程中；同时，这四个阶段犹如一串连的电路，要想电流顺利通过，四个开关都要同时接通；同理，要想观察者习得榜样行为，这四个阶段必须同时顺利通过，如图7-4所示。可见，既然一个完整的观察学习有上述四个阶段，这样，缺少其中的一个或多个阶段，观察学习都不可能产生。

楷模行为表现 → 注意阶段 → 保持阶段 → 再生阶段 → 动机阶段 → 经模仿学得行为

图7-4　观察学习四阶段

5. 最容易让儿童产生模仿的人的类型

第一类，儿童心目中最重要的人最易被儿童所模仿。这一现象启示人们，在家庭教育中父母要互相配合，使双方都成为子女心目中最重要的人，这样，子女就会对父母双方的教导表现出较大的认同感。假若父母平时不注意细节，让孩子知道在家庭中是父亲或母亲“说了算”，那么，可能会造成另一方的权威性在孩子心目中大打折扣，甚至其说话孩子也不听。第二类，儿童最喜欢模仿与自己同性别的人。这种现象可以用社会文化来解释，因为一般而言，社会文化多赞成同性别人群之间的相互模仿，而不认可甚至强烈反对异性人群之间的相互模仿。如，在中国社会里，儿童一般从小接受的教育是：男孩就要像个男孩，女孩就要像个女孩，这样，一个男孩表现出顽皮、贪玩等行为方式，犹如一个女孩表现出文静、体贴一样，被许多中国人看做是天经地义的。假若一个男孩像女孩一样说话，人们就会有意无意地说这个男孩“娘娘腔”，这是一种不好的评价。第三类，曾获得荣誉、出身高贵和富有家庭的儿童的行为最易被儿童所模仿。用中国人的话说，这就是中国先哲早就看到的“上行下效，君行臣甚”的模仿规律。第四类，同辈团体内有独特行为但曾受到惩罚的人，并不是一般儿童最喜欢模仿的对象。因为儿童的品德发展水平多数至多处于柯尔伯格所讲的习俗水平中的“好孩子取向”与“遵循法律法规取向”，这样，同辈团体内有独特行为但曾受到惩罚的人，一般就不是儿童最喜欢模仿的对象。第五类，同年龄同社会阶层出身的儿童，彼此间较喜欢相互模仿。所谓“物以类聚，人以群分”，“染于苍则苍，染于黄则黄”，说的就是这个道理。

（二）对社会学习理论的简要评价

1. 社会学习理论的优点

第一，班杜拉在其观察学习的研究中注重社会因素的影响，改变了传统学习理论重个体轻社会的思想倾向，把学习心理学的研究同社会心理学的研究结合在一起，对学习理论的发展作出了独树一帜的贡献。

第二，班杜拉吸收认知心理学的研究成果，把强化理论与信息加工理论有机结合起来，改变了经典行为主义重刺激—反应而轻中枢过程的思想倾向，使解释人的行为的理论参照点发生了一次重要转变。

第三，班杜拉强调学习过程中的社会因素和认知过程在学习中的作用，进而注重以人为被试，改变了行为主义以动物为实验对象，把由动物实验中得出的结论直接推广到人类学习现象的错误倾向。

第四，班杜拉对观察学习即广义的模仿学习作了较系统的研究，给古老的、广义的模仿概念赋予了新的意义，使观察学习由经验层次向科学层次发展，使观察学习模式同经典条件反射和操作条件反射一起被称为解释学习的三大工具。

第五，班杜拉的概念和理论建立在丰富坚实的实验验证资料基础上，其实验方法比较严谨，结论比较有说服力。他的具有开放性的理论框架，在坚持行为主义立场的同时，积极吸取认知心理学的研究成果与研究方法，并受人本主义心理学若干思想的启发，涉及了观察学习、交互作用、自我调节、自我效能等重大课题，突出了人的主动性、社会性，受到心理学界的广泛赞同。

第六，充分强调了观察学习在儿童道德行为形成中的重要性，提出“道德观念和行为经过后天的观察学习可以形成和改变”的观点，强调教师言行一致和为学生树立榜样的重要性；强调父母教育方式对儿童品德形成的影响，例如，父母常用体罚“教育”孩子不去打架，结果无意间使孩子们的打架变本加厉；强调社会环境中的影视和书刊等传播媒介对儿童道德发展的影响，例如电视和电影中的暴力行为往往会增长儿童在日常生活中的暴力性。

2. 社会学习理论的不足

第一，正由于班杜拉的理论具有开放性特征，导致它缺乏内在统一性的理论框架。其理论的各个部分如何彼此关联，怎样使其成为一个有内在逻辑体系、结论与方法井然有序的宏大框架，仍是一个待解决的问题。

第二，它坚持环境论观点，轻视儿童自身的认知结构在观察学习过程中的作用，低估了发展变量的重要性。它未涉及道德判断的顺序问题，当然也未考虑以什么为前提促进其发展。在班杜拉等看来，儿童的道德判断并不是年龄的特别产物，只要控制影响道德行为的榜样、强化等这些环境变量，就能使儿童的道德行为不断变化和发展。这种无视道德发展阶段性、顺序性的观点，显然不符合儿童道德发展的实际情况。

第三，班杜拉的实验研究有其进步和创新的一面，但实验室中的榜样对儿童道德发展的影响，不能完全解释实际生活中儿童道德行为和道德习惯的形成，因为实验室中包含着人为的遵从压力，使得榜样的效果比在实际生活中要大些。

第四，班杜拉虽然没有否认通过直接经验得到的学习，不过，由于他过于强调间接学习（观察学习），相对而言就轻视了直接学习的重要性，在纠正斯金纳过于重视直接学习而忽视间接学习的不足方面有矫枉过正之嫌。吸取斯金纳与班杜拉二人对待直接学习与间接学习的不足，今人宜辩证地处理直接学习与间接学习的关系，不能非此即彼。

第五，班杜拉的观察学习理论能较好地解释道德学习，但却不能用来妥善地解释知识的学习尤其是程序性知识的学习，毕竟程序性知识学习的关键在于“做中学”，而不是“观察中学”，因为理论与事实都表明，“观察”虽有助于程序性知识的学习，但仅有“观察”而不“亲身去做”，是不能真正掌握程序性知识的①。

四、需要层次理论

人本主义心理学家马斯洛（Abraham H. Maslow，1908—1970）的需要理论

① 汪凤炎，燕良轼．教育心理学新编［M］．3 版．广州：暨南大学出版社，2011：189－197.

（need theory）也常用做防治品行不端的理论依据。

（一）需要层次理论的核心观点

1. 人类的需要是一种似本能需要，是与生俱来的

似本能（instinctoid）需要是一种内在的潜能或固有趋势。这种似本能需要在某种程度上是由体质或遗传决定的。因此人类的需要，即使是最基本的对食物的需要，也与动物有很大区别。“当我们沿着种系阶梯上升，口味变得越来越重要，饥饿变得越来越不重要。例如，对于食物的选择，猴子比白鼠更具有变易性，而人又比猴子更具有变易性。”似本能需要只有在适宜的社会条件下才会顺利表现出来。需要的层次越高，其表现和满足就越依赖于外部条件。需要的层次越高，与本能的区别就越鲜明，似本能的性质也就越突出。需要层次越高，其变易性、可塑性也就越大。

2. 人类的需要是一个层次分明的需要系统

人是一个一体化的整体，不能像传统的本能研究者那样孤立地、不分主次地研究人类的需要。鉴于人们有许多需要，那么，每个人在某种特定场合下想要满足哪些需要呢？马斯洛对此提出了需要层次说。他认为，人类的基本需要是按优势出现的先后或力量的强弱排列成等级的，即所谓需要层次，如图 7 – 5 所示。

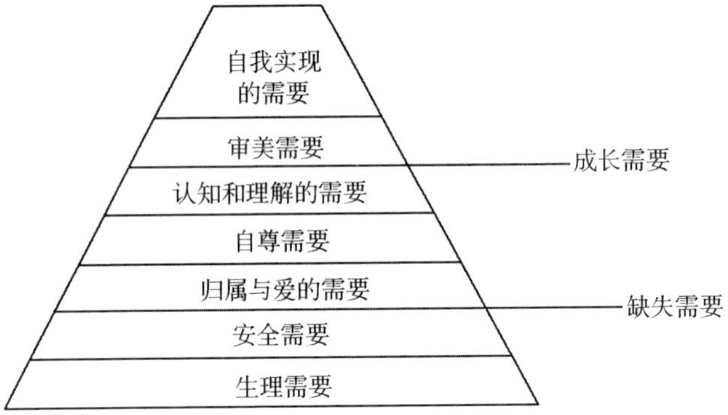

图 7 – 5　马斯洛的需要层次理论

根据图 7 – 5 所示，人类多种多样的需要归纳为七个基本的层次：

最低一层是生理需要（physiological need）。生理需要是指维持生存及延续种族的需要。如对食物、水分、氧气、性欲、排泄和睡眠等的需要。这是人类保存个体生命和群体生命的基本需要。如果没有这种需要，人类的生命都无法存在，更无法去谈其他需要，所以这种需要是所有需要中最基本、最原始，也是最强有力的需要，是其他一切需要产生的基础。

第二层次的需要是安全需要（safety need）。安全需要是指希求受保护与免遭威胁从而获得安全感的需要，典型的安全需要有：（1）生命安全。每个人都希

望自己的生命不受到内外环境的威胁，或者说希望在一个安全的环境中生长、发育、成熟、发展。即使那些探险的人或铤而走险的人也都希图尽最大的努力脱险。一个人有了病痛之后去求助医生也是出于生命安全的需要。(2) 财产安全。每个人都不希望自己的财产受到他人的破坏，都希望一旦遭到他人的破坏能寻求保护。(3) 职业安全。人们都希望自己所从事的职业有安全感，不固定的职业常常使人焦虑不安等等。

第三层次的需要是归属与爱的需要 (belongingness and love need)，指每个人都有被他人或群体接纳、爱护、关注、鼓励及支持的需要。人是具有社会性的动物，因此均具有团体归属感，因为社会是以群体的方式划分的，所以每个人都希望能够找到自己所属的社会群体，如家庭、学校、工作单位等。不仅如此，人们还希望在自己所生活的群体中得到接纳、爱护、关注、鼓励、支持、建立和谐关系等。

第四层次的需要是尊重的需要 (esteem need)。尊重的需要是在生理、安全、归属和爱的需要得到基本满足后产生的对自己社会价值追求的需要。尊重的需要包括自尊与他尊两个方面。自尊是指个人渴求力量、成就、自强、自信和自主等。自尊需要的满足会使人相信自己的力量与价值，使人在生活中变得更有能力，更富有创造性；相反，缺乏自尊会使人感到自卑，没有足够的信心去处理面临的问题。他尊是指个人希望别人尊重自己，希望自己的工作和才能得到别人的承认、赏识、重视和高度评价，也即希望获得威信、实力、地位等。他尊需要的满足会使人相信自己的潜能与价值，从而进一步产生自我实现的需要；反之，缺乏他尊会使人丧失自信心，怀疑自己的能力和潜力，不可能产生更高层次需求，即自我实现的需要。

第五层次的需要是认知和理解的需要 (need to know)。求知的需要又称认知和理解的需要，是指个人对自身和周围世界的探索、理解及解决疑难问题的需要。马斯洛将其看成是克服障碍的工具，当认知需要受挫时，其他需要的满足也会受到威胁。如何找到食物，如何摆脱危险，怎样得到别人的好感等，都离不开认知。

第六层次的需要是审美的需要 (aesthetic need)。审美的需要是指对对称、秩序、完整结构以及对行为完美的需要。审美需要与其他需要是相互关联而不可截然分开的，如对秩序的需要既是审美的需要，也是安全的需要、认知的需要(如数学、数量方面)。

最高层次的需要是自我实现的需要 (self-actualization need)。当上述几种需要都获得基本的满足之后，就会产生最高层次的需要——自我实现的需要。所谓自我实现的需要即指个人渴望自己的潜能能够得到充分的发挥，希望自己越来越成为所希望的人物，完成与自己能力相称的一切活动。一句话，人们的潜能得到了充分的发挥。具体地说，就是一个人能够成为什么，他就必须成为什么，一位诗人必须写诗，一位画家必须绘画，一位作曲家必须作曲，这样才能令他们感到最大的快乐，但满足自我实现需要所采取的途径却是因人而异的。

3. 人类需要的层次演进关系

第一，人类的需要相互联系，彼此影响的，只有在低级需要基本得到满足后，较高层次的需要才会产生。马斯洛认为，上述七层次需要之间是相互联系，彼此影响的，并由低到高依次出现的。只有当较低一级的需要得到基本满足之后，高一层次的需要才会产生，换言之，只有当生理需要得到基本的满足之后，才会产生安全需要；只有安全需要得到基本的满足之后，才会产生归属与爱的需要，以此类推，一直到自我实现的需要，如图 7－6 所示。

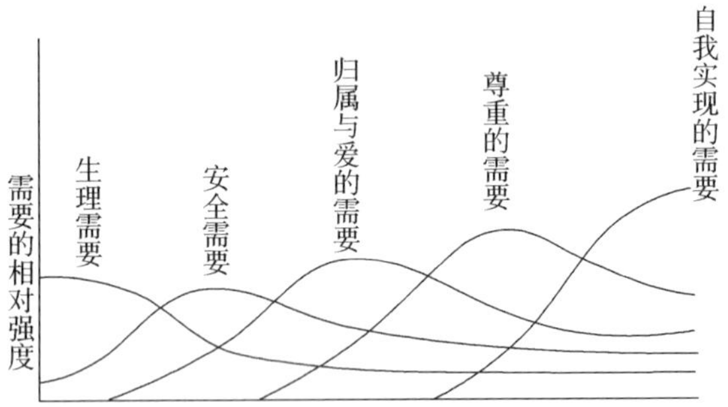

图 7－6　五种需要之间的关系示意图

这一观点与中国古代“仓廪实而知礼节，衣食足而知荣辱”，“糟糠不饱者，不务粱肉，短褐不完者，不待纹绣”不谋而合。这说明，人们在试图满足高一层次的需要之前，至少必须先部分满足低一层次的需要。一个处于饥饿状态或面临危险的人，一般不大关注维持一种积极的自我形象，但是，一旦他不再挨饿或没有危险后，他就会考虑到自尊的需要。

第二，人在某一特定时间和条件下往往有多种需要，但有一种需要占优势，它决定着人的行为。在婴儿期，占优势地位的需要一般是生理需要；在青少年时期，占优势地位的需要一般是尊重的需要；在青年中、晚期，占优势地位的需要一般是自我实现的需要。

第三，一种需要获得满足后它的作用就逐渐减弱，不再是积极的推动力了，另一种需要就会上升为优势需要，成为人们行为的新动力。当然，任何一种（新）需要浮现于意识中的或然性，取决于更具优势需要的满足或不满足状况。占优势的需要将支配一个人的意识，并自行组织去充实机体的各种能量；不占优势的需要则被减弱，甚至被遗忘或否定。当一种需要被满足，另一种更高级的需要就会出现，转而支配意识生活，并成为行为组织的中心。人是永远有所要求的动物。

第四，新的需要的产生经历了一个从无到有、从弱到强、逐步演进的波浪式前进过程。

4. 人类的需要可分为高级需要和低级需要

生理和安全需要为低级需要，是人和动物所共有的；高级类人猿也许有爱的需要；而自我实现的需要则是人类独有的。同时，低级需要直接关系到个体的生存，如果这种需要得不到满足，个体将出现疾病或危机。例如盐或食物的匮乏都会导致疾病。越是高级的需要，对于维持纯粹的生存也就越不迫切。但高级需要也不是与人的健康毫无关系的。这种需要的满足能使人健康、长寿、精力旺盛，产生更深刻的幸福感、宁静感，以及内心生活的丰富感。

5. 需要有缺失需要与生长需要之别

马斯洛需要理论中一个重要思想，是缺失需要与成长需要之间的区别。缺失需要（deficiency needs），也叫基本需要（basic needs），指对生理和心理的安宁极为重要的那些需要。它既包括生理需要和安全需要等生物性需要或低级需要，也包括爱和自尊等心理性需要或高级需要。基本需要是个体在生活中因身体上或心理上的某种缺失而产生的需要：因饥渴而求饮食，因恐惧而求安全，因孤独而求归属，因免于自卑而求自尊。马斯洛认为，基本需要必须得到满足，因为它们直接关系到个体的生存或心理的安宁，假若这种需要得不到满足，个体将会出现疾病或危机。当然，这些需要对不同人的重要性程度会有所不同。有些人需要始终得到人的爱抚或欣赏，有些人则更需要身体的舒适或安全；同样，人在不同的时候会有不同的需要。虽然人都必须首先满足缺失需要，但是，基本需要有一个共同特征，那就是一旦获得满足，其需要强度就会降低，因为个体在某一特定时刻所需要的目的物是有限的。无论个体饿到什么程度，三大碗饭下肚之后，很快就解除了他的饥饿。

成长需要（growth needs），也译做生长需要，它虽然以基本需要为基础，但它同时对基本需要具有引导作用。成长需要不是维持个体生存所绝对必需的，但满足这种需要能促进人的健康成长。成长需要包括认知和理解的需要、审美的需要和自我实现的需要。居于顶层的自我实现需要，对以下各层均具有潜在的影响力量。与基本需要不同的是：成长需要不但不随其满足而减弱，反而因获得满足而增强，也即在成长需要之下，个体所追求的目的物是无限的。无论是求知，还是审美，都是永无止境的。例如，一个人越是能够满足认知和理解的需要，越是有更强的动机去学习更多的东西。这是人类异于禽兽之处，这也是马斯洛需要理论的超越之处。

6. 各层次需要在全人口中所占比例与需要的级别成反比

马斯洛认为，在需要层次的金字塔中，各层次需要在全人口中所占比例与需要的级别成反比。换言之，越向下的层次在全人口中所占比例越大，越向上的层次在全人口中所占比例越小。自我实现的需要是人类基本需要中最高层次的需要，但不是每一个成熟的成年人都能自我实现，能自我实现的人是极少数，仅百分之一；而绝大多数人都停留于中间的某一层次，这就是马斯洛之所以要用一个金字塔的图形来描述需要的七个层次及其关系的原因所在。在马斯洛看来，导致绝大多数人不能自我实现的主要原因是：（1）自我实现是很微弱的似本能需要，容易被压抑、控制、更改和消失；（2）许多人不敢正视关于他们自己自我实现所需要的那种知识，对那种知识缺乏自知，使自己处于不确定的状态；（3）文化环境用强加于人身上的规范，阻滞一个人的自我实现；（4）自我实现者是由成长性需要而不是匮乏性需要推进的，其发展和持续成长依赖于自己的潜力。

（二）对需要层次理论的简要评价

马斯洛的需要层次论的主要贡献体现在：第一，它注重探讨社会正常人的需要，具有广泛的应用价值，从而在各行各业中得到广泛的应用。第二，马斯洛的需要层次论是一个有严格组织的层级系统，并按优势出现的先后排列成一个系列，较系统地探讨了需要的性质、结构、发生、发展以及需要在人生中的作用，这些对于人们深入研究人类的需要是有启发的。第三，马斯洛的需要层次论比较客观、准确地揭示了人类需要产生的客观规律。

当然，需要层次理论也有一定的不足：第一，虽然马斯洛用“似本能”来代替“本能”的概念，用以说明人类的需要不同于动物的需要。但他却认为人类的基本需要是由体质或遗传决定的、是与生俱来的，不但把人的生物性需要和社会性需要混同起来了，而且降低了社会生活环境在人的需要发生发展中的重要作用。马克思说：“人的本质并不是单个人所固有的抽象物。在其现实性上，它是一切社会关系的总和。”① 人的需要不仅具有社会性，而且它还是人类社会历史发展的结果。马斯洛似乎也承认人的需要的社会性，把人和动物加以区分，但是他不是从人的本质的社会历史制约性而是从体质或遗传性出发，因而仍然错误地把人的需要的发展及实现看做是人类生物特性的发展和实现。第二，马斯洛十分重视人的潜能和价值，认为自我实现的人是人类中潜能得到充分发挥的最好典范，是最有价值的人。然而他所讲的自我实现是个人的自我实现，仅仅是极少数人的自我实现。《共产党宣言》早已提出，理想社会将促使每一个人的潜能得到充分的发挥。因此，从我们的价值观来看，就不能以个人的自我实现作为最高的追求，而应以理想社会的实现作为我们追求的最高价值目标。就个人自我实现的社会内容来看，既有合乎历史发展潮流的，也有逆历史发展潮流的；前者推动社会的进步，后者阻碍社会的进步。因此就不能从抽象的人性出发来谈论个人的自我实现。个人的自我实现应当与理想社会的实现紧密结合起来。在社会主义制度的条件下，个人的自我实现不仅应当而且必须与社会的需要结合起来，这才是最

① 马克思，恩格斯．马克思恩格斯选集（第1卷）[M]．中共中央马克思恩格斯列宁斯大林著作编译局，编译．北京：人民出版社，1972：18.

有价值的。第三，马斯洛把人类的基本需要分为高级需要和低级需要，有其合理的因素。但是，他强调的是需要由低级向高级发展，低级需要没有得到满足，就不会产生较高一级的需要，而没有充分认识到高级需要对低级需要的调节控制作用。虽然马斯洛也看到少数人为满足高级需要可以牺牲低级需要，但却认为是个别例外的情况。自然，人是需要吃喝的，但是人的生活并不是为了吃喝。当人在生活的过程中产生了各种高级需要之后，高级需要便经常对低级需要起调节控制作用，同时低级需要有赖于高级需要的保障和改进。马斯洛没有看到这种辩证关系。他自己也承认："我们并不充分了解殉道者、英雄、爱国者、无私的人的动机。"① 第四，在需要的研究方法问题上，马斯洛突破了弗洛伊德用临床法局限于对精神病人的研究和行为主义者用实验法局限于对动物的研究，采用现象学描述法对有成就的人进行整体分析，这无疑是一个进步。但是，这类研究在信度和效度上都有不少问题，对需要的研究不能仅停留在用现象学描述法或搜集名人的档案资料进行经验性的分析而放弃探索因果关系的科学证明。从这个意义上说，马斯洛对需要的研究也有较大局限性。

五、认知失调理论

（一）认知失调理论的核心观点

当代中国心理学界有人认为，对于品德发生作用的心理机制，可以用美国著名社会心理学家费斯廷格的认知失调理论来解释。维持积极自我形象的需要是一个强有力的动力，人们的许多行为都是为了满足个人的准则。在费斯廷格看来，假若学生相信自己是诚实的好学生，他可能会表现出诚实的品质，即便在没人看到的情况下也是这样，以便维持一种积极的自我形象。假若学生相信自己是有才能的，他就会试图达到较高的成绩水平。但是，现实生活有时迫使我们进入这样的境地：我们的行为或信念与自己积极的自我形象不一致，或与他人的行为或信念相冲突。费斯廷格于 1957 年提出的认知失调论（cognitive dissonance theory；or theory of cognitive dissonance）是这样解释的：如果 - x 紧跟着 y，那么 x 与 y 就是失调的②。因此，认知失调是指由于做了一件与自己的真实意图或态度不一致的行为而体验到的一种不舒服的感觉。例如，你本意是想帮助你的学生，没想到实际上却帮了倒忙。费斯廷格认为，在一般情况下，人们的态度与行为是一致的。如你一般是乐意与你喜欢的人一起去逛街。不过，有时候态度与行为也会出现不一致。如虽然你很不喜欢你的班主任，但为了怕他报复，你反而主动恭维他。当一个人深信不疑的价值观或信念受到心理上相矛盾的信念或行为的挑战时，就会

---

① 马斯洛. 动机与人格［M］. 许金声，程朝翔，译. 北京：华夏出版社，1987：347.

② 费斯汀格. 认知失调理论［M］. 郑全全，译. 杭州：浙江教育出版社，1999：11.

产生认知失调，进而体验到一种心理张力或心理不适。例如，一个爱吸烟的人原本认为吸烟无害，如果得了病，医生说是吸烟造成的，这种吸烟有害与他爱吸烟者之间出现了不协调，这时他就必须在戒烟与继续抽烟之间进行选择以消除这种不协调。为了解决这种心理不适，以使心理重新恢复平衡状态，这种失调会推动人们一般采取以下五种方式中的一种来消除失调以恢复平衡的行为：

第一，改变认知与态度。假若有两个认知相互矛盾，可以改变其中一个认知，使它与另一个相一致。例如，相信医生的话，改变原来自己认为吸烟无损健康的观点，使其与医生的观点一致，结果，他就会戒烟，并且，认知失调感受消失。

第二，增加新的认知。假若两个认知不一致，可以通过增加更多一致性的认知来减少失调，恢复心理的平衡。例如，吸烟可让我身心放松和保持敏锐思维，有利于我的身心健康。

第三，改变原有的行为。改变原有的吸烟行为，立即戒烟，使自己的行为不再与态度有冲突。

第四，不接纳新的认知。假若他不相信医生的话，仍然坚持吸烟无害，那么就继续吸烟，认知失调也会消失。

第五，相信自己别无选择。让自己相信自己之所以做出与态度相矛盾的行为是因为自己没有选择，例如，生活中有如此多的压力，我只能靠吸烟来缓解，除此别无他法。①

在道德领域，假定一个人原有的认知—行为因素是错误的，新知行因素（这里的“新”是从时间意义而言，非社会意义而言）是他对此错误知行的反应，这两种因素之间的平衡过程一般而言是以下四种类型之一：1. 假若外来反应是支持、肯定、接受主体原有认知—行为因素的，那么新旧因素之间是一致的关系，新因素被纳入原有认知—行为因素之中，个体心理达到平衡状态。2. 如果外来反应虽是否定主体原有认知—行为因素的，不过，主体原有的认知—行为因素的力量强于新的认知—行为因素，那么，新因素就会被主体所拒绝，主体内心重新恢复到平衡状态。3. 假若外来反应不但是否定主体原有认知—行为因素的，而且力量强于主体原有的认知—行为因素的力量，就会造成主体内心的强烈失衡状态。这时，如果主体补充的是与原有错误的认知—行为因素相一致的新因素时，那么主体就是在“自我开脱”。4. 假若外来反应不但是否定主体原有认知—行为因素的，而且力量强于主体原有的认知—行为因素的力量，就会造成主体内心的强烈失衡状态。这时如果主体补充的是与原有错误的认知—行为因素不一致的新因素时，那么，主体就会“自我谴责”，这时品德就会发生作用。这样，从道德教育的角度看，道德教育的一个重要做法就是使个体由自我开脱变为

---

① 费斯汀格．认知失调理论［M］．郑全全，译．杭州：浙江教育出版社，1999：5，16－23.

自我谴责①。例如，某个学生以往给众人的印象是待人诚实，这次却在同学面前撒了一次谎，这与他的自我形象不一致。为了解决这种不快，他可能决定以后更加严格要求自己，争取以后再也不撒谎了。这就是自我谴责。他也有可能试图使自己这次撒谎合理化，诸如说："在当时，大家都撒谎了，我也只好撒谎"，"我当时只是与你开个玩笑，你不要当真"，等等。这类找借口的做法就是"自我开脱"。如果他以后连续几次撒谎，这时大概会说撒谎也不见得是坏事。所有这些看法上的改变和借口，都是为了避免"我是个好学生"与"我撒谎"这一矛盾产生的不快。

（二）认知失调理论的实验证据

费斯廷格在提出认知失调理论的同时，与卡尔史密斯（M. Carlsmith）做了一个"不充分合理化实验"，用以验证该理论。

实验过程：让一些被试各做 1 小时枯燥无味的绕线工作，实验结束后，在被试离开实验室时，实验者告诉被试，实验的目的是考察"对于工作有趣与否的预期，是否会影响之后的工作效率"。这些人属于"无预期组"。然后，实验者请这些属于"无预期组"的被试告诉在外面等候参加实验的"被试"（其实是实验助手）："绕线工作很有趣"，以形成他们的预期。为此，说谎的被试各得到一笔数额不同的酬金：其中一些得到的酬金是 20 美元，另一些得到的酬金是 1 美元。然后实验者再请这些被试各填写一张问卷，以了解他们对绕线工作的真实态度。
这个研究的真实目的是：事后给予的酬金会不会减少认知失调（一件原本枯燥无味的绕线工作，却被要求告诉别人是很有趣的工作）的冲突。结果发现，得报酬多的被试仍认为"绕线工作枯燥无味"，并为自己的说谎编出了一个合理借口：得到了 20 美元的报酬；得报酬少的被试却改变了对绕线工作的评价，认为"我比较喜欢绕线工作"，以减少自己的认知失调。

费斯廷格的解释是：绕线工作本来枯燥无味，当被试对别人说绕线工作很有趣时，就是心口不一致："我本不喜欢绕线工作"和"我对别人说绕线工作很有趣"二者是相互失调的。为了消除心理上的失调感，被试便要把自己的行为合理化。得 20 美元报酬的被试会用这笔不小的酬金为自己的行为辩解，认为自己之所以对别人说绕线有趣，是因为有明显的外部好处，这样说是值得的，于是，心口不一致所带来的失调感就削弱了。可是，对得 1 美元的被试来说，用这种理由为自己的行为开脱就较困难，由于失调感所带来的心理压力，他会再度审视"我本不喜欢绕线工作"和"我对别人说绕线工作很有趣"这两个相互矛盾的认知因素，其中，"我对别人说绕线工作很有趣"是对自己行为的认知，做出的事不易收回，而"我本不喜欢绕线工作"是对自己内部态度的认识，相对而言更易

① 费斯汀格. 认知失调理论［M］. 郑全全，译. 杭州：浙江教育出版社，1999：16－23.

改变。所以，得1美元的被试便不自觉地提高了对绕线工作的态度评价。新的认知因素“我比较喜欢绕线工作”与“我对别人说绕线工作很有趣”就相互协调了。结果，得1美元的被试比得20美元的被试更喜欢绕线工作。这种情况被称为在不充分的合理化条件下因认知失调引起的态度改变①。

（三）对认知失调理论的简要评价

认知失调理论探讨人对自身活动的认识与外界事物发生过程之间的联系，强调人的行为对态度转变或持续的先行作用，这在理论上是对心理学科的一项贡献。在此之前，人们强调的是态度先于行为，有什么样的态度就有什么样的行动。但认知失调理论提醒人们注意另一方面的情况。人的行为也可以是态度改变或更加坚定的先行条件，已做出的行为引起人的内部失调感，从而发生态度的改变。这一看法对人的社会生活实践也有指导意义。

认知失调理论的一个弊端是，在语言表达上不够明确，特别是关于认知“失调”这一重要概念，始终没能给出明确的定义，只是说：由于做了一件与自己的真实意图或态度不一致的行为而体验到的一种不舒服的感觉。这给进一步严格的科学研究带来困难。在有关的实验中，研究者无法用可操作性的指标定义被试内部产生的认知失调感，只能假定或推测它的存在。一个好的理论不仅应能正确反映事物的规律性，而且应包含良好的证明手段，认知失调理论在后一点上是薄弱的。同时，旨在验证认知失调理论的“不充分合理化实验”也引起了一些争论，其中有两种反对观点较有影响：一是以罗森伯格等人为代表的强化观点；二是以比姆为首的自我知觉观点。持强化观点的心理学家认为，人的态度是由人所得到的酬赏数量决定的。人喜爱某一事物是因为该事物给他带来较多的酬赏，人对没有酬赏的事物自然不喜欢，这之中不存在失调感及其影响。他们批评上述实验在方法上有问题，并从强化原则的角度出发重新设计实验，获取有利于强化原则的证据。自我知觉论的观点虽接受不充分合理化实验所获得的结果，但不赞成用认知失调观点所作的解释。比姆指出，人评价自己对某事物的态度与他评价他人对该事物的态度的方式是一样的，他作为观察者，观察自己或他人的行为，以推论出自己或他人对该事物的态度。他对别人说绕线工作有趣，并得到少量的钱，这时他会从观察者的角度评价自己对绕线的态度：既然在只有很少好处的条件下说了此话，则自己对绕线的态度是喜爱的；反之，若是在有较多好处的条件下说绕线有趣，则是自己并不喜欢绕线，而是为得到好处。这种解释也否定了失调理论。反复的争论和探索终于使心理学家认识到，人的社会心理活动是极为复杂的现象，每一种理论都是对这种复杂性的探索，都有其合理的一面，也有其谬误之

① FESTINGER L, CARLSMITH J M. Cognitive consequences of forced compliance [J]. Journal of Abnormal and Social Psychology, 1959, 58: 203 - 210.

处。在此处适用的观点在彼处不一定适用，但它们相互之间不是完全不相容的，它们对人的问题的理解依赖于当时现象的特点和存在的条件①。

第三节　矫正品行不端的方法

一、矫正品行不端的经典中式方法

为了切实、有效地防治个体产生不良品行，先哲通过总结前人与自己的经验心得，提出了一些具体的防治方法，主要有自我反省法、改过法、效仿榜样法、准行为矫正法、环境熏陶法、培育羞耻感法、追求高级需要法、磨炼意志法和自小实施正面教育法（蒙以养正）等。因后五种方法在前文相关内容中已作了较详细论述，下面只谈其他四种方法。

（一）“吾日三省吾身”：自我反省法

如前文所述，自我反省法既是一种自我考评法，也是修心育德的方法，还是一种防治不良品行的方法。先哲非常强调修德者本人要不断地反求诸己，通过自我与心灵对话来自察自纠，达到提高自我道德修养、防治不良品行产生的目的。因自我反省法类似于前文讲的自评法，只是论述的角度略有不同而已，为免重复，前文已用的资料，这里就不再多讲。

先哲多主张一个人要善于观察身边人品行的得失，并将之与自己的品行进行对比，找出自己品行上的优缺点，有则改之，无则加勉，从而使自己的品德得到提升。如孔子就主张一个人要做到“见贤思齐焉，见不贤而内自省也”。提倡人们要以他人为镜来观照自己的品行，通过学习他人的长处改正自己的缺点，达到“以友辅仁”的目的。《学记》明确主张“相观而善之谓摩”。此思想为后人所认同。如《二程遗书》卷二十五说：“甚矣欲之害人也。人之为不善，欲诱之也。诱之而弗知，则至于天理灭而不知反。故目则欲色，耳则欲声，以至鼻则欲香，口则欲味，体则欲安，此皆有以使之也。然则何以窒其欲？曰思而已矣。学莫贵于思，唯思为能窒欲。曾子之三省，窒欲之道也。”思即反思，也就是内省，主张通过内省达到节欲育德的目的。朱熹主张个体在内心深处要常常处于戒备状态，以杜绝不良品行的产生。据《御纂性理精义》卷七《省察》记载，朱熹曾说：“未发已发，只是一件工夫，无时不涵养，无时不省察耳。谓如水长长地流，到高处又略起伏。如恐惧戒慎，是长长地作，到慎独，是又提起一起。又如骑马，自家常常提掇，及至遇险处，便稍加提控。……谓省察于将发之际者，谓谨之于念虑之始萌也。谓省察于已发之后者，谓审之于言动已见之后也。念虑之萌，固不可以不谨；言行之著，亦安得而不察。”同时，朱熹认为，一个人也只有通过自我反省，才能将改过迁善落到实处。他在《论语集注·公冶长第五》

---

① 杨莉萍．社会心理学经典研究［M］．合肥：安徽人民出版社，2010：213．

中说："内自讼者，口不言而心自咎也。人有过而能自知者鲜矣，知过而能内自讼者为尤鲜。能内自讼，则其悔悟深切而能改必矣。夫子自恐终不得见而叹之，其警学者深矣。"陆九渊曾说："良心正性，人所均有，不失其心，不乖其性，谁非正人。纵有乖失，思而复之，何远之有？不然，是自昧其心，自误其身耳。"吸取孟子人性本善的思想，认为人人都有"良心正性"，一个人只要不失"良心"，就是正人君子；良心一旦失去，只要肯反省内求，仍可将其找回来，良心一旦找回来，仍是一个正人君子；那些已丢失良心、又不肯内省自求的人，是自昧良心的人。据《传习录》（卷上）记载：

一日论为学工夫。先生曰："教人为学，不可执一偏。初学时心猿意马，拴缚不定，其所思虑多是人欲一边，故且教之静坐息思虑。久之，俟其心意稍定。只悬空静守如槁木死灰，亦无用。须教他省察克治。省察克治之功则无时而可间，如去盗贼，须有个扫除廓清之意。无事时将好色、好货、好名等私，逐一追究、搜寻出来，定要拔去病根，永不复起，方始为快。常如猫之捕鼠，一眼看着，一耳听着，才有一念萌动，即与克去，斩钉截铁，不可姑容，与他方便；不可窝藏，不可放他出路，方是真实用功，方能扫除廓清，到得无私可克，自有端拱时在。虽曰，何思何虑，非初学时事，初学必须思省察克治，即是思诚。只思一个天理，则得天理纯全，便是何思何虑矣。"

针对初学修德者易心猿意马的心态，主张初学者先要学会静坐收心；等到初学者心意稍定后，再教他们省察克治的功夫；并要求初学者从道德动机入手，时时刻刻地进行自我反省，以便将自己心中的不良动机连根去除。在王守仁看来，修德者只有做到心中没有任何私欲可去之时，才算是真修德，也表明王守仁非常重视内省功夫在防治不良品行中所起的作用。

（二）"改过，是修德中紧要事"：改过迁善法

它指个体一旦意识到自己在品行上所犯的错误，就要及时予以改正，以使自己朝着善的方向发展的方法。它一般由两部分组成：一是消除一个或几个错误的行为；另一是通过一定的练习，使自己的行为朝着与原来不良行为相反的或不相容的方向发展。

中国向有改过迁善是复性之道的思想。《尚书·商书·仲虺之诰》说："改过不吝。"主张改正自己的过错一点也不吝惜。《周易·益·象》也说："君子以见善则迁，有过则改。"并且，据《左传·宣公二年》记载，至少在春秋时期，中国就有了"人谁无过，过而能改，善莫大焉"的思想。

孔子继承了上述思想，也认识到"人非圣贤，孰能无过"，主张个体要勇于通过自我批评与自我责备的方式来改正自己的错误，达到提高自我品德修养的目的。《论语》中有多处言论记载了孔子的这一思想。如《论语·学而》说："过则勿惮改"；《论语·卫灵公》说："过而不改，是谓过矣。"孔子在《论语·述

而》中又以自身经验进行现身说法："丘也幸，苟有过，人必知之。"当然，孔子也认识到要做到这点很难，曾发出感叹："已矣乎，吾未见能见其过而内自讼者也。"意即，算了吧！我没有看见过能够看到自己的错误便自我责备的。另外，孔子《论语·公冶长》主张："君子求诸己，小人求诸人。"认为一个品行高尚的人，是善于作自我批评的，他们多半能认真检查自己在品行上所犯的错误并及时予以改正。《论语·子张》说："君子之过也，如日月之食焉：过也，人皆见之；更也，人皆仰之。""小人之过也必文。"通过对比"君子"与"小人"对自己错误的不同处理方式，同样赞成个体在修德时要勇于改过自新。此思想为孟子所承继。《孟子·公孙丑下》也说："且古之君子，过则改之；今之君子，过则顺之。古之君子，其过也，如日月之食，民皆见之；及其更也，民皆仰之。今之君子，岂徒顺之，又从为之辞。"

自此以后，历代学者多赞成通过改正过错的方式来达到防治品行不端的目的。因他们的言论多半通俗易懂，主旨又大致相同，这里就不多加分析，只罗列数人的言论以资为证：朱熹在《论语集注·卫灵公第十五》中说："过而能改，则复于无过。惟不改则其过遂成，而将不及改矣。"《朱子语类》卷三十四又说："迁善改过，是修德中紧要事。盖只修德而不迁善改过，亦不能得长进。"陆九渊在其两封书信里，也提倡一个人要改过迁善。在《与傅全美》的书信里，陆九渊说："古之学者，本非为人，迁善改过，莫不由己。善在所当迁，吾自迁之，非为人而迁也。过在所当改，吾自改之，非为人而改也。故其闻过则喜，知过不讳，改过不惮。"在《与罗章夫》的书信里，陆九渊又说："著是去非，改过迁善，此经语也。非不去，安能著是？过不改，安能迁善？不知其非，安能去非？不知其过，安能改过？自谓知非而不能去非，是不知非也；自谓知过而不能改过，是不知过也。真知非则无不能去，真知过则无不能改。人之患，在不知其非不知其过而已。所贵乎学者，在致其知，改其过。"王守仁在《改过》里说："夫过者，自大贤所不能免，然不害其卒为大贤者，为其能改也。故不贵于无过，而贵于能改过。"在《传习录》（卷上）里，王守仁又说："悔悟是去病之药，然以改之为贵。"叶适在《习学记言序目》卷二《周易二·损益》中说："君子之当自损者，莫如惩忿而窒欲，当自益者，莫如改过而迁善。"据《陈确集·文集》卷一记载，陈确在《与吴仲木书》中说："力行之功，莫先改过。吾人日用，过失最多，自圣人且不能免，何但后学。细心体察，当自知之。知之即改，改而不已，功夫纯熟，渐不费力。圣贤学问，端不越此。"据《颜元集·颜习斋先生言行录》卷下《学须第十三》记载，颜元也说："学者须振萎惰，破因循，每日有过可改，有善可迁，即成汤'日新'之学也。迁心之善，改心之过，谓之'正心'；改身之过，迁身之善，谓之'修身'；改家之过，迁家之善，谓之'齐家'；改国与天下之过，迁国与天下之善，谓之'治平'。学者但不见今日有过可改，有善可迁，便是昏惰了一日；人君但不见天下今日有过可改，有善可迁，便是苟且了一日。”

“金无足赤，人无完人。”任何人都有缺点，都有犯错的时候，犯错不可怕，怕的是知错不改、明知故犯或屡错屡犯。改过法作为防治不良品行的重要方法，强调对待错误的态度是要做到知错即改，这是颇为实在的，也是人人都能做到的。毛泽东同志也曾说：“我们曾经把解决人民内部矛盾的这种民主的方法，具体化为一个公式，叫做‘团结—批评—团结’。讲详细一点，就是从团结的愿望出发，经过批评或者斗争使矛盾得到解决，从而在新的基础上达到新的团结。”① 这是把马列主义与中国知错则改的优良传统相结合的产物，从而将中国传统美德发展至新的阶段。今天我国的德育工作者应将改过迁善作为一条重要的育德经验予以重视。改过迁善的思想还告诉人们，在一定情境里，要允许人们犯错误；对于犯过错误的人（只要不是犯了严重的错误或十恶不赦的错误）要持一种宽容的态度，要给予他们改过自新的机会，所谓“浪子回头金不换”。因为很多学生是属于“给我一点阳光，我就会灿烂”的群体，美国前总统林肯说得好：“一个不犯错误的人通常不能成就任何事业。我的经验使我相信，没有缺点的人往往优点也很少。”在道德教育中，不要过于向个体尤其是青少年宣扬“一失足成千古恨”的思想。因为许多事实表明，这种思想易产生这样的负面影响：某些人为了不“失足”，往往养成对权威者（如家长、老师、领导等）言听计从的思维定势或“好孩子倾向”，这种人多存在“不求有功，但求无过”的心态，这就容易限制人们创造性思维的发展；同时，假若一个人一旦由于种种原因一时“失足”而得不到他人的理解与同情，往往易走上“破罐子破摔”的道路，这既不利于个人的身心发展，也不利于社会的繁荣与稳定。

(三)“择其善者而从之”：效仿榜样法

此处所讲的“榜样”是一个中性词，指可以被他人观察的对象。所谓效仿榜样法，指个体通过观察他人的言行，从其身上学到优秀的品质，以此来提高自己的品行修养；或者，个体通过观察他人身上展现出来的不良品行给其带来的不良影响，进而以此为戒，警示自己将来不要拥有此不良品行，或以此为鉴，从而改正自己已有的不良品行，结果使自己的品行修养得到提高。据《论语·述而》记载，孔子说：“三人行，必有我师焉：择其善者而从之，其不善者而改之。”“多闻，择其善者而从之。”这表明孔子主张个体要通过效仿榜样的方法来改正自己品行上的缺点，以提高自己的品德修养。此法为历代学者所继承。如，荀子在《修身》里也说：“见善，修然必以自存也；见不善，愀然必以自省也。善在身，介然必以自好也；不善在身，菑然必以自恶也。故非我而当者，吾师也；是

① 毛泽东. 关于正确处理人民内部矛盾的问题［M］//毛泽东. 毛泽东选集（第五卷）. 北京：人民出版社，1977：369.

我而当者，吾友也；谄谀我者，吾贼也。”叶适在《习学记言序目·论语·述而》中说：“孔子曰：‘三人行，必有我师焉，择其善者而从之，其不善者而改之。’故造次颠沛皆道所在，而无难求难得之患，圣人所以能终其身于学而不厌，由此也。”等等。从心理学视角看，效仿榜样法实为一种观察学习，学习者通过观察品德高尚的正人君子的一言一行，然后模仿他们的言行方式去行动，或者，通过观察一个曾犯错误的人如何改正自己的错误，然后学习者模仿他们的做法去改正自己的错误，有时确是两条防止自己产生不良品行的有效办法。

（四）“西门豹之性急，故佩韦以自缓”：准行为矫正法

先哲在防治不良品行方面，也曾运用了一种准行为矫正法，即通过采取一定的行为措施（如佩韦）来改变自己不良性情的方法。这里将古人所用的“行为矫正法”称为准行为矫正法，是因为古人不可能使用现在通常意义上讲的行为矫正（behavior modification）。后者是依据条件反射说和社会学习理论改正人们不良行为的一种技术，一般采取正负强化的奖惩方式进行训练。

在防治自己不良性情方面，古人很早就使用了这种准行为矫正法。据《韩非子·观行》记载：“西门豹之性急，故佩韦以自缓；董安于之心缓，故佩弦以自急。”战国时期的西门豹意识到自己性格过于急躁，就身佩柔韧的皮带来提醒自己谨慎行事；春秋末期的董安于意识到自己性情缓慢，时常身佩绷紧的弓弦来督促自己办事干练些。可见，早在先秦时期，中国古人在防治自己性情上的某些缺点时，就运用了类似于现代行为主义心理学家所主张的行为矫正技术，只是未从理论上加以总结，才将它称做准行为矫正法；同时，这种方法也多停留在个人使用的层面上，未加以推广运用而已，甚为可惜！

二、矫正品行不端的现代方法

第五章所讲的一些培育个体品德的方法，像赏识与惩罚等，都可用来矫正个体的不良品行，除此之外，常用的方法还有如下几种。

（一）代币法

代币法是指在一个接受指导治疗或教育的环境中，教育者以代币作为条件强化物，对个体出现的行为进行计分处理，当个体出现某种期望的目标行为时就给予加分，出现不良行为时就减分，当代币分值积累到一定数目时就可以交换到真正的强化物（如玩游戏、短期的外出游玩、购买期望的礼物等），以此增加个体的期望目标行为、减少乃至最终消除其不良行为的一种行为矫治方法。

代币法是对强化原理的一种运用。根据强化原理，个体的行为既需要及时强化，也需要延时强化，在社会生活中后者更显重要。品行不端者的许多问题多是只顾追求眼前的利益（及时强化），而没有考虑长远的利益（延时强化）。在运用代币法对个体的不良品行进行矫治的过程中，个体既可以由于表现良好而获得及时奖

励，又需要耐心等待一定时间才能按有关规定兑换到强化刺激物，这就让个体从只追求及时强化过渡到适应延时强化，对矫正不良品行有一定的积极作用。①

代币法的基本步骤包括：确定目标行为、选择用作代币的符号或项目、确定真正的强化物的种类、制定适当的强化计划和代币兑换制度、说明兑换代币的时间与地点等。在代币法的实施过程中，关键环节主要有二：（1）找到个体真正想要的真正的强化物的类型，并根据个体的喜爱程度来确定真正的强化物的价值：一般而言，越是个体喜爱的真正强化物，其价值就越大；反之亦然。（2）一旦确定了目标行为、代币、强化物后，就要制订一个合理的代币兑换制度，使代币成为目标行为和强化物之间的桥梁。一般根据个体行为符合期望的程度不同，每一个目标行为的价值也会不同，被试由此得到不同点数的代币，然后用此来交换各种不同的强化物。以下所列的表 7 -1 和表 7 -2 为《用代币制矫正一小学生课外作业潦草行为的个案研究》一文中所列的代币制内容表②。

表 7 -1　行为价值表

	我的学习和工作	获得代币点数
1	对照字帖练 100 字，笔顺正确	8
2	放学回家作业字迹清楚，没有扣分	3
3	语文回家作业老师评定成绩为 5 +	8
	语文回家作业老师评定成绩为 5	5
	语文回家作业老师评定成绩为 5 -	2
	语文回家作业老师评定成绩为 4 +	1
4	作文，周记每篇 500 字以上，字迹工整	15
	作文，周记每篇 400—500 字，字迹工整	12
	作文，周记每篇 300—400 字，字迹工整	6
	作文，周记每篇 300 字以下，字迹工整	3
5	* 整理我的书包	2
6	* 整理我的床铺	1
7	* 清扫垃圾	2
8	* 讲卫生，饭前便后主动洗手	2
9	* 吃饭不拖延时间，不掉出饭菜	2
10	* 用脏手抓东西吃	扣 5

① 马莹，顾瑜琦. 心理咨询技术与方法 [M]. 北京：人民卫生出版社，2009：49 -51.

② 边玉芳，邵春辉. 用代币制矫正一小学生课外作业潦草行为的个案研究 [J]. 心理科学，1995 (3)：177.

表 7－2 代币价值表

	我选择的物品	所需代币的点数
1	选择我喜爱的水果	7（10）
2	星期天去奶奶家吃饭	7（10）
3	选择我喜爱的食物	7（15）
4	看电视动画片 15 分钟	7（15）
5	选我喜爱的 1 本书	40（80）
6	星期天上公园玩或搞其他活动	40（80）
7	星期天学骑 2 小时自行车	40（100）
8	整个晚上和朋友在一起	50（100）
9	买新的运动服	500（500）
10	和爸爸一起去露营，或长途旅行	（1000）

备注：（1）每天饭后 6 点交换代币（2）执行代币制期间，避免发生打骂现象（3）我和爸爸同意代币制内容表的内容

签名：______________（该生）

______________（该生爸爸的姓名）

代币法的最终目的是希望被试经强化后取得的良好行为在自然情景下能够得到保持。因此，需要考虑用以下两种方法撤除代币：1. 逐渐减少代币，用社会强化物（如口头鼓励、表扬）来逐渐取代代币强化，代币发放的时间也由原来的每日发放减至为三天或更长；2. 逐渐削弱代币的价值，使购买强化物所需的点数在后期代币中逐渐变大，如，表 7－2 括号里的点数即为中后期购买某一强化物的点数，这样就能逐渐减弱代币在塑造良好行为中的作用。①

（二）行为契约法

在生活中，一些人明知某种不良行为（如网瘾、吸毒）对自己有百害而无一利，但仍不能自拔，其原因在于：人的行为更容易受一些少的，但很及时、很明确的强化物影响，而不易被那些虽然很大，但很遥远、不能肯定的强化物所左右。运用行为契约法就是要把长远的目的转化为近期的、明确的强化，这样才易达到矫正目的。

所谓行为契约法，是指这样一种教育方法：教育者和受教育者（或者是治疗者与患者）通过协商达成一个协议（最好是书面协议），作为旨在校正受教育者或患者某种不良行为的矫正计划或治疗计划，契约明确规定一个疗程的目标、方

① 边玉芳，邵春辉. 用代币制矫正一小学生课外作业潦草行为的个案研究［J］. 心理科学，1995（3）：177.

法和步骤，协议一旦达成，双方必须彼此遵守（若违反契约，会有相应的制约措施），以此治疗儿童的不良行为或成人的某些靠自己力量难以克服的不良行为。

行为契约法在实施过程中应注意下列问题：1. 协约是教育者与受教育者之间的事，应充分发挥受教育者参与制定、协商、咨询、执行、监督的作用，所以，契约最好是在教育者与受教育者充分协商并获得共识的基础上制定并实施，只有这样才能充分发挥受教育者的积极性和主动性，调动其自控力来矫正自身的不良行为。2. 行为契约的具体条文是根据品行不端者的具体情况和相应的教育要求来拟定的。协约的内容必须清楚、详细，不良品行要一点点校正，逐步进行；对受教育者的责任、要求和行为者应该做什么，不应该做什么，甚至活动的时间、场所都有明确的规定，都在可控或可监督的范围内。协约的内容要付诸文字，并尽可能使之具有可操作性，避免发生歧义和误解。3. 在执行过程中，要对执行情况作出详细记录，这本身就能起到强化作用。同时，要及时进行反馈，既要关注当前的矫正效果，又要考虑未来的发展，从而对契约内容作出相应的调整与修改。4. 所订条文应严格执行，若有违约情况，应及时采取相应的制裁措施与补救措施。①

例如，一个教育者（简称“甲”）和一个网络成瘾者（简称“乙”）可以签订如下一个治疗网瘾的契约，明确双方在未来 3 个月的疗程中必须执行的详细治疗方案，协议规定“乙”必须做到：

第一，每周日准备一份下周的详细日程表，尤其要列出每日上网的频率、每次上网的地点、起止时间、上网准备做哪些事情。

第二，每天和甲接触 5 次，使甲能监视乙的活动。

第三，在乙想要上网时，必须征求甲的意见和指导，自愿接受甲的监督。

第四，正式和公开地宣布自己完全戒除网瘾。

第五，上网若非用于正常的学习与交流，必须马上自觉将电脑与网络断开连接。

第六，如果发现乙有不按规定上网的行为，必须接受如下惩罚：连续 3 天不能上网。

在治疗过程中，甲严格执行契约，并在两个方面实施控制：

第一，若乙在 3 个月的疗程之内请求停止达成的治疗协议，甲必须断然拒绝。

第二，一旦发现乙有不按规定上网的行为，马上实施“连续 3 天不能上网”的惩罚。

上述契约若能忠实得到实施，对消除网瘾将颇有益处。

---

① 李伯黍，燕国材. 教育心理学［M］. 上海：华东师范大学出版社，1993：92.

（三）自我观察学习法

班杜拉在后来的研究中将其观察学习的含义作了进一步扩充，认为个体在观察别人行为而产生替代学习之外，也会经由自我观察而学到某种新的行为。自律是个人根据自己的价值标准评判自己的行为，从而规范自己去做自己认为应该做的事，或避免自己认为不应该做的事。显然，培养学生行为自律是教育的主要目的之一。不过，在传统教育上教学生自律多是先由他律（管理）开始的，因为人们一般相信，个体人格成长与独立的历程多是先由他律学到自律（管多了，成了习惯，也就自律了），然后由自律学到自治的。但是，假若说这种做法对主体意识不太强的儿童和自律性较低的个体颇为有效的话，可能不太适合主体意识较强的成人与自律性较高的个体。因为一般情况下后两种人往往不太喜欢别人对自己指手画脚，而喜欢自己选择；同时，从他律行为入手培养人的自律行为的做法，假若做得不到位，往往容易招致不以人为本或不易彰显人的主体性之类的批评。

班杜拉不采取由外控管理以养成学生自律的观念，他认为，自律行为也是经由观察模仿的历程养成的。他将观察学习四阶段中的动机阶段的意义延伸，从而发展成他的自律行为养成的三阶段理论（自律行为养成的心理历程）：

1. 自我观察。指个人对自己所作所为的观察。班杜拉认为，一个人通过认知过程，不仅能控制自己的生活，而且能对未来制定计划和确定目标。人之所以能坚持不懈、追求不息，就是因为人具有预期未来、树立目标、自我满足和自我批评的能力。

2. 自我评价。指个人经自我观察后，按照自己所定的行为标准评判自己的行为，来调节自己的行为，来奖励和惩罚自己。传统教育的主流观点一般相信，儿童用以评判行为（包括自己和别人）的标准是由成人教导的。班杜拉不赞成这种观点，而是主张，一个人的自我评判标准也主要是经由观察学习中向楷模学来的。概言之，班杜拉认为在一个人的成长过程中，自我评判的标准主要通过三种途径获得。一是模仿。儿童多半是通过模仿父母、同伴或权威人物的示范行为获得评价标准。二是标准内化。在儿童成长过程中，由于父母、教师或其他年长者对符合他们信念和标准的行为予以奖励，不符合予以惩罚，使儿童将这些信念和标准内化为自己的标准。三是榜样作用。儿童凭借榜样作用，学习怎样借助道德的要求或论点为自己的标准提供合理的依据。既然“楷模”在儿童生成自我评判标准的过程中起着重要的作用，这样，楷模在为儿童提供做人的“标准”时，既不能太高也不能太低，而要适中，否则，对儿童的自我评价没有帮助。

3. 自我强化。指个人按自定标准评判过自己的行为之后，在心理上对自己所做的奖励或惩罚。此理论不但为教育尤其德育上强调“身教重于言教”（如孔子说的“其身正，不令而行；其身不正，虽令不从”）的原则提供了理论依据，更重要的是，它常被教育上用来解释学生行为自律的问题。依班杜拉的这一观点，从个体的自律行为入手去直接培养人的自律行为，可能有时也是一种更直截了当且有效的做法[①]。正如苏霍姆林斯基所说："理想的德育，应该教给学生自警、自戒、自励等自我教育的方法，使学生在陶冶情操，磨砺意志的过程中形成'不教之教'的自律习惯。"[②]

（四）提高道德认识法

"美德即知识"的命题启示人们，在很多时候丰富人的道德认识的确可以使人少犯错误尤其是一些低级错误。因为如上文所论，从一些品行不端者身上常常可以看到，一些品行不端者的是非观念存在一定的模糊性或错误性。这样，妥善采取常用的说理法、故事启发法、小组讨论法或价值澄清法（values clarification）等方法以提高人们的道德认知水平，往往是防治品行不端的有效方法。这方面的内容因读者一般都颇熟悉，这里不再多讲。

（五）移情训练法

通过研究一些品行不端者的情感特征可以发现，他们往往情感冷漠，对人缺乏基本的同情心，对他人做出伤害行为时不能体验到受害者的痛苦。因此，对他们进行一定的道德移情训练是很必要的。移情训练法是一种基于移情的作用而形成的道德情感训练方法，旨在提高未成年人善于体察他人的情绪、理解他人的情感，从而与之产生共鸣。

在移情训练法的运用中，应注意：1. 以平等的教养态度和方式教育孩子；2. 丰富孩子的情绪情感，特别是增进他们在人际交往和互动中的积极性情绪情感；3. 鼓励孩子多活动，多交往，或者扮演多重角色，增进他们对他人情感和态度的敏感性，学习尊重他人，体谅他人；4. 帮助孩子尽可能少地习得某些社会偏见，并力图克服既存的社会偏见。

（六）父母效能训练

加强父母与子女之间有效的亲子沟通也是预防青少年儿童品行不端的有效方法之一。如果父母或教师能够掌握有效的沟通技巧，尊重学生、理解学生，也不至于将自尊心强、独立性强、叛逆性强的青少年学生推向品行不端的深渊。

父母效能训练（parent effectiveness training）是20世纪60年代以来在美国兴起的一种家庭道德训练方法，是美国心理学家戈登（Gordon）提出的，旨在通过"教给父母采取积极倾听的方式来了解孩子的需要，鼓励孩子自己解决问题的家长训练方法"。[③] 近年来，这种训练方法不仅在西方国家产生了重大影响，而且

---

① 张春兴. 教育心理学［M］. 杭州：浙江教育出版社，1998：204－205.

② 朱永新. 新教育之梦［M］. 北京：人民教育出版社，2002：22.

③ 林崇德，黄希庭，杨治良. 心理学大辞典［M］. 上海：上海教育出版社，2003：368.

在中国也引起了积极反响。父母效能训练是一种父母培训计划，它的目标是解决亲子之间的冲突，让父母通过学习沟通亲子关系的技能，使自己在教养子女上更具有效能。具体地讲，让父母做到：1. 成为子女的咨询员；2. 避免承担子女问题，把解决问题的责任交给孩子自己；3. 重视亲子冲突，不逃避，使双方没有输家。训练父母的策略主要有三。

第一，积极倾听（active listening），暂停自己思考，正确接受孩子讯息。积极倾听是亲子之间交流和表达接受的一种有效方式，就是“收讯者”尝试通过“发讯者”的“讯码”去了解其情意所在，然后再以自己的了解通过自己的语言“讯码”去反馈“资讯者”以求肯定，收讯者绝不发送属于他自己的讯息，如批评、评估、意见、忠告、推理、分析或疑问，他反馈的仅限于他对发讯者所发讯息的了解。如孩子饿了会问：“爸爸，什么时候可以吃饭?”爸爸可能会这样理解：“孩子是不是饿了”，或是“孩子想早点吃完饭去玩”，如果父亲理解不正确，就会产生误解，导致双方交流的不愉快。于是，父亲可以把他的理解告诉孩子：“你想早点吃完饭出去玩吗?”孩子会说：“我不是那个意思，我是真的饿了。”父亲就可以拿出指导性的意见：“哦，我知道了，你是真的饿了。但是我们得等你妈妈回来一起吃饭呀，要不你先吃点面包或是饼干怎么样?”孩子也会愉快地答复：“这主意不错，那我就先吃点面包，等妈妈回来一起吃吧。”

第二，我的信息（I-message），传递出自己当时的感受。在亲子沟通中，问题常常不单纯地属于孩子，问题也有可能属于父母。当父母意识到自己的内心对孩子有“无法接受”的感觉，或者觉得自己被孩子所恼，或为了不喜欢孩子的某种行为变得紧张或不舒服，这都意味着孩子为父母制造了问题，这时候是使用“我的信息”的最好时机。这时，父母针对孩子为自己制造的问题，只表达出自己觉知到的感受，而不发送“解决式”或“贬抑式”的讯息，父母不做任何批评、责备，使用“我的信息”等于告诉孩子，你应把责任留给自己去负担，父母信赖你能对当前的情势进行建设性的处理，尊重你的需要，同时也给你改善行为的机会。

第三，没有损失的冲突解决法（no-lose conflict resolution），产生双赢局面。当亲子间发生冲突时，通常大部分人都会用解决冲突的“胜败”方式去处理：一种方式是，一些父母让自己占上风，结果父母胜，孩子败；另一种方式是，一些父母由于害怕冲突，或不愿让孩子的需要受挫，而向孩子让步，结果父母败，孩子胜。这两种方式的家庭最后都会付出惨痛的代价。没有损失的冲突解决方案的步骤包括：1. 认清并界定冲突；2. 寻求各种可能的解决方式；3. 评估这种方法；4. 决定何种方法最适合；5. 寻求实行这一方法的途径；6. 追踪评估实行后的效果①。

① 杨韶刚. 西方道德心理学的新发展［M］. 上海：上海教育出版社，2007：377－378.

【建议参考资料】

1. 马莹，顾瑜琦. 心理咨询技术与方法［M］. 北京：人民卫生出版社，2009.

2. 汪凤炎. 中国传统德育心理学思想及其现代意义（修订版）［M］. 上海：上海教育出版社，2007.

3. 杨韶刚. 西方道德心理学的新发展［M］. 上海：上海教育出版社，2007.

4. 莫雷. 教育心理学［M］. 广州：广东高等教育出版社，2002.

5. 边玉芳，邵春辉. 用代币制矫正一小学生课外作业潦草行为的个案研究［J］. 心理科学，1995（3）.

【问题与思考】

1. 什么是品行不端？它与违法犯罪有什么联系与区别？
2. 什么是心病品德化？什么是品德问题心理化？二者之间有何联系与区别？
3. 简要阐述品德问题心理化与“被精神病”现象之间的主要区别。
4. 造成青少年品行不端的原因主要有哪些？
5. 品行不端的转化主要包括哪些阶段？
6. 防治品行不端的理论依据有哪些？相对而言，你最喜欢哪一种？为什么？
7. 防治品行不端的原则有哪些？
8. 相对而言，你最喜欢哪一种防治品行不端的方法？为什么？

图书在版编目(CIP)数据

品德心理学／汪凤炎，郑红，陈浩彬著. -北京：开明出版社，2012.10（2020.11 重印）
（新世纪心理与心理健康教育文库）
ISBN 978-7-5131-0225-4
Ⅰ.①品… Ⅱ.①汪… ②郑… ③陈… Ⅲ.①道德心理学 Ⅳ.①B82-054

中国版本图书馆 CIP 数据核字(2011)第 119652 号

责任编辑：范英　吴晨紫　支颖　王拓

书　名：品德心理学
出品人：焦向英
出　版：开明出版社
（北京海淀区西三环北路 25 号 邮编 100089）
经　销：全国新华书店
印　刷：天津行知印刷有限公司
开　本：700×1000 1/16
印　张：18.25
字　数：309 千字
版　次：2012 年 10 月 北京第 1 版
印　次：2020 年 11 月 第 7 次印刷
定　价：45. 00 元

印刷、装订质量问题，出版社负责调换货　联系电话：(010)88817647